숫자에 약한 사람들을 위한
통계학 수업

숫자에 약한 사람들을 위한
통계학 수업

데이터에서 세상을 읽어내는 법

The Art of Statistics

데이비드 스피겔할터 지음
권혜승, 김영훈 옮김

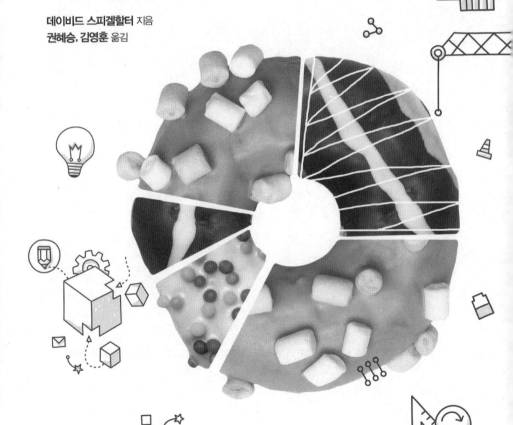

웅진 지식하우스

일러두기
굵은 글꼴로 나타낸 용어들은 이 책 맨 뒤에 있는 용어집에 설명해놓았는데, 기본적인 그리고 기술적인 정의가 모두 제공된다.

수치 자체는 스스로 변호할 길이 없다. 수치를 대신해 우리가 말한다.
우리는 수치에 의미를 부여한다.

— 네이트 실버, 『신호와 소음』[1]

왜 통계학이 필요한가?

해럴드 시프먼Harold Shipman은 영국에서 가장 많은 사람을 살해한
범죄자였다. 비록 연쇄 살인마의 전형적인 프로필에 딱 들어맞지는
않았지만 말이다. 맨체스터 교외에서 온화한 가정의로 환자들을 진
료해온 그는 1975년부터 1998년까지 나이 많은 자신의 환자 중 적
어도 215명에게 과다한 양의 진정제를 주사했다. 그러다 자신에게
유산을 좀 남기도록 어떤 희생자의 유언장을 위조했다. 공교롭게도
그 희생자의 딸은 변호사였다. 그녀는 위조된 유언장을 의심스럽게
생각해 경찰에 신고했고, 결국 시프먼은 덜미를 잡혔다. 경찰이 수

사 과정에서 그의 컴퓨터를 분석한 결과, 시프먼이 희생자들이 실제보다 더 아픈 것처럼 보이도록 의료 기록을 소급해 수정해왔음이 드러났다. 그는 열성적인 첨단 기술 추종자였지만, 자신이 가한 모든 변화에 시간이 기록된다는 점을 알 정도로 능통하지는 못했던 것 같다(이것은 데이터가 숨겨진 의미를 드러내는 좋은 예다).

화장하지 않은 그의 환자 중 15명의 유골이 발굴되었다. 검시 결과 사체에서 치사량의 다이아모르핀, 즉 의학적 형태의 헤로인이 나왔다. 1999년 시프먼은 그 열다섯 건의 살인에 대해 재판을 받았다. 그는 자신의 범죄에 대해 어떠한 변호도 하지 않았고 재판 도중에는 단 한 마디도 말하지 않았다. 결국 유죄가 확정되고 그는 종신형 선고를 받았다. 그리고 기소된 사건들 외에 다른 희생자는 없는지 또 그를 더 일찍 잡을 수는 없었던 건지 알아내기 위해 공개 조사가 시작되었다. 나는 그 조사에 필요한 증거를 채집하기 위해 소집된 통계학자 중 하나였다. 우리는 시프먼이 자신의 환자 중 215명을 살해했으며, 45명을 더 살해했을 가능성이 있다고 결론 내렸다.[2]

이 책은 세상에서 벌어지는 각종 현상과 사건을 이해하는 데 필요한 **통계과학**statistical science을 설명해준다. 그렇다면 통계과학은 시프먼의 범죄에 관해 어떤 걸 말해주고 또 대답해줄 수 있을까? 우리가 살펴볼 첫 번째 문제는 다음과 같다.

해럴드 시프먼은 어떤 사람들을 살해했으며, 그들은 언제 사망했는가?

공개 조사는 각 희생자의 나이, 성별, 사망 연도에 관한 세부 사항을 제공했다. 그림 0.1은 그 데이터 중 희생자의 나이와 사망 연도 간 관계를 산점도scatter-plot*로 나타낸 것이다. 희생자가 남자(회색)인지 여자(검정색)인지는 점의 명암으로 구별했다. 가로축에 덧붙인 막대는 연도별 사망자 수를, 세로축에 덧붙인 막대는 5세 구간의 나이별 사망자 수를 보여준다.

시간을 조금만 들여 그림 0.1을 살짝 들여다보기만 해도 우리는 흥미로운 결론을 이끌어낼 수 있다. 먼저 회색 점보다 검은색 점이 더 많은 걸 보면 시프먼의 희생자는 주로 여자였다. 세로축의 막대 그래프는 희생자 대부분이 70~80대였음을 보여준다. 그러나 점들의 분포에서 알 수 있듯, 시간이 지나면서 점차 젊은 희생자도 생겼다. 가로축의 막대그래프는 1992년 즈음 살인이 없었던 공백기를 뚜렷하게 보여준다. 그 이전에 시프먼은 다른 의사들과 공동 진료를 했는데, 의심을 사고 있다고 느꼈기 때문인지 그 후 단독으로 진료를 보는 의원을 차렸다. 가로축 막대들은 이후 그가 더 대담하고 거침없이 행동했음을 보여준다.

희생자에 대한 이런 분석은 다음의 질문으로 이끈다. 그는 어떻게 살인을 저질렀는가? 추론의 단서는 희생자로 추정되는 이들의 사망 진단서에 적혀 있는 사망 시각 데이터에 있다. 그림 0.2는 시프먼의 환자들이 하루 중 사망한 시각을 다른 가정의들의 환자 표본이 사망한 시각과 비교한 선그래프다. 얼핏 봐도 시프먼의 환자들 다수가

---

* 짝을 이룬 두 종류의 데이터 간 관계를 조사하기 위해 각 특성을 *x*와 *y*축으로 하고 짝을 이룬 데이터를 평면에 점으로 표시한 그림.(옮긴이)

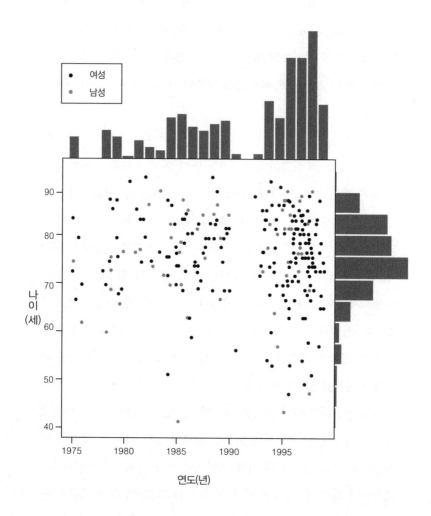

그림 0.1

해럴드 시프먼에 의해 살해된 215명의 나이와 사망 연도를 보여주는 산점도. 희생자의 나이와 사망 연도 간 패턴을 드러내고자 각 축에 막대그래프를 덧붙였다.

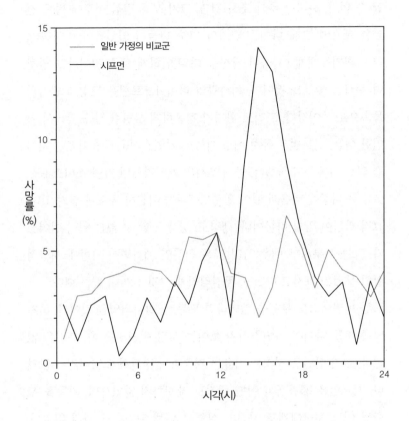

그림 0.2
같은 지역의 다른 일반 가정의 환자들이 사망한 시각과 시프먼 환자들의 사망 시각을 비교한
그래프. 섬세한 통계적 분석을 하지 않아도 어떤 패턴이 보인다.

이른 오후에 사망한 경향이 확연히 드러난다.

데이터 자체만으로는 많은 희생자들이 그 시각에 사망한 이유를 알 수 없다. 하지만 추가 조사 결과, 그가 보통 점심 이후에 방문 진료를 했으며 그때 나이든 환자와 자주 단둘이 있었음이 밝혀졌다. 그는 환자들에게 이 약이 당신을 더 편안하게 해줄 것이라고 말하며 주사를 놓았을 것이다. 치사량의 다이아모르핀은 그렇게 환자의 몸속으로 들어갔다. 그리고 환자가 평온하게 사망한 걸 눈앞에서 확인한 다음, 시프먼은 족히 예상 가능한 자연스러운 죽음이었던 것처럼 의료 기록을 조작했다. 공개 조사의 책임자였던 자넷 스미스Janet Smith는 나중에 다음과 같이 말했다. "나는 여전히 공포에 질려 있다. 그저 말문이 막힐 따름이다. 생각도, 상상도 할 수 없는 일이 벌어졌다. 그는 하루하루 매우 사려 깊은 의사인 체하면서 가방에 치명적 살인 무기를 가지고 다녔고, 무감각하게 그것을 꺼내 들곤 했다."

한 번만이라도 부검을 했더라면 모든 게 발각되었을 것이다. 하지만 환자들 나이와 자연스러워 보이는 사망 원인 때문에, 부검은 없었다. 그가 살인을 저지른 이유는 지금까지 정확하게 밝혀지지 않았다. 시프먼은 재판에서 어떤 증거도 제시하지 않았으며, 가족을 포함해 어느 누구에게도 자신의 살인에 대해 일언반구 하지 않았다. 그는 교도소에서 부인이 자신의 연금을 수령하자마자 자살했다. (정말 기가 막힌 타이밍이 아닐 수 없다.)

●

지금까지 우리가 한 것을 **과학수사통계학**forensic statistics이라고 부른다. 이런 유형의 분석에는 복잡한 수치 계산이나 수학 이론은 없고, 패턴에 관한 탐색과 꼬리에 꼬리를 무는 질문들이 있다. 물론 시프먼의 범죄에 관한 세부 내용은 각 사례별 증거들이 뒷받침한다. 하지만 그의 범죄 전반을 이해하는 데는 데이터 분석이 도움을 준다.

이런 통계적 분석을 더 빨리 했으면, 시프먼을 더 일찍 잡을 수 있었을까? 이에 관해서는 10장에서 알아보겠다(미리 결론을 살짝 알려주면, 그럴 수 있었다). 일단 여기서는 세상을 더 잘 이해하고 더 나은 판단을 내리는 데 데이터가 얼마나 큰 힘을 발휘할 수 있는지 보았다는 점에서 만족하자. 그리고 그것이 통계과학이 하는 일이다.

세상을 데이터로 바꾸기

시프먼의 범죄에 대한 통계적 접근은 비극적인 죽음을 맞이한 긴 희생자 목록에서 한 걸음 물러서기를 요구한다. 그 과정에서 삶과 죽음에 관한 개인적이고 고유한 세부 사항들은 건조한 숫자와 그래프로 바뀐다. 처음에는 이것이 냉정하고 비인간적인 것처럼 보일 수 있다. 하지만 통계과학으로 세상을 이해하려면, 일상의 경험은 데이터로 전환되어야 한다. 즉 우리는 사건들을 범주별로 묶고 꼬리표를 달고 측정값을 기록한 뒤 그 분석 결과에 대해 논의해야 한다.

우선 연습한다고 생각하고, 다음 문제를 한번 해결해보자. 평소 환경에 관심이 있는 사람에게는 꽤 흥미로울 것이다.

지구상에는 얼마나 많은 나무가 있을까?

답을 찾기 전에 해결해야 하는 가장 기본적인 문제는 다음과 같다. '나무'란 무엇인가? 딱 보면 알 수 있다고 생각할지 모르겠다. 하지만 당신이 나무라고 한 것을 다른 사람은 덤불이나 관목이라고 할 수 있다. 따라서 경험을 데이터로 바꾸려면, 엄밀한 정의가 필요하다.

사실 나무의 공식적인 정의는 가슴높이직경*이 충분히 크고 딱딱한 줄기를 가진 식물이다. 미국 산림청에 따르면 어떤 식물이 나무라고 말하려면 가슴높이직경이 약 5인치(13센티미터) 이상이어야 한다. 하지만 대부분의 나라들은 10센티미터를 기준으로 한다.

우리는 딱딱한 줄기를 가진 식물을 하나하나 측정해 이 기준에 맞는 나무를 세면서 전 세계를 돌아다닐 수 없다. 그래서 연구자들은 더 실용적인 방법을 택했다. 우선 그들은 지리적·기후적으로 유사한 일련의 지역들(생물군계biome라고 한다)을 골라서, 제곱킬로미터당 발견되는 나무의 개수를 센 뒤 평균을 냈다. 그런 다음 위성사진을 이용해 각 유형별 생물군계가 덮고 있는 지구상의 전체 면적을 추정했다. 그리고 복잡한 통계 모형을 돌렸다.

그 결과, 3,040,000,000,000(3조 400억)이라는 숫자가 나왔다. 굉장히 많다고 생각하는가? 하지만 연구자들은 예전에는 나무가 이

* 사람의 가슴 높이에서 잰 나무줄기의 지름.(옮긴이)

수의 두 배만큼 있었다고 생각한다.[*3]

나무조차 나라마다 기준이 다른데, 더 모호한 개념들은 오죽할까? 한 예로 영국에서 실업의 공식적인 정의는 1979년과 1996년 사이에 적어도 서른한 번 바뀌었다.[4] 영국에서 국내총생산GDP의 정의는 2014년 불법적인 마약 거래와 성매매가 추가된 이래로 계속 바뀌고 있다. 그리고 일상적이지 않은 데이터, 예를 들어 성매매 서비스 이용자들의 리뷰 웹사이트인 펀터넷PunterNet 등이 그 가치를 추정하는 데 활용된다.[5]

심지어 우리의 개인적 감정도 체계화하여 통계적 분석의 대상이 될 수 있다. 2017년 9월에 실시된 영국의 한 설문조사는 15만 명의 사람들에게 '당신은 어제 얼마나 행복하다고 느꼈는가?'라는 질문을 했다.[6] 그 결과, 0부터 10까지의 범위 중 평균 점수는 7.5였다. 그것은 2012년의 7.3에 비해 더 높았는데, 2008년 금융위기 이후 경기가 회복되고 있었기 때문일지도 모른다. 가장 낮은 점수는 50~54세에서, 가장 높은 점수는 70~74세에서 나왔다(영국에서는 전형적인 패턴이다).[**]

행복은 측정하기 어렵다. 그렇다면 어떤 사람이 살았는지 죽었는지 판단하는 건 훨씬 쉬울까? 이 책에서도 보여주듯, 실제로 생존/

---

* 이 숫자는 1000억의 오차범위를 가지고서 발표되었는데, 그 말인즉슨 연구자들이 진짜 나무 수는 2조 9400억~3조 1400억 개라고 확신한다는 뜻이다. (나는 그 모형이 근거했던 많은 가정들을 고려할 때, 이 범위가 오히려 너무 좁다고 생각한다.) 그들은 또한 150억 그루의 나무가 매년 잘려나가고 있으며, 인류 문명이 시작한 이래로 지구상 나무의 46%가 사라졌다고 추정했다.

** 내가 평균적인 영국인이라면, 이는 내 미래가 기대할 만하다는 얘기다.

사망은 통계과학이 자주 활용되는 주제다. 그러나 미국만 봐도 각 주마다 법적 사망의 정의가 다르다.* 예를 들어 앨라배마주에서는 법적으로 사망한 사람일지라도, 이웃한 플로리다주로 넘어가는 순간 원칙적으로는 사망한 것이 아닐 수 있다. 플로리다주는 두 명 이상의 자격 있는 의사가 사망 신고를 해야만 법적 사망으로 인정하기 때문이다.[7]

이처럼 통계는 판단에 어느 정도 의존한다. 따라서 개인적인 경험을 애매모호하지 않게 코드화**하여 스프레드시트나 소프트웨어에 깔끔하게 입력할 수 있다는 생각은 착각이다. 우리 자신과 세상의 특징을 정의해 개수를 세고 값을 측정하는 것은 어려운 일이다. 게다가 그것들은 그저 정보다. 우리는 세상을 진정으로 이해하기 위한 긴 지적 여정의 출발선에 막 들어섰을 뿐이다.

데이터는 지식의 원천으로서 두 가지 한계를 가진다. 첫째, 데이터는 우리가 정말로 관심 있는 것에 대한 불완전한 척도이다. 지난주에 얼마나 행복했는지 0부터 10까지 점수를 매기라는 질문은, 한 국가의 정신 건강 상태에 대해 거의 아무것도 알려주지 못한다. 둘째, 우리가 측정하려는 것은 장소, 사람, 시간에 따라 달라진다. 우리는 이 무작위적인 **변동성**variability에서 의미 있는 통찰을 이끌어내야 한다.

수백 년간 통계과학은 이 두 가지 도전에 맞서 세상을 과학적으

---

* 비록 1981년 통일사망판정법Uniform Declaration of Death Act이라는 공통 근거가 도입되었지만, 약간의 차이는 여전히 남아 있다.
** 컴퓨터가 알아들을 수 있게 데이터를 가공하는 일.(옮긴이)

로 이해하려고 시도했다. 통계과학은 배후에 있는 변동성으로부터 의미 있는 관계들을 구별해낼 목적으로, 항상 불완전할 수밖에 없는 데이터를 해석하기 위한 기초 도구들을 제공한다. 그러나 세상은 계속 변하고 다양한 질문과 새로운 데이터가 등장함에 따라, 통계과학도 바뀌어야 한다.

●

사람들은 항상 수를 세고 측정을 한다. 그러나 진정한 학문으로서의 현대 통계학은 블레이즈 파스칼Blaise Pascal과 피에르 드 페르마 Pierre de Fermat가 확률론을 처음 개척한 1650년대에 시작되었다. 변동성을 다룰 수 있게 해주는 이 수학적 기반이 마련되자, 진전은 놀랄 만큼 빠르게 진행되었다. 확률론은 사람들의 수명 데이터를 가지고 적정 연금이나 보험료를 계산해내는 공식을 제공했다. 또 과학자들이 확률론을 이용해 측정의 변동성을 다룰 수 있게 되자 천문학이 혁명적으로 발전했다. 빅토리아 시대의 열정가들은 인간 신체를 비롯해 세상 모든 것에 관한 데이터를 수집했고, 유전학·생물학·의학 등에 통계적 분석을 활용했다. 그 후 20세기에 통계학은 수학적으로 더 정교해졌고, 불행히도 많은 학생들과 통계 사용자[5]들에게 통계적 분석이란 한 꾸러미의 통계 도구들을 기계적으로 적용하는 것이 되었다.

* 이 책에서는 실제 문제를 해결하는 데 통계를 이용하는 사람들을 '통계 사용자 practitioner'라고 부르겠다.(옮긴이)

통계학을 '도구 꾸러미'로 보는 전통적인 관점은 이제 새로운 도전과 마주하고 있다. 오늘날 우리는 **데이터과학**data science의 시대에 살고 있다. 교통 상황, SNS 게시물, 온라인 구매 이력 등 일상에서 수집된 거대한 데이터가 이동 경로 최적화, 맞춤 광고, 구매 추천 서비스 같은 기술에 사용되고 있다(**빅데이터**를 분석하는 **알고리즘**에 관해서는 6장 참조). 따라서 데이터과학자가 되려면, 통계적 훈련은 물론이고 연구 주제에 관한 지식뿐 아니라 데이터 관리·프로그래밍·알고리즘 개발 관련 기술을 모두 섭렵해야 한다.

또 다른 도전은 특히 생의학과 사회과학을 중심으로 과학 연구의 양이 엄청나게 많아지면서 순위가 높은 학술지에 먼저 논문을 출판하려는 경쟁이 심해졌다는 것에 기인한다. 그 결과, 과학 문헌의 신뢰성에 의구심을 불러일으킨 몇몇 사건들이 있었다. 실제로 많은 발견들이 다른 연구자에 의해 재현되지 않았는데, 한 예로 파워 자세[*]가 호르몬 등을 변화시키는지에 관해 심리학계에서 벌어진 논쟁이 있다.[8] 통계적 분석의 부적절한 사용은 과학계에서 제기된 재현성 위기 논란에 상당 부분 책임이 있다.

어떤 사람은 막대한 양의 데이터 집합 그리고 사용자 친화적인 컴퓨터 소프트웨어 덕분에 통계적 분석 방법을 훈련할 필요가 없어졌다고 생각할지도 모르겠다. 하지만 이런 생각은 지나치게 순진하다. 오히려 통계적 분석 방법을 배우는 일은 전보다 더 중요해졌다. 데이터가 커지고 과학 연구의 수와 복잡성이 증가함에 따라 적절한

* 허리와 어깨를 펴고 당당한 자세를 취하는 것.(옮긴이)

결론을 도출하기가 훨씬 어려워졌기 때문이다. 데이터가 많아졌다
는 것은 그만큼 어떤 증거가 실제로 얼마나 가치 있는지를 잘 판단
해야 한다는 뜻이다.

예를 들어 일상적인 데이터를 너무 세세하게 분석하다 보면, 데이
터에 구조적 편향bias이 내재된 것을 알아차리지 못하거나, 흥미로
운 사례만 탐색해 보고하는 데이터 훑기data dredging의 함정에 빠져
서 잘못된 결론에 다다를 수 있다. 그러므로 출판된 연구 결과를 비
평할 때나 일상 속 언론 보도를 해석할 때, 우리는 선별적 발표의 가
능성, 제3의 연구자들에 의한 재현성, 그리고 단 하나의 연구를 확대
해석할 위험성 등에 대해 정확하게 알고 있어야 한다.

이 모든 통찰력들은 **데이터 문해력**data literacy이라는 한 단어로 요약
할 수 있다. 이것은 현실 세계 문제에 관한 통계를 해석하는 능력뿐
아니라 다른 사람이 도출한 통계적 결론들을 이해하고 비판적으로
분석하는 능력을 모두 의미한다. 그리고 데이터 문해력을 향상시키
려면 가장 먼저 통계학을 가르치는 방식이 바뀌어야 한다.

통계학 가르치기

그동안 많은 학생들은 서로 다른 상황에 적용되는 여러 통계학 기법
들을 배우느라 고생했다. 과거 무미건조한 통계학 수업은 어떤 공식
이 사용되는 이유나 데이터를 사용할 때 주의할 점 등을 이해시키기
보다 수학적 이론을 설명하는 데 주안점을 두었다.

다행히 지금은 통계학 교습이 달라지고 있다. 데이터과학과 데이터 문해력에 대한 강조는 문제 위주의 접근을 더 많이 요구하며, 통계 도구의 적용은 문제 해결 과정의 일부로 다뤄진다. 앞으로 이 책은 문제 해결 과정을 나타내는 방식으로 PPDAC 모형을 사용할 것이다.[9] 그림 0.3은 통계 교육에 있어 세계를 선도하는 뉴질랜드의 PPDAC 모형을 보여준다.

첫 번째 단계에서 우리는 '문제Problem'를 특정해야 한다. 통계 조사는 항상 해럴드 시프먼의 살인 패턴이나 지구상 나무의 수 같은 문제에서 시작된다. 그 밖에 유방암 수술 직후 보조 치료의 예상 효과나 노인들의 귀가 큰 이유 등 다양한 문제들이 이 책에서 논의될 것이다.

두 번째는 주의 깊은 '계획Plan' 단계이다. 종종 당신은 이 단계를 건너뛰고 싶은 유혹에 빠질 것이다. 시프먼의 경우, 단순히 그 희생자에 대해 가능한 많은 데이터를 모으는 것으로 충분해 보인다. 하지만 나무의 수 문제에서는 정의와 측정 방법에 있어 아주 세심한 주의가 필요했다. 합당한 결론은 오직 적절히 설계된 연구에서만 나올 수 있다. 안타깝게도 많은 사람들이 데이터를 모으고 분석을 시작하는 데 급급해 설계에 대해 충분한 주의를 기울이지 않는다.

세 번째는 '데이터Data'를 수집하는 단계다. 이 단계에서 데이터를 조직화하고 코드화하는 기술이 필요하다. 특히 일상에서 수집된 데이터는 분석 전에 클리닝cleaning, 전처리*이 필요할 수 있다. 시간이 지

---

* 불완전한 데이터를 채우고 잘못된 데이터를 수정하는 등의 작업.(옮긴이)

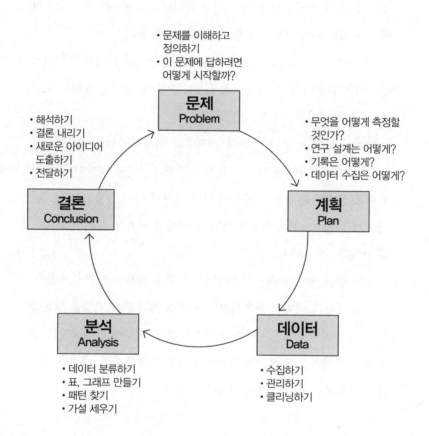

- 문제를 이해하고
  정의하기
- 이 문제에 답하려면
  어떻게 시작할까?

문제
Problem

- 해석하기
- 결론 내리기
- 새로운 아이디어
  도출하기
- 전달하기

결론
Conclusion

- 무엇을 어떻게 측정할
  것인가?
- 연구 설계는 어떻게?
- 기록은 어떻게?
- 데이터 수집은 어떻게?

계획
Plan

분석
Analysis

데이터
Data

- 데이터 분류하기
- 표, 그래프 만들기
- 패턴 찾기
- 가설 세우기

- 수집하기
- 관리하기
- 클리닝하기

그림 0.3
PPDAC 모형. 문제, 계획, 데이터, 분석, 결론과 전달까지가 한 주기로 순환 · 반복된다.

나면서 데이터가 변했을 수도 있고, 수집된 데이터 자체에 오류가 있을 수도 있기 때문이다. 막 건져낸 데이터found data는 마치 길거리에서 주워온 어떤 것처럼 상당히 지저분할 수 있다.

네 번째 '분석Analysis' 단계에서 우리는 전통적인 통계학 수업에서 강조해온 다양한 분석 기법들을 활용하게 된다. 하지만 때때로 그림 0.1과 같은 시각화 정도면 충분하다.

마지막 단계는 증거의 한계를 제대로 인정하면서 적절한 '결론 Conclusion'을 이끌어낸 뒤 그것을 명확하게 전달하는 것이다. 일반적으로 결론에서 더 많은 질문들이 나와 모형이 다시 처음부터 시작된다. 앞서 시프먼 희생자들이 하루 중 사망한 시각을 살펴봤을 때처럼 말이다.

물론 실제 상황에서는 이 PPDAC 모형을 정확하게 따르지 않는 경우도 생긴다. 여기서 강조하려는 바는 통계적 분석 기법을 사용하는 것이 통계학자나 데이터과학자의 작업 중 일부에 불과하다는 점이다. 통계과학은 오랫동안 학생들이 힘겹게 씨름하는, 난해한 공식들로 이루어진 수학의 한 분야보다 더 크다.

이 책에 대하여

내가 학생이었던 1970년대 영국에는 텔레비전 채널이 달랑 세 개뿐이었고, 컴퓨터는 옷장 두 개를 합친 것만 했으며, 그나마 위키피디아에 견줄 만한 것은 『은하수를 여행하는 히치하이커를 위한 안내서』에 나온 상상 속의 휴대용 기기 또는 파란 표지의 펠리컨 문고집이 전부였다. (그 책들이 죽 꽂혀 있는 책장이 당시 학생 책상의 전형적인 모습이었다.)

나는 통계학을 공부하고 있었기 때문에, 당연히 내 책장에는 M. J. 모로니M. J. Moroney가 쓴 『숫자로부터 얻는 사실들Facts from Figures』(1951년)과 대럴 허프Darrell Huff가 쓴 『새빨간 거짓말 통계How to Lie with Statistics』(1954년)가 있었다. 이 책들은 수십만 권씩 팔렸다. 그만큼 당시 통계학에 관한 관심은 높았지만 통계학 서적은 암울할 정도로 부족했다. 놀랍게도 이 책들은 이후 65년의 세월을 이겨내고 여전히 우리 곁에 있다. 하지만 이제 통계학을 가르치는 방식은 과거보다 높아진 기준에 맞춰 달라져야 한다.

이 책은 통계학의 아이디어들이 실생활의 문제들을 해결하는 것에서 출발한다. 그 아이디어들 가운데 일부는 간단명료하다. 하지만 복잡미묘한 것도 있어서, 약간의 정신노동을 수반할 수도 있다. 전통적인 교과서들과 견주어, 이 책은 기술적 측면보다는 개념적 측면에 더 비중을 두었다. 그리 골치 아프지 않은 수식이 몇 개 등장하는데, 그마저도 맨 뒤에 있는 용어집에서나 볼 수 있다. 데이터과학과 통계학에서 통계 분석 소프트웨어는 중요한 부분이지만 이 책의 주제는 아니다. 혹시 R이나 파이썬 같은 프로그램 사용법이 궁금하다면 인터넷에서 무료 자료를 손쉽게 찾을 수 있을 것이다.

이 책에서 다룰 문제들은 매우 다양하다. 그중에는 '힉스 입자Higgs boson가 존재하는가?' '초감각적 인지 능력ESP에 대한 확신할 만한 증거가 정말 존재하는가?' 같은 과학적 가설이 있다. '더 많은 사람들이 찾는 병원이 더 높은 생존율을 보이는가?' '난소암 검사는 효과가 있는가?' 등의 건강 관련 문제도 있다. 그 밖에 베이컨 샌드위치로 인한 암 발병률, 영국 사람의 평생 성관계 상대의 수, 스타틴 복용의 효과 등 그저 어떤 추정값을 구하는 것도 있고, '타이태닉에서 가장 운이 좋은 생존자는 누구였을까?' '해럴드 시프먼이 더 일찍 잡힐 수 있었을까?' '레스터 주차장에서 발견된 해골이 정말로 리처드 3세일까?' 같은 흥미로운 수수께끼도 있다. 우리는 통계적 분석을 통해 이 모든 문제에 어느 정도 답할 수 있다.

이 책은 기술적이지 않은 통계학 입문서를 찾고 있는 학생, 그리고 직장이나 일상에서 맞닥뜨리는 통계에 관해 더 많은 지식을 얻고 싶은 일반인 모두를 위해 쓰였다. 내 주안점은 그들이 능숙하게 그리고 세심하게 통계를 다룰 수 있게 하는 데 있다. 숫자의 세계가 차갑고 딱딱해 보일지 모르나, 앞서 나무·행복·죽음 등을 측정하려는 시도에서 이미 느꼈듯 숫자는 항상 조심히 다뤄야 한다.

통계는 우리가 당면한 문제에 관해 명확성과 통찰력을 가져다주지만, 어떤 의견을 조장하거나 단순히 관심을 끌기 위해 오용되기도 한다. 따라서 어떤 통계적 주장이 믿을 만한지 판단하는 능력이 현대 사회에서 점점 중요해지고 있다. 이 책이 일상에서 맞닥뜨리는 숫자들에 관해 질문을 던질 수 있는 힘을 주길 바란다.

요약

- 경험을 데이터로 바꾸는 일은 간단하지 않으며, 데이터가 세상을 설명하는 능력은 제한적이다.
- 통계과학은 오랫동안 성공적이었다. 하지만 이제 사용할 수 있는 데이터의 양이 엄청나게 증가했다. 시대에 맞춰 통계과학도 변해야 한다.
- 통계적 방법을 다루는 기량은 데이터과학자에게 아주 중요하다.
- 통계학 수업은 수학적 방법을 가르치는 것에서 문제 해결 모형을 가르치는 것으로 바뀌고 있다.
- '문제 → 계획 → 데이터 → 분석 → 결론과 전달'이라는 PPDAC 모형은 편리한 문제 해결 방법이다.
- 데이터 문해력은 현대 사회에 꼭 필요한 능력이다.

| 차 례 |

1장

비율로 표시하기

범주형데이터와 백분율

조슈아는 생후 16개월된 아기로, 심장에서 나오는 정맥이 잘못된 심실에 붙어 있는 치명적인 심장 질환을 갖고 태어났다. 1995년 1월 12일 오전 7시, 브리스틀왕립병원에서 조슈아의 부모는 수술실에 들어가는 아기에게 인사를 건넸다. 그들은 그 인사가 마지막이 될 줄 몰랐다. 뿐만 아니라 1990년대 초반 이래로 브리스틀병원의 수술 생존율이 낮다는 이야기가 돌고 있는지 몰랐다. 그 병원의 간호사들이 아이가 사망했다고 부모에게 알리는 데 지쳐서 퇴직한다는 이야기도, 수술 전날 저녁에 조슈아의 수술을 두고 취소할지 말지 회의했다는 것도 몰랐다.[1]

조슈아는 수술을 받다가 사망했다. 이듬해 영국의 종합의료위원회General Medical Council는 조슈아의 부모와 아이를 잃은 다른 부모들의 항의에 따라 브리스틀병원을 조사하기 시작했다. 그리고 1998년, 전 병원장과 두 명의 의사가 유죄 판결을 받았다. 하지만 대중의 우려는 사그라들지 않았고, 결국 대대적인 조사 명령이 내려졌다. 통계학자들이 1984~1995년 브리스틀병원과 다른 병원의 생존율을 비교하는 일을 맡았는데, 내가 그 팀장이 되었다.

우리는 우선 얼마나 많은 어린이가 심장 수술을 받았고 또 사망했는지 밝혀야 했다. 간단한 일처럼 들리는가? 하지만 바로 앞 장에서 보았듯 단순히 나무 수를 세는 일도 꽤 까다로울 수 있다. '어린이'란 누구인가? 무엇을 '심장 수술'로 봐야 하나? 언제 사망해야 수술 때문에 사망했다고 할 수 있나? 그리고 이 모든 개념이 정의되었다 해도, 사망 사건이 얼마나 많이 일어났는지 정확하게 셀 수 있나?

우리는 어린이를 16세 미만의 사람으로 정의했다. 그리고 인공심폐기*를 이용하는 개복 수술을 대상으로 했다. 한 번 입원해서 여러 번 수술하는 경우는 하나의 사건으로 간주했다. 수술 후 30일 이내에 사망했다면, 병원에서 사망했든 아니든 또는 수술 때문에 사망했든 아니든 간에 사망 사례로 포함시켰다. 우리는 사망이 수술의 질을 측정하기에 불완전한 척도임을 알고 있었다. 수술로 인해 뇌 손상 등의 장애를 얻은 아이들을 무시한 기준이기 때문이다. 하지만 더 장기적인 결과를 알려주는 데이터가 없었다.

데이터의 주요 출처는 「병원 에피소드 통계Hospital Episode Statistics, HES」였다. 이것은 의사들 사이에서 평가가 별로였지만 정부에서 집계하는 「사망 원인 통계」와 연동된다는 장점이 있었다. 흉부외과협회에서 설립·운영하는 심장수술등록처Cardiac Surgical Registry, CSR의 기록들도 데이터로 사용됐다.

두 데이터는 같은 의료 행위에 관한 것임에도 상당히 달랐다. 예를 들어 1991~1995년, HES는 505건의 개복 수술 중 62건의 사망이 있었음(14%)을 보여주는 반면, CSR는 563건의 수술 중 71건의 사망(13%)이 있었음을 보여주었다. 그 밖에 마취 기록부터 외과의

---

* 수술을 하기 위해 환자의 심장을 정지시키는데, 이때 심장 대신 혈액의 체외 순환을 도와주는 기계.(옮긴이)

사의 개인적인 기록까지, 자그마치 다섯 가지 추가적 지역 데이터도 우리 손에 쥐어졌다. 브리스틀병원에 관한 데이터는 잔뜩 있었지만, 그중 어느 것도 진실로 간주할 수 없었다. 수술 결과를 통계적으로 분석해 그 결과에 따라 조치를 취하는 책임자도 없었다.

분석 결과, 영국 내 다른 지역들의 평균적인 사망 위험을 적용하면 그 기간에 브리스틀병원에서는 62명(HES 기준)이 아니라 32명의 사망자가 나왔어야 했다. 우리는 1991년과 1995년 사이 초과 사망자가 30명이었다고 발표했다.* 물론 데이터 출처에 따라 정확한 수는 달라질 수 있다. (이런 기본적 사실조차 분명하지 않다는 게 이상해 보일 것이다. 아무쪼록 현재의 기록 시스템은 더 좋아졌기를 바란다.)

우리의 결론은 언론에 널리 보도되었고, 병원 실무 수행을 감시하는 태도에 있어서 중요한 변화를 가져왔다. 더 이상 의료 전문가들은 경찰에게 신뢰받지 못했다. 마침내 병원 생존 데이터를 공개적으로 보고하는 메커니즘이 확립되었다. 하지만 데이터를 내보이는 방식 자체가 사람들의 인식에 영향을 줄 수 있다.

---

* 지금 나는 '초과 사망자'란 용어를 사용한 걸 후회한다. 신문들이 이것을 '피할 수 있었던 사망자'라는 뜻으로 해석했기 때문이다. 그러나 병원들 중 절반 정도는 순전히 우연에 의해 기댓값보다 더 많은 사망자를 가질 수 있다. 피할 수 있었던 사망자는 그중 오직 소수에 불과했을 것이다.

수와 비율 전달하기

어떤 사건이 일어났는지 아닌지를 기록하는 데이터는 일반적으로 '예/아니요'라는 두 가지 값으로 이뤄져 있다. 이런 데이터를 **이진데 이터**binary data라고 한다. 그리고 이진데이터 집합은 어떤 사건이 발생한 경우의 수 또는 백분율로 요약할 수 있다.

이 장의 주제는 통계의 제공 방식이 중요하다는 것이다. PPDAC 모형의 맨 마지막 단계에 해당하는 '전달'은 원래 전통적인 통계학에서 중요한 주제가 아니었다. 그런데 최근 데이터 시각화에 관해 관심이 높아지면서 이런 관점이 변하고 있다. 우리는 1장과 2장에서 세세한 분석 없이 실제 벌어지는 일들을 재빠르게 파악할 수 있도록 데이터를 보여주는 방식에 집중할 것이다.

브리스틀병원 조사를 계기로 오늘날 어린이 심장 수술 데이터는 누구에게나 공개되고 사용 가능하다. 표 1.1은 2012~2015년 영국과 아일랜드에서 심장 수술을 받은 어린이(0~16세) 1만 3000명의 수술 결과를 보여준다.[2] 그중 263명이 수술 후 30일 이내에 사망했다. 브리스틀은 수술 생존율이 평균 98%로, 내가 조사했던 시점과 견주어 크게 향상되었다.

표는 설명용 도해의 한 유형이다. 그것의 색상, 글꼴, 언어 등은 관심을 끌고 가독성을 높일 목적으로 주의 깊게 선택된다. 심지어 표의 열이 보여주는 항목이 표에 대한 독자의 반응에 영향을 미치기도 한다. 표 1.1은 생존자와 사망자에 관한 결과를 모두 보여준다. 하지만 미국에서는 통상 어린이 심장 수술에 따른 사망률을 보고하는 반

병원	수술 받은 어린이 수	수술 후 적어도 30일 동안 생존한 어린이 수	수술 후 30일 이내에 사망한 어린이 수	생존율	사망률
런던, 할리가	418	413	5	98.8	1.2
레스터	607	593	14	97.7	2.3
뉴캐슬	668	653	15	97.8	2.2
글래스고	760	733	27	96.3	3.7
사우샘프턴	829	815	14	98.3	1.7
브리스틀	835	821	14	98.3	1.7
더블린	983	960	23	97.7	2.3
리즈	1,038	1,016	22	97.9	2.1
런던, 브롬프턴	1,094	1,075	19	98.3	1.7
리버풀	1,132	1,112	20	98.2	1.8
런던, 에블리나	1,220	1,185	35	97.1	2.9
버밍엄	1,457	1,421	36	97.5	2.5
런던, 그레이트오먼드가	1,892	1,873	19	99.0	1.0
총합	12,933	12,670	263	98.0	2.0

(단위: 명, %)

표 1.1
2012~2015년 영국과 아일랜드의 병원에서 있었던 어린이 심장 수술의 결과. 생존율과 사망률은 수술 후 30일 동안의 상태를 기준으로 했다.

면, 영국에서는 생존율을 제공한다. 이것은 부정적인 또는 긍정적인 **틀 짜기**framing로 알려져 있다.

틀 짜기의 효과는 직관적으로 알 수 있다. 예를 들어 '5%의 사망률'은 '95%의 생존율'보다 더 안 좋게 들린다. 사망률과 함께 실제 사망자 수를 제시하는 것 역시 위험하다는 인상을 주는데, 그 수만큼의 실제 사람들을 상상하게 만들기 때문이다.

틀 짜기에 대해 좀 더 자세히 알아보자. 2011년, 런던 지하철에 "런던에 거주하는 청소년의 99%가 심각한 폭력을 저지르지 않는다"라고 선전하는 광고가 등장했다. 이 광고는 승객들을 안심시키려고 만든 것일 테지만, 두 가지의 간단한 변화를 통해 의도한 것과 상반되는 효과를 일으킬 수 있다. 첫째, 99%가 심각한 청소년 폭력을 저지르지 않는다는 말은 반대로 1%가 아주 심각한 폭력을 저지른다는 뜻이다. 둘째, 런던의 인구는 약 900만 명이고 그중 15~25세 인구가 약 100만 명이다. 우리가 이 연령대를 청소년으로 간주한다면, 매우 폭력적인 청소년이 약 1만 명이나 된다. 이걸 보고 어떻게 안심할 수 있을까? 여기서 통계의 효과를 조작하기 위해 두 가지 방법을 썼다. 첫째, 긍정적 틀을 부정적 틀로 전환했다. 둘째, 백분율을 구체적인 숫자로 바꾸었다. 따라서 어느 한쪽에 치우치지 않는 정보를 제공하려면, 긍정적인 틀과 부정적인 틀을 모두 제공하는 것이 바람직하다.

열이나 행의 순서 또한 표의 해석에 영향을 미칠 수 있다. 한 예로 표 1.1의 열을 보면, 수술 횟수가 낮은 순서에서 높은 순서로 병원들이 나열되어 있다. 만약 사망률이 가장 높은 병원부터 제시했다면,

사람들은 병원들을 비교하는 중요한 기준이 사망률이라고 생각할 것이다. 일부 언론과 일부 정치인들이 선호하는 이런 실적 일람표는 분명 오해의 소지가 있다. 그 차이가 우연에서 비롯되었을 수도, 병원마다 환자 상태가 매우 달랐을 수도 있기 때문이다. 예를 들어 버밍엄병원은 가장 크고 유명한 병원 중 하나로, 그 명성에 걸맞게 상태가 나쁜 환자들이 많이 왔을 것이다. 따라서 그 병원 입장에서는 생존율만 강조하는 것이 부당할 수 있다.*

그림 1.1은 표 1.1에 나온 생존율을 막대그래프로 나타낸 것이다. 여기서 가로축을 어디서부터 시작하느냐가 중요하다. 만약 0%부터 시작한다면 모든 막대들 길이가 거의 같을 것이다. 그러면 전체적으로 생존율이 높아졌다는 것은 분명하게 보여지나 병원끼리 비교하기는 어렵다. 만약 가로축이 95%에서 시작한다면? 이 또한 오해를 불러일으키기 딱 좋다. 병원 간 생존율 차이는 우연에 기인한 것일지라도 시각적으로 훨씬 커 보인다.

축의 시작점은 딜레마를 제공한다. 데이터 시각화에 관한 영향력 있는 책[3]을 여러 권 쓴 알베르토 카이로Alberto Cairo는 '논리적이고 의미 있는 기준선'을 강조한다. 다만 여기서는 그런 기준선을 찾아내기 어려워서 일단 임의로 86%를 선택했다.

나는 파이브서티에이트FiveThirtyEight**의 설립자이자 2008년 미

---

* 환자들의 심각성을 고려할 때, 병원들 사이의 어떤 구조적인 차이를 드러내는 확실한 증거는 없다고 밝혀졌다.
** 여론조사 분석, 정치, 경제, 스포츠 블로그에 초점을 맞춘 웹사이트. 미국 선거인단의 수 538명에서 그 이름을 따와서 2008년 3월에 만들어졌다.(옮긴이)

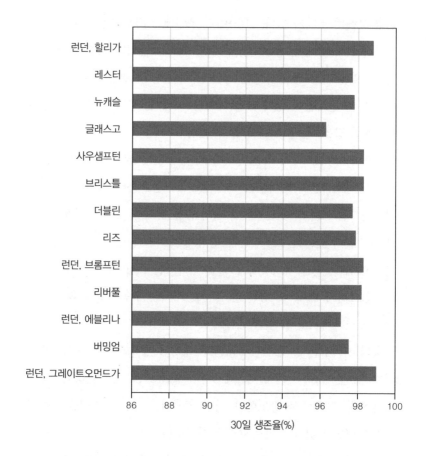

30일 생존율(%)

그림 1.1
13개 병원의 30일 생존율을 나타낸 막대그래프. 가로축 시작점은 그래프가 주는 인상에 결정
적 영향을 미칠 수 있다. 축이 0%에서 시작하면, 차이를 구분하기 힘들다. 축이 95%에서 시
작하면, 차이가 오해를 불러일으킬 만큼 커 보인다. 여기서 가로축 시작점은 86%로 했다.

국 대통령 선거 결과를 정확하게 예측한 것으로 유명한 네이트 실버Nate Silver의 말을 인용하면서 이 책을 시작했다. 그는 숫자는 스스로 말하지 않으며 그것들에 의미를 부여하는 것은 우리 몫이라는 아이디어를 유려하게 표현했다. 이는 전달이 문제 해결 모형에서 아주 중요한 부분임을 말해준다. 데이터를 나타내는 방식에 따라 메시지는 달라질 수 있다.

이제 '예/아니요'로 대답할 수 있는 단순한 질문을 넘어서 한 걸음 더 나아가게 도와주는 통계학의 아이디어들을 소개하겠다.

범주형변수

변수variable는 다른 상황에서 다른 값을 취할 수 있는 임의의 측정값으로 정의되며, 데이터를 구성하는 모든 유형의 관측 기록을 아우르는 용어이다. 예를 들어 어떤 사람이 살았는지 죽었는지 또는 여자인지 아닌지 같은 질문은 각 개인마다, 성별마다, 심지어 같은 개인일지라도 측정 시점에 따라 달라질 수 있다. 그리고 이렇게 '예/아니요'라는 두 가지 값으로만 대답할 수 있는 질문들을 이진변수binary variable라고 한다.

한편 **범주형변수**categorical variable는 둘 이상의 배타적 개별 범주들로 구분되는 측정값을 갖는다. 대표적으로 다음과 같은 것들이 있다.

- 순서 없는 범주들: 국적, 자동차 색깔, 수술을 한 병원 등

- 순서 있는 범주들: 군인의 계급 등
- 그룹으로 묶인 수들: 체질량지수BMI*를 기준으로 정의된 비만
  도 등

범주형데이터를 제시할 때, 원그래프는 전체 원에 대한 각 범주의
크기를 표현할 수 있지만 종종 시각적인 혼동을 줄 수 있다. 특히 너
무 많은 범주를 한 그래프에 보여주려고 시도하거나 넓이를 왜곡시
키는 3차원 연출을 할 때 유의해야 한다. 그림 1.2는 마이크로소프
트 엑셀이 제공하는 도구를 사용해 표 1.1에 나온 각 병원에서 치료
받은 1만 3000여 명의 어린이 심장병 환자들을 비율로 나타냈다.

다중원그래프는 서로 다른 모양을 갖는 영역들의 상대적 크기를
가늠하기가 어려워서 비교하기 까다로울 수 있다. 이럴 때는 막대그
래프에서 높이나 길이만 가지고서 비교하는 게 더 낫다. 그림 1.3은
각 병원에서 치료받은 비율을 막대그래프로 나타냈는데, 더 간단하
고 명확하다.

---

* 체질량지수는 1850년 이전 벨기에 통계학자 아돌프 케틀레Adolphe Quételet가 개발했는
데, BMI = 몸무게(kg)/키²(m)로 정의된다. 현재 영국에서는 그 지수를 가지고 다음과 같
이 비만을 진단한다. 저체중(~18.5), 정상(18.5~25), 과체중(25~30), 비만(30~35), 고도
비만(35~).

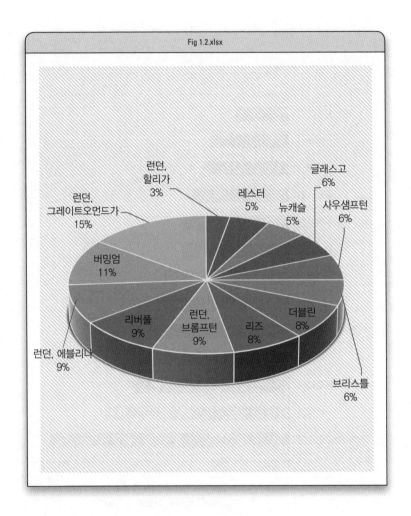

Fig 1.2.xlsx

런던,
할리가
3%

런던,
그레이트오먼드가
15%

레스터
5%

뉴캐슬
5%

글래스고
6%

사우샘프턴
6%

버밍엄
11%

리버풀
9%

런던,
브롬프턴
9%

리즈
8%

더블린
8%

런던, 에블리나
9%

브리스틀
6%

그림 1.2
2012~2015년 심장 수술을 받은 어린이 환자의 병원별 비율을 나타낸 3차원 원그래프. 이런
3차원 연출은 앞쪽에 있는 범주들이 상대적으로 커 보이게 만들어서 병원들끼리의 비교를 어
렵게 한다.

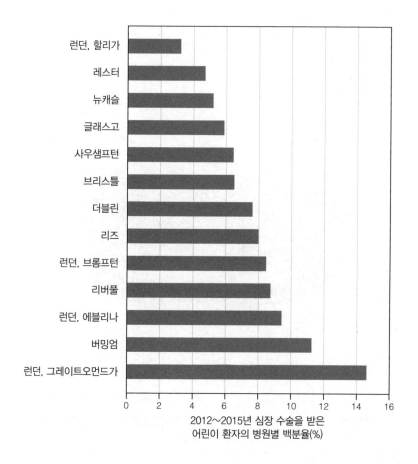

런던, 할리가
레스터
뉴캐슬
글래스고
사우샘프턴
브리스틀
더블린
리즈
런던, 브롬프턴
리버풀
런던, 에블리나
버밍엄
런던, 그레이트오먼드가

0   2   4   6   8   10   12   14   16

2012~2015년 심장 수술을 받은
어린이 환자의 병원별 백분율(%)

그림 1.3
심장 수술을 받은 어린이 환자의 병원별 비율을 나타낸 막대그래프. 앞에서 본 3차원 원그래프보다 보기 편하다.

두 개의 비율 비교하기

막대그래프를 이용해 전체 중 각 요소가 차지하는 비율들을 비교해 봤으니, 단 두 개의 비율을 비교하는 문제는 상대적으로 쉬워 보인다. 하지만 이 비율들이 어떤 피해를 겪을 가능성을 추정한 것이라면, 그 비교 방식은 격렬한 논쟁을 불러일으킬 수 있다.

베이컨 샌드위치는 장암 발병률을 얼마나 높이는가?

2015년 11월 세계보건기구WHO의 국제암연구소IARC는 가공육이 담배와 석면이 속해 있는 '1군 발암물질'에 해당한다고 발표했다. 아니나 다를까《데일리 레코드Daily Record》는 "베이컨, 햄, 소시지는 담배와 같이 암을 유발한다"는 자극적인 제목으로 기사를 냈다. 그 밖의 주요 뉴스들도 사람들을 겁먹게 하기는 마찬가지였다.[4]

국제암연구소는 이 야단법석을 가라앉히려고 했다. 암 분류군의 기준은 암을 유발할 가능성에 관한 과학적 증거의 확실함과 견고함이지 위험의 실질적 크기가 아니라고 강조하면서 말이다. 그럼 매일 50그램의 가공육을 먹으면 장암 발병률이 18% 높아질 수 있다고 밝힌 연구소의 보고는 어떻게 해석해야 할까? 우리는 가공육 섭취에 대해 얼마만큼 걱정해야 하는 걸까?

여기서 '18%'라는 수치는 **상대위험도**relative risk라는 것이다. 그것은 매일 50그램의 가공육, 예컨대 하루에 베이컨 두 개가 들어 있는 샌드위치를 먹는 집단이 그러지 않는 집단에 비해 장암에 걸릴 위험이 얼마나 증가하는지를 나타낸다. 이해를 돕기 위해 이 상대위험도를 **절대위험도**absolute risk로 재구성한 것을 살펴보자. 절대위험도는 각 집단에서 그런 불행한 사건을 겪으리라고 예상되는 비율이다.

영국에서는 통상 100명 중 약 6명꼴로 장암에 걸린다. 만약 그 100명이 매일같이 베이컨 샌드위치를 먹는다면 그 숫자는 어떻게 달라질까? 국제암연구소 보고서에서 말한 18%라는 상대위험도를 적용하면, 6명이 7명이 된다.* 즉 평생 베이컨을 먹으면 100명 중 장암이 걸리는 사람이 1명 더 생긴다. 이것은 상대위험도(18% 증가)만큼 인상적이지 않다. 우리는 무시무시하게 들리는 것과 실제 위험을 구분할 필요가 있다.[5]

이 베이컨 샌드위치의 예는 **기대빈도**expected frequency를 사용하여 위험을 전달하는 방식의 이점을 보여준다. 이것은 백분율이나 확률 대신, 그저 100명(혹은 1000명)에 대해 기대되는 바를 이야기한다. 심리학 연구에 따르면 이 방식은 사람들의 이해를 돕는다. 사실 추가적인 육류 섭취가 18% 위험을 증가시킨다고만 말하는 것은 교묘하게 조작된 표현일지도 모른다. 왜냐하면 우리는 이런 표현법이 위험 요소의 중요성에 과장된 인상을 준다는 걸 알기 때문이다.[6] 그림 1.4는 100명 중 장암의 기대빈도를 직접적으로 보여주는 **아이콘 배열** icon array을 사용했다.

그림 1.4에서 장암에 걸린 아이콘이 100명 중 무작위로 흩어져 있다. 그런 흩어짐은 예측이 불가능하다는 인상을 주지만, 비교군의

---

* 엄밀히 말하면 6×1.18 = 7.08이지만, 7이라고 어림잡아도 여기서는 충분하다.

베이컨을 먹지 않는 100명

매일 베이컨을 먹는 100명

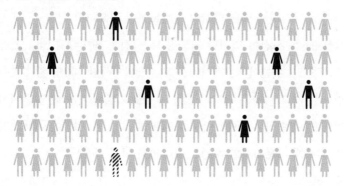

그림 1.4
아이콘을 무작위로 배치하여 매일같이 베이컨을 먹을 때 증가하는 위험을 표현했다. 베이컨을 먹지 않는 사람 100명 중 6명(진한 아이콘)이 통상 장암에 걸린다. 한편 평생 매일같이 베이컨을 먹으면 장암에 걸리는 사람이 1명 더 발생한다(빗금 친 아이콘). 엄밀하게 하면, 두 그림에서 6명의 진한 아이콘은 서로 다른 위치에 있어야 한다. 다른 100명으로 이루어진 두 그룹이기 때문이다. 그러나 여기서는 비교하기 쉽게 동일 위치에 놓았다.

추가 아이콘이 하나만 존재할 때 사용해야 한다. 재빨리 눈으로 보고 비교하기 위해 아이콘을 셀 필요가 없어야 하기 때문이다.

표 1.2는 베이컨을 먹는 사람과 먹지 않는 사람 간의 장암 발생률을 다양한 방식으로 비교한다. 기대빈도에서 'X에 하나'는 위험성을 표현하는 흔한 방법이다. 예를 들어 6%의 발병률은 '16명에 1명'으로 말할 수 있다. 그러나 '~에 하나'라는 서술을 여러 번 사용하는 것은 비교를 다소 어렵게 만든다는 점에서 별로 권장되지 않는다. 예를 들어 100에 1, 10에 1, 1,000에 1의 크기를 비교하는 질문의 오답률은 약 25%에 달한다. X값이 클수록 전체 값이 작아지는 관계를 명확하게 파악하는 데는 약간의 정신노동이 필요하다.

승산odds은 사건이 일어날 가능성 대 사건이 일어나지 않을 가능성을 말한다. 예를 들어 베이컨을 먹지 않는 사람 100명 중 6명이 장암에 걸리고 94명은 걸리지 않을 것으로 기대된다면, 이 집단에서 장암에 걸릴 승산은 6/94(또는 6대 94)이다. 승산은 일상에서 내기할 때도 흔하게 사용되지만 통계 모형에서도 널리 사용된다.

승산비odds ratio는 특히 의학 연구에서 치료의 효과를 표현할 때 자주 쓰는데, 직관에 반하는 측면이 있어 주의가 필요하다. 만약 사건이 상당히 드물게 발생한다면, 승산비는 상대위험도에 가까워진다. 그러나 사건이 흔하게 발생한다면 승산비는 상대위험도와 완전히 달라지는데, 이 때문에 사람들이 종종 혼동한다.

표현 방법	베이컨을 먹지 않는 사람들	매일 베이컨을 먹는 사람들
발생률	6%	7%
기대빈도	100명 중 6명	100명 중 7명
	16명에 1명	14명에 1명
승산	6/94	7/93

비교 척도

절대위험도 차	1% 또는 100명 중 1명
상대위험도	1.18 또는 18% 증가
논의에 필요한 수	100
승산비	$(7/93) / (6/94) = 1.18$

표 1.2
매일 베이컨 샌드위치를 먹는 사람과 먹지 않는 사람의 장암 발생률을 비교한 표. '논의에 필요한 수'는 장암에 걸리는 사람이 한 명 더 나오기 위해 평생 매일 베이컨 샌드위치를 먹어야 하는 사람의 수다.

85%에서 87%로의 상승이 어떻게 20% 증가가 된 걸까?

스타틴은 콜레스테롤을 낮추고 심장마비와 뇌졸중의 위험을 줄이는 효능이 있어 널리 복용된다. 하지만 어떤 의사들은 그 부작용을 우려한다. 2013년 한 연구에 따르면, 스타틴을 복용하지 않는 사람 중 85%가, 그리고 스타틴을 복용하는 사람 중 87%가 근육통을 호소했다. 그럼 스타틴을 복용했을 때 근육통이 발생할 가능성은 얼마나 증가하는가? 절대위험도는 2% 증가했다. 상대위험도는 2% 또는 0.87/0.85 = 1.02배 증가했다. 스타틴을 복용하는 집단에서의 승산은 0.87/0.13 = 6.7, 스타틴을 복용하지 않는 집단에서의 승산은 0.85/0.15 = 5.7이므로 승산비는 6.7/5.7 = 1.18이었다. 이것은 베이컨 샌드위치 문제에서 구한 승산비와 똑같지만, 완전히 다른 절대위험도에 기반한다.

《데일리 메일Daily Mail》은 이 1.18이라는 승산비를 상대위험도로 잘못 해석해 "스타틴이 근육통 발생률을 20%까지 높인다"라고 보도했다. 이것은 명백히 잘못된 표현이다. 그러나 기자 탓만 할 수는 없는 것이, 그 논문의 초록에는 단지 승산비만 나올 뿐 이것이 85% 대 87%라는 절대위험도 차이에 대응된다는 언급이 빠져 있었다.[7] 이처럼 승산비는 오해의 소지가 많으므로 조심해서 사용해야 한다. 특히 절대위험도를 함께 제시하지 않은 상대위험도나 승산비는 비판적으로 살펴봐야 한다.

비율을 계산하고 전달하는 간단한 작업은 때때로 복잡하고 어려운 일이 될 수 있다. 그때마다 우리는 의식적으로 주의를 기울여야 한다. 수나 그림을 이용한 표현 방식의 효과를 감안해 심리학자들과 협업할 수도 있겠다. '전달'은 PPDAC에서 중요한 부분이며, 우리는 그것을 단순히 개인적 선호의 문제로 여겨서는 안 된다.

요약

- '예/아니요' 질문은 이진변수다. 각 응답은 비율로 표현할 수 있다.
- 긍정적 또는 부정적 틀 짜기는 비율이 주는 느낌을 바꿀 수 있다.
- 상대위험도는 과장된 인상을 줄 수 있으므로, 절대위험도와 함께 살펴 봐야 한다.
- 기대빈도는 데이터를 이해하고 중요성을 판단하는 데 도움을 준다.
- 승산비는 과학 연구에서 많이 쓴다.
- 표현 방식이 미치는 영향을 잘 알고 충분히 주의하면서 그림과 표를 사 용해야 한다.

2장

숫자들을 요약하고 전달하기

데이터의 위치, 퍼짐, 관계

대중의 지혜는 얼마나 신뢰할 만한가?

1907년, 찰스 다윈의 사촌이자 지문 감식, 기상예보, 우생학*의 창시자인 프랜시스 골턴Francis Galton은 명망 높은 과학 학술지《네이처 Nature》에 약식 논문 하나를 제출했다. 그 내용은 다음과 같았다.

그해 가축 및 가금류 박람회가 항구도시 플리머스에서 열렸다. 거기서 커다란 황소를 무대 위에 올려놓고 도축했을 때 얼마만큼의 손질된 고기가 나오는지 맞히는 대회가 열렸다. 참가자들은 6펜스를 내고 티켓에 이름과 주소, 숫자를 써서 제출했다. 골턴은 그 티켓 787개를 손에 넣었다. 그리고 대부분의 사람들이 그 밖의 추정값은 너무 크거나 너무 작다고 단정했다면서, 중앙값인 1207파운드(547킬로그램)를 민주적 결정의 결과값으로 선택했다. 실제 손질된 고기의 무게는 1198파운드(543킬로그램)로 밝혀졌다. 놀랍게도 골턴이 제시한 대중의 선택은 정답에 매우 가까웠다.[1] 골턴은 그 논문에 "Vox Populi(인민의 목소리)"라는 라틴어 제목을 붙였는데, 그것은 오늘날 **대중의 지혜**wisdom of crowds로 알려져 있다.

티켓에 적힌 수많은 추정값들을 1207파운드라는 대푯값으로 요

---

* 우생학은 선별적 육종을 통해 인류를 향상시킬 수 있다는 생각이다. 예를 들어 경제적 인센티브를 줌으로써 '적합자'에게는 더 많은 아이들을 낳도록 권장하고, '부적합자'에게는 불임 시술을 받게 해 재생산을 막는 식이다. 초기 통계적 분석 기법의 개발자 다수가 열광적인 우생학자들이었다. 나치 독일의 패망은 우생학에 종지부를 찍었다. 학술지《우생학 연감Annals of Eugenics》이 1955년에 현재의 《유전학 연감Annals of Genetics》으로 이름만 바뀌었지만 말이다.

약한 골턴의 작업은 오늘날 데이터 요약data summary이라고 불린다. 이처럼 데이터 더미를 요약하고 전달하는 방법이 2장의 주제다. 우리는 먼저 데이터의 위치, 퍼짐, 동향, 상관관계를 수치적으로 요약해 종이나 스크린에 표현하는 법을 알아볼 것이다. 그리고 그 값을 이용해 데이터를 간단히 기술하는 것부터 인포그래픽을 활용해 이야기를 시각적으로 전달하는 것까지 다룰 것이다.

그전에 내가 직접 시도한 대중의 지혜 실험을 살펴보자. 이 실험은 온갖 괴상함과 오류가 가득한 실제 세상에서 수집된 데이터를 사용할 때 발생할 수 있는 문제들을 보여준다.

●

통계학이 암이나 수술 같은 무거운 사건만 다루는 건 아니다. 수학 유튜버 제임스 그라임James Grime과 나는 유튜브에서 사람들에게 병 속 젤리가 몇 개인지 맞춰보라는 퀴즈 하나를 냈다. 참가자는 총 915명이었고, 추측값은 219부터 31,337까지 다양했다. 그 데이터 패턴을 세 가지 방식으로 다르게 보여준 것이 그림 2.2다.*

   (a) 스트립차트Strip Chart 또는 점 다이어그램은 개별 데이터를 점으로 보여준다. 같은 추측값이 여러 번 나온 경우에는 전체 패턴이 모호해지지 않도록 각 점들을 겹치지 않게 임의로 흩

---

* 참고로 데이터의 패턴은 데이터 분포data distribution, 표본 분포sample distribution, 경험적 분포empirical distributions 등으로 다양하게 불린다. 분포distribution라는 단어는 통계학에서 널리 쓰이는데 그 뜻이 애매모호할 때가 많으므로 주의가 필요하다.

그림2.1
이 병에는 젤리가 몇 개나 들어 있을까? 우리는 유튜브 동영상에서 이 질문을 했고 915명이
응답했다. 답은 뒤에 나온다.

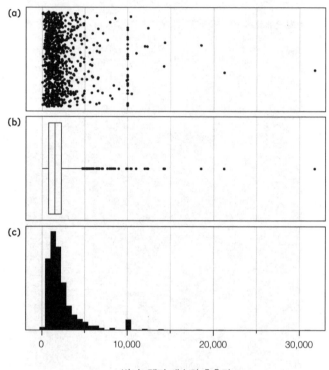

(a)

(b)

(c)

0   10,000   20,000   30,000

병 속 젤리 개수의 추측값

그림 2.2

병 속 젤리의 개수에 관한 915명의 추측값을 세 가지 방식으로 표현했다. (a) 스트립차트 또
는 점 다이어그램. (b) 상자수염그림. (c) 히스토그램.

뜨려 놓았다. 추측값 대부분이 3,000 이하의 범주 안에 모여 있고, 그 이상부터 30,000까지 추측값들이 긴 '꼬리'를 이룬다. 정확히 10,000이라고 적어낸 사람들이 꽤 있다.

(b) 상자수염그림box-and-whisker plot은 데이터 분포의 몇 가지 핵심적인 특징을 잘 요약해 보여준다.*

(c) 히스토그램histogram은 각 구간에 해당하는 추측값의 개수를 막대 기둥으로 보여줌으로써 데이터 분포의 전체 모양을 개괄할 수 있게 도와준다.

이 그림들은 데이터 분포의 몇 가지 뚜렷한 특징을 보여준다. 무엇보다 데이터 분포는 굉장히 한쪽으로 **치우쳐 있다**skewed. 즉 어떤 값을 중심으로 대칭적으로 퍼져 있지 않고, 몇몇 아주 큰 값들이 오른쪽에 긴 꼬리를 구성한다. 또한 스트립차트에서 세로 방향으로 나열된 점들은 딱 떨어지는 어림값(예를 들어 10,000)을 선택하는 경향을 보여준다.

다만 세 그림에 공통되는 문제는, 추측값 대부분이 왼쪽 끝에 빽빽이 몰려 있음에도 소수의 극단적인 추측값들이 도드라져서 과도한 주의를 끈다는 점이다. 데이터가 더 유용한 정보를 전달하려면 어떻게 해야 할까? 터무니없이 큰 값을 버리는 것도 한 방법이다(나는 애초에 내 임의대로 9,000이 넘는 값을 제외했다). 아니면 극단적 값

---

* 상자는 데이터 값의 절반을, 그 가운데 선은 중앙값을 나타낸다. 수염은 개별적 특이점들뿐 아니라 가장 작은 값과 가장 큰 값을 보여준다.

의 영향을 최소화하는 방향으로 데이터를 변환할 수도 있다. 예를 들어 데이터를 **로그 스케일**logarithmic scale로 변환하면 100과 1,000 사이의 간격이 1,000과 10,000 사이의 간격과 같아진다.*

실제로 가로축 범주를 로그 스케일로 바꾼 그림 2.3을 보면 데이터 분포가 상당히 대칭적이며 극단적인 특이점은 보이지 않는다. 덕분에 일부러 특정 값들을 제외하지 않아도 된다. 사실 명백한 실수가 아니라면 그건 일반적으로 좋은 생각이 아니다.

데이터를 보여주는 데 정답은 없다. 각 그림은 나름대로 장점이 있다. 스트립차트는 개별 데이터를 점으로 보여준다. 상자수염그림은 재빠른 시각적 요약에 편리하다. 히스토그램은 데이터 분포의 모양을 개괄하기 좋다.

●

숫자로 나타낼 수 있는 변수는 다음과 같이 두 종류로 나뉜다.

- **이산변수**count variable: 0, 1, 2와 같이 정수로 딱 떨어지는 변수. 예를 들어 매년 살인 사건의 발생 횟수, 병 속 젤리 개수 등.
- **연속변수**continuous variable: 원칙적으로는 얼마든지 세밀하고 정확하게 잴 수 있는 측정값. 예를 들어 키나 몸무게는 사람마다

---

* 어떤 수 x의 로그값을 얻기 위해, 우리는 10의 몇 제곱이 x가 되는지 찾는다. 예를 들면 10^3=1,000이므로, 1,000의 로그값은 3이다. 로그 변환은 사람들이 '절대적인' 오류보다 '상대적인' 오류를 범한다고 가정할 때, 예를 들어 정답에서 200만큼 벗어났다기보다 20%만큼 벗어났다고 예상될 때 특히 적합하다.

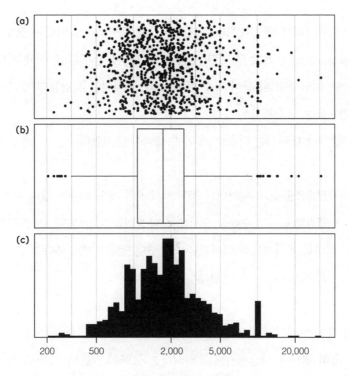

병 속 젤리 개수의 추측값

그림 2.3
젤리 개수 추측값을 로그 스케일로 그린 그래프. (a) 스트립차트. (b) 상자수염그림. (c) 히스토
그램.

그리고 시점에 따라 바뀌며 그 값은 소수점 아래로 무한히 연속된다. 물론 이 경우, 센티미터나 킬로그램을 단위로 하여 정수로 어림할 수 있다.

이산데이터나 연속데이터는 일반적으로 **평균**average이라는 **통계량**statistics으로 요약할 수 있다. 평균은 일상에서 평균 임금, 평균 시험 점수, 평균 온도와 같이 자주 쓰이지만, 그 의미는 사람들의 생각과 달리 종종 명확하지 않다.

평균에 대해서는 다음의 세 가지 해석이 존재한다.

- **산술평균**mean: 데이터의 총합을 데이터 개수로 나눈 값.
- **중앙값**median: 수들을 순서대로 나열했을 때 가운데 값. 골턴이 대회 참가자들의 추정값을 요약했던 방식이기도 하다.*
- **최빈값**mode: 가장 흔한 값.

이 값들은 데이터 분포의 위치에 대한 기준으로도 알려져 있다.

흔히 평균을 산술평균으로 해석하는 경향이 있는데, 때때로 산술평균은 부적절한 기준이 될 수 있으므로 주의가 필요하다. 예를 들어 한 나라의 평균 성관계 상대 수나 평균 소득은 대부분 사람들의 실제 경험과 동떨어져 있을지도 모르는데, 극단적으로 큰 몇몇 값들

---

* 1907년《네이처》의 한 투고자는 골턴이 중앙값을 선택한 데 의문을 제기하면서 산술평균이 더 정답에 근접했을 거라고 주장했다.

로 인해 지나치게 커졌을 수 있기 때문이다(카사노바나 빌 게이츠를 한번 생각해보라).*

산술평균은 데이터가 중앙값을 중심으로 대칭적으로 분포되어 있지 않고 한쪽으로 치우쳐 있을 때 또는 표준적 사례들이 대다수이기는 하지만 아주 높거나 아주 낮은 몇몇 값들이 양끝에서 긴 꼬리를 이룰 때, 상당한 오해를 불러일으킬 수 있다. 예를 들어 당신과 나이와 성별이 같은 사람들과 비교했을 때 당신이 내년에 사망할 확률은 평균(산술평균)보다 훨씬 낮을 것이다. 영국의 기대수명 표에 따르면 현재 63세인 사람들 중 1%가 64세 생일을 맞이하기 전에 죽는다. 하지만 이들 대부분은 이미 심각한 상태이고, 상당히 건강한 대다수의 사람들이 사망할 가능성은 이 평균 위험률보다 적다.

불행히도 '평균'이라는 말이 언론에서 등장할 때, 이것을 산술평균으로 해석해야 하는지 아니면 중앙값으로 해석해야 하는지가 종종 불분명하다. 예를 들어 영국 통계청에서 발표하는 평균 주급은 산술평균이다. 여기서 '평균 소득(산술평균)'과 '평균적인 사람의 소득(중앙값)'을 구별하는 것이 도움이 되는데, 지방자치단체에서 중위 주급(중앙값)을 따로 보고하기 때문이다. 또 영국 정부는 주택 공시 가격을 중앙값으로 보고하는데,** 그것을 일컫는 말이 '평균 주택

---

* 한 방에 세 사람이 있는데 각각 주급이 400, 500, 600파운드라고 해보자. 그러면 평균 주급은 1,500/3, 즉 500파운드이고, 이는 중앙값과 일치한다. 그런데 주급이 5000파운드인 사람 둘 들어왔다면? 평균 주급은 11,500/5, 즉 2300파운드로 치솟는 반면, 중앙값은 600파운드로 거의 변하지 않는다.

** 주택 가격은 고가 주택 때문에 오른쪽으로 치우친 분포를 가지므로 산술평균보다 중앙값이 더 유효하다.

가격'이라서 혼란을 준다. 평균-주택 가격(중앙값)인가 아니면 평균 주택-가격(산술평균)인가? '-' 부호의 위치에 따라 의미는 완전 달라진다.

●

이제 젤리 개수 맞추기의 결과를 공개한다. 우리의 실험이 황소 고기 문제만큼 흥미롭지는 않더라도, 우리 쪽 참가자 수가 좀 더 많았다.

데이터 분포가 오른쪽으로 긴 꼬리를 갖는 탓에 2,408이라는 산술평균은 적절한 요약값이 아니다. 10,000이라는 최빈값은 사람들이 딱 떨어지는 숫자를 아주 좋아하기 때문에 나온 결과라 이 또한 바람직하지 않다. 그래서 우리는 골턴처럼 중앙값을 사용하기로 했다. 그 결과 1,775가 나왔다.

그렇다면 진짜 젤리 개수는? 정답은 1,616이었다![2] 915명 중 한 사람만 이 값을 정확히 맞혔다. 응답자 중 45%는 1,616보다 작은 값을, 55%는 그보다 큰 값을 써 냈으니, 추측이 더 높은 쪽이나 더 낮은 쪽으로 치우친 경향은 없었다. 이때, 우리는 참값이 45**백분위수** percentile에 놓인다고 말한다. 또 50백분위수인 중앙값은 참값보다 1,775 - 1,616 = 159만큼 더 크게 추정되었으므로, 약 10% 과대 추정된 값이라고 할 수 있다. 10명 중 오직 1명 정도만 이 정도로 참값에 가까웠다. 결론적으로 대중의 지혜는 상당히 좋았다. 그것은 90%의 개인들보다 참값에 더 가까웠다.

데이터의 퍼짐 측정하기

데이터 분포에 관한 요약값을 하나만 제공하는 것은 충분하지 않다. 예를 들어 성인 남성의 평균 신발 크기는 신발 회사에서 각 크기의 신발을 몇 개씩 만들지 결정하는 데 전혀 도움이 되지 않는다. 평균 크기로 만든 신발이 모두에게 맞을 리가 없기 때문이다. 따라서 변동성을 나타내는 퍼짐spread이라는 개념을 알 필요가 있다.

표 2.1은 젤리 개수 추측에 관한 여러 유형의 요약값을 보여주며, 그중 데이터의 퍼짐 정도를 보여주는 세 가지는 다음과 같다. **범위**range는 최솟값과 최댓값 사이의 영역으로, 31,337 같은 극단적인 값에 매우 민감하다.* 반대로 **사분위범위**inter-quartile range, IQR는 극단적인 값의 영향을 받지 않는다. 이것은 데이터를 크기 순으로 정렬했을 때 25백분위수와 75백분위수 사이의 거리(데이터의 가운데 절반)로, 앞에서 본 상자수염그림의 중앙 상자에 대응된다. 마지막으로 **표준편차**standard deviation는 퍼짐 정도를 나타내는 보편적인 척도로, 앞의 두 개보다 수학적으로 복잡하다.** 하지만 표준편차 역시 극단적인 값의 영향을 많이 받기 때문에, 데이터 분포가 대칭적일 때만 적합한 척도다.*** 일례로 이 데이터에서 31,337이라는 값 하나만

---

* 이 값은 확실히 이상한데, 아무래도 인터넷 은어 '리트leet'를 숫자로 치환한 1,337을 잘못 쓴 게 아닌가 싶다. 정확히 1,337이라는 추측값이 아홉 개나 있었다.

** 표준편차는 **분산**variance의 제곱근이다. 자세한 내용은 용어집 참조.

*** 예를 들어 매우 한쪽으로 치우친 소득 분포의 경우, 불평등 정도를 나타내는 척도로 지니 계수Gini index를 사용한다.

통계량	병 속 젤리 개수의 추측값
평균	2,408
중앙값	1,775
최빈값	10,000
범위	219 ~ 31,337
사분위범위	1,109 ~ 2,599
표준편차	2,422

표 2.1
병 속 젤리 개수의 추측값 915개를 요약하는 통계량. 참값은 1,616이었다.

없애도 표준편차는 2,422에서 1,398로 확 줄어든다.

　몇몇 괴상한 답에도 불구하고 우리의 실험은 대중의 지혜를 확인시켜주었다. 우리는 데이터에 섞여 있는 약간의 오차, 특이한 값, 이상한 값 등을 일일이 확인하고 제외할 필요가 없음을 터득했다. 또한 31,337 같은 극단적인 값의 영향을 덜 받는 요약 척도가 뭔지도 알게 되었다(그것은 강건한 척도robust measure라고 불리며 중앙값, 사분위범위 등을 포함한다). 그리고 다음 예에서도 강조하겠지만, 이 실험은 단순히 데이터를 들여다보는 것만으로도 엄청난 가치가 있음을 우리에게 일깨워준다.

그룹 간 차이 기술하기

영국인은 평생 얼마나 많은 사람과 성관계를 가지는가?

그저 사생활을 꼬치꼬치 캐물으려고 이런 질문을 하는 게 아니다. 1980년대 에이즈가 심각한 사회 문제로 인식되었을 때, 영국의 공중 보건 관계자들은 사람들의 성생활에 관한 믿을 만한 데이터가 전혀 없다는 사실을 깨달았다. 사람들은 얼마나 자주 성관계 상대를 바꿀까? 얼마나 많은 사람들이 동시에 여러 명과 관계를 맺을까? 사람들은 어떤 종류의 성행위를 할까? 이런 정보는 성병의 확산을 예측하고 공중 보건 서비스를 설계하는 데 꼭 필요했다. 하지만 인용할 수 있는 데이터라고는 1940년대 미국에서 앨프리드 킨제이Alfred

Kinsey가 수집한, 믿을 수 없는 데이터뿐이었다(그는 대표 표본을 얻으려는 시도조차 전혀 하지 않았다).

따라서 일각의 강한 반발에도 불구하고, 1980년대 후반부터 영국과 미국에서 성생활에 관한 대규모 설문조사가 실시되었다. 당시 영국 총리였던 마거릿 대처는 마지막 순간에 이 설문조사에 대한 지지를 철회했지만, 다행히도 자선기금의 지원을 받아 1990년 이래로 매 10년마다 「성 태도와 생활 습관에 관한 전 국민 설문조사National Sexual Attitudes and Lifestyle Survey, Natsal」가 실시되고 있다.

표 2.2는 700만 파운드의 비용을 들여 2010년 즈음 이루어진 3차 조사Natsal-3[3]에서 발췌한, 35~44세 남녀의 (이성) 성관계 상대 수에 관한 요약 통계를 보여준다. 이 값들만 보고 데이터의 패턴을 추론하는 것은 좋은 연습이 된다. 최빈값이 1이라는 건 평생 한 명하고만 성관계를 맺는 사람이 많다는 뜻이다. 하지만 범위가 엄청 넓고 평균과 중앙값의 차이가 상당하다는 점에서, 데이터 분포는 긴 오른쪽 꼬리를 가진 형태일 것이다. 이 경우 표준편차는 몇몇 극단값의 영향을 과도하게 받았을 것이기 때문에 퍼짐 정도를 나타내는 적절한 요약값이 되지 못한다.

다음으로 남자와 여자의 대답을 비교해보자. 평균 성관계 상대 수(산술평균)는 남자가 여자보다 약 6명 더 많게 대답했다. 평균적 남자(중앙값)는 평균적 여자보다 3명 더 많은 성관계 상대가 있다고 답했다. 즉 평균에서나 중앙값에서나 남자는 여자보다 약 60% 더 많은 파트너가 있다고 밝혔다.

이런 차이는 데이터를 의심스럽게 만든다. 같은 수의 동일한 연

성관계 상대 수	35~44세 남자	35~44세 여자
평균	14.3	8.5
중앙값	8	5
최빈값	1	1
범위	0 ~ 500	0 ~ 550
사분위범위	4 ~ 18	3 ~ 10
표준편차	24.2	19.7

(단위: 명)

표 2.2
35~44세 남녀의 (이성) 성관계 상대 수에 관한 요약 통계. 이 통계의 기반이 되는 Natsal-3 인터뷰는 2010년과 2012년 사이에 이뤄졌고 남자 806명과 여자 1215명을 대상으로 했다. 여기서 표준편차는 데이터의 퍼짐에 관한 부적절한 요약값이지만, 표의 완전성을 위해 포함시켰다.

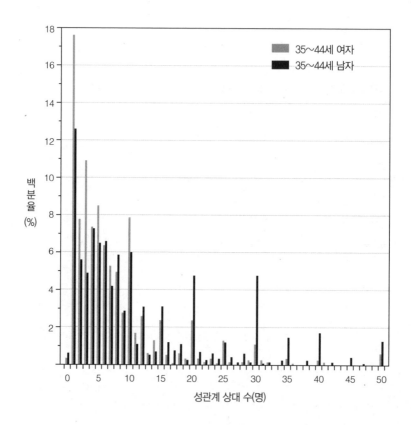

그림 2.4

Natsal-3이 제공한 35~44세 남녀의 성관계 상대 수. 공간이 부족해 가로축 50명을 기준으로 그래프를 잘라냈다. 실제 데이터 범위는 남녀 모두 500까지 간다. 10명 이상의 파트너가 존재하는 경우 어림값을 사용하고, 남자가 여자보다 더 많은 파트너를 보고하는 경향이 있다.

령대의 남녀로 구성된 모집단population 안에서는 이성 성관계 상대 수의 평균이 남자에 대해서나 여자에 대해서나 같아야 하기 때문이다.* 왜 이 35~44세 남자들은 여자들보다 훨씬 더 많은 성관계 상대를 보고할까? 남자들이 더 젊은 파트너와 관계를 갖는 것도 이유가 되겠지만, 한편으로는 남녀 간 파트너 수를 세는 방식이나 성생활에 관한 말하기 경향이 다르기 때문일 수도 있다. 예를 들어 남자는 파트너 수를 과장해 말하고 여자는 축소해 말했을 수 있다.

이제 그림 2.4에서 실제 데이터를 보자. 전체적인 분포는 오른쪽으로 꼬리가 길게 늘어져 있는 모양이다. 요약값에서는 볼 수 없었던 것도 보인다. 예를 들어 남자든 여자든 10명 이상의 파트너를 가진 경우, 5나 10 단위의 어림값을 제공하는 경향이 있었다. (정확하게 47명이라고 대답한 아주 현학적인 남자는 예외다. 그는 어쩌면 통계학자일지도 모른다.)

이처럼 대규모의 데이터는 위치와 퍼짐에 관한 몇몇 통계량을 통해 일상적으로 요약되고 전달된다. 하지만 데이터를 제대로 보는 것을 대신할 만한 것은 없다. 특히 거대하고 복잡한 수들의 집합에서 패턴을 알아내길 원할 때, 좋은 시각화는 빛을 발한다.

* 모든 남자의 집합과 모든 여자의 집합은 파트너 조합에서 같은 총합을 가져야 한다. 각 파트너 조합은 한 명의 남자와 한 명의 여자로 이루어져 있으니 말이다. 따라서 그룹이 같은 크기라면, 평균은 같아야 한다.

변수 간 관계 서술하기

병원이 바쁠수록 수술 생존율이 더 높을까?

수술에서 대량 효과volume effect에 대한 관심이 높다. 이것은 바쁜 병원일수록 더 효율적으로 운영되고 더 많은 수술을 경험하게 되므로, 환자의 생존율이 더 높아진다는 주장이다. 그림 2.5는 어린이 심장 수술을 하는 영국 병원을 대상으로 수술 횟수 대비 30일 생존율을 보여주는 그래프다. 그림 2.5(a)는 1991~1995년 1세 미만 어린이에 관한 그래프다. (이 연령대는 고위험군으로 브리스틀 조사 당시 주안점이었다.) 그림 2.5(b)는 표 1.1에서 보여준 2012~2015년 16세 미만 어린이에 관한 그래프다. (같은 기간 동안 1세 미만에 국한된 데이터는 이용할 수 없었다.) 수술 횟수는 x축에, 생존율은 y축에 나타냈다.*

그림 2.5(a)의 1991~1995년 데이터에서 특이한 점이 하나 눈에 띄는데, 생존율이 71%밖에 안 되는 이 작은 병원이 1장에서 본 브리스틀병원이다. 이 외딴 점을 엄지손가락으로 가리면 1991~1995년 데이터는 더 많이 수술한 병원이 생존율도 더 높음을 보여준다.

산점도에 보이는 두 변수 간의 지속적인 증가 또는 감소 관계는 하나의 수로 표현할 수 있다. 그중 대표적인 것이 **피어슨 상관계수**Pearson correlation coefficient다. 이 상관계수는 골턴이 맨 처음 제안했

---

* 비록 두 그래프는 다른 연령대를 대상으로 하므로 전체 생존율을 직접 비교할 수 없겠지만, 사실 전 연령대의 어린이에서 생존율이 이 20년 동안 92%에서 98%로 증가했다.

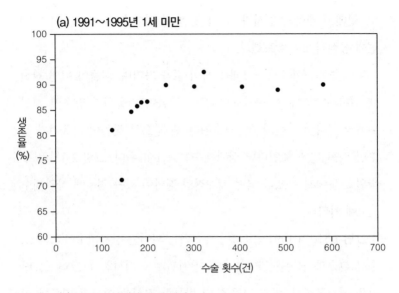

(a) 1991~1995년 1세 미만

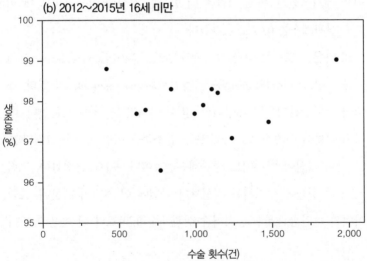

(b) 2012~2015년 16세 미만

그림 2.5

어린이 심장 수술 횟수 대비 30일 생존율을 나타낸 산점도. (a) 1991~1995년 피어슨 상관계수는 0.59이고 스피어먼의 순위상관계수는 0.85이다. (b) 2012~2015년 피어슨 상관계수는 0.17이고 스피어먼의 순위상관계수는 −0.03이다.

고, 현대 통계학의 창시자 중 한 명인 칼 피어슨Karl Pearson이 1895
년에 공식적으로 발표했다.*

피어슨 상관계수는 -1과 1 사이 값을 가지며, 점들이 어떤 직선
에 얼마나 가까운지 나타낸다. 모든 점들이 기울기가 양수인 직선
위에 놓인다면 상관계수는 1이 된다. 반면 모든 점들이 기울기가 음
수인 직선 위에 놓인다면 상관계수는 -1이 된다. 그림 2.6처럼 무
작위로 흩어진 분포나 어떤 체계적인 경향이 없는 경우에 상관계수
는 0에 가깝다.

그림 2.5(a)의 1991~1995년 데이터는 피어슨 상관계수가 0.59로,
수술 횟수와 생존율 간 양(+)의 상관관계를 시사한다. 브리스틀병
원을 제거하면, 나머지 점들은 더 반듯한 직선을 이루기 때문에 피
어슨 상관계수는 0.67로 올라간다.

또 다른 척도로는 영국 심리학자 찰스 스피어먼Charles Spearman의
이름을 딴, **스피어먼의 순위상관계수**Spearman's rank correlation가 있다. 스
피어먼의 상관계수는 데이터의 '값'이 아니라 '순위'에 의존한다. 따
라서 점들이 지속적으로 증가 또는 감소하는 어떤 곡선을 그린다면,
그 선이 직선이 아니어도 상관계수는 1이나 -1에 근접한다. 그림
2.5(a)의 점들은 증가하는 직선보다 곡선에 더 가깝기 때문에, 스피
어먼의 순위상관계수는 피어슨 상관계수 0.59보다 더 높은 0.85가

---

* 칼 피어슨은 독일의 열렬한 광팬이었다. 그는 심지어 자기 이름의 철자를 'Carl'에서
'Karl'로 바꾸기까지 했다. 비록 그가 1차 세계대전에서 자신의 통계학을 탄도학에 응용하
는 것을 막지는 못했지만 말이다. 1911년 그는 유니버시티 칼리지 런던에 세계 최초의 통
계학과를 설립했고, 골턴 우생학 석좌교수로 재직했다.

그림 2.6

피어슨 상관계수가 0인 가상의 데이터 집합. 그렇다고 두 변수 사이에 아무 관계가 없다는 뜻은 아니다. 알베르토 카이로가 만든 데이터사우루스 더즌Datasaurus Dozen에서 가져왔다.[4]

나온다.

그림 2.5(b)의 2012~2015년 데이터는 피어슨 상관계수가 0.17이고 스피어먼의 순위상관계수가 −0.03이다. 이것은 수술 횟수와 생존율 간 뚜렷한 상관관계가 없음을 시사한다. 그러나 병원이 몇 개밖에 없다면 상관계수가 개별 데이터에 매우 민감해진다. 예를 들어 높은 생존율을 보이는 제일 작은 병원을 제거해버리면, 피어슨 상관계수는 0.42로 껑충 뛰어오른다.

상관계수는 단순히 두 변수 간 상관관계를 나타내는 요약값으로, 수술 횟수와 생존율 사이에 근본적인 연관성이 있는지를 판단하는 데는 사용할 수 없다. 그 연관성이 존재하는 이유에 관해서도 마찬가지다.* 많은 경우에 그래프의 x축에 있는 **독립변수**independent variable가 y축에 있는 **종속변수**dependent variable에 어떤 영향을 미치는지 분석하는데, 이런 분석은 변수 간 인과관계를 미리 가정한다(4장 참조). 하지만 그림 2.5(a)에서조차, 우리는 수술 횟수가 더 많아졌기 때문에 생존율이 높아졌다고 말할 수 없다. 정반대로 병원이 수술을 잘해서 환자가 몰려든 것일 수도 있기 때문이다.

---

* 생존율은 서로 다른 수술 횟수에 기반하며, 우연에 기인한 서로 다른 변동성의 지배를 받는다. 그러므로 상관계수는 데이터 집합을 기술하는 한 방식이기는 하지만, 모든 추론은 데이터가 비율임을 고려해야 한다(6장 참조).

동향 설명하기

지난 반세기 동안 세계 인구는 어떤 패턴으로 성장했는가?

세계 인구는 증가하고 있으며, 어느 나라든 현재에 맞닥뜨린 어려움에 대비하고 미래를 준비하기 위해 인구 변화 요인을 이해하는 것이 중요하다. 유엔인구분과위원회United Nations Population Division는 1951년부터 지금까지의 전 세계 국가들의 인구 추정값을 2100년까지의 전망과 함께 제공해왔다.[5] 이 데이터를 토대로 1951년 이후의 전 세계 인구 동향을 살펴보자.

그림 2.7(a)는 1951년 이후 세계 인구 동향을 나타낸 선그래프다. 이것은 지난 반세기 동안 세계 인구가 약 세 배 증가해 75억여 명에 이르렀으며, 주로 아시아가 이 증가를 견인했음을 보여주지만, 다른 대륙들의 패턴은 잘 구별되지 않는다. 이 단점을 보완한 그림 2.7(b)의 로그 스케일 그래프는 대륙들을 구분해내어, 아프리카의 가파른 기울기와 최근 인구가 감소하고 있는 유럽을 비롯해 다른 대륙들의 완만한 기울기를 모두 보여준다.

그림 2.7(b)에 나온 회색 선은 각 나라별 변화를 나타내는데, 위로 올라가는 동향에서 벗어난 걸 골라내기란 불가능하다. 그래서 1951년과 2015년 사이 각 국가별 인구의 상대 증가도를 이용해 그림 2.8을 만들었다. 참고로 상대 증가도 4는 1951년 대비 2015년 인구가 네 배 되었다는 뜻이다(라이베리아, 마다가스카르, 카메룬이 그 예이다). 현재 인구에 비례해 동그라미 크기를 달리해서 상대적으로 인구가

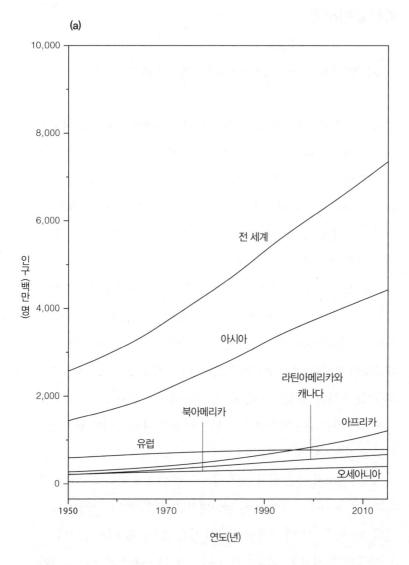

(a)

그림 2.7

1950~2015년 전 세계, 대륙별, 국가별 총인구. (a)는 표준 스케일로, (b)는 로그 스케일로 나타냈다. 특히 (b)는 1951년 인구가 100만 명 이상인 개별 국가들의 인구 동향을 회색 선으로 함께 나타냈다.

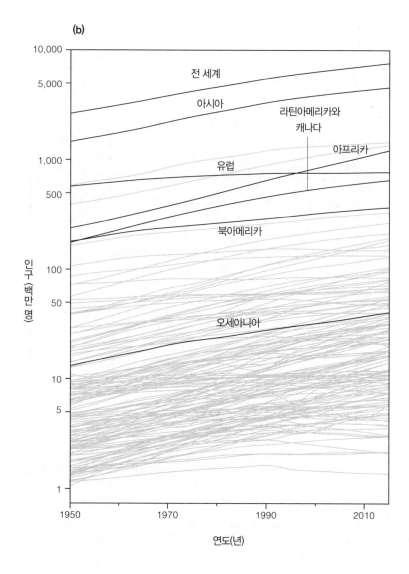

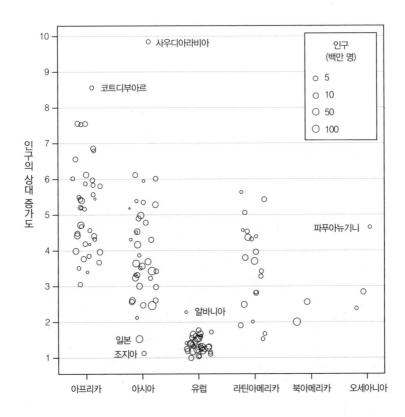

그림 2.8

1951년 대비 2015년 인구의 상대 증가도. 1951년 인구가 최소 100만 명 이상인 국가를 대상으로 한다.

많은 국가에 눈이 가게 했고, 대륙별로 국가들을 정렬해 일반적인 군집과 특이 사례를 모두 보였다. 이렇게 변동 요인(여기서는 대륙)에 따라 데이터를 분류하는 것은 매우 유용하다.

그림 2.8은 많은 정보를 준다. 먼저 대륙별 증가세를 보면 아프리카가 단연 으뜸이지만, 그 안에서 국가 간 편차가 크며, 한쪽 끝에 있는 코트디부아르가 눈에 띈다. 아시아 역시 한 극단에 있는 일본, 조지아와 다른 극단에 있는 사우디아라비아 간 차이가 엄청 큰데, 그만큼 아시아 나라들의 다양성을 반영한다. 그리고 사우디아라비아가 세계에서 인구 증가율이 가장 높고, 상대적으로 유럽의 인구 증가율이 매우 낮다는 걸 보여준다.

여기서 한 단계 더 나아간다면, 개별 국가의 인구 동향을 자세히 분석하거나 미래 장기 추세를 검토해볼 수 있을 것이다. 이처럼 좋은 시각 자료는 더 많은 질문을 낳고 더 깊은 탐구를 자극한다.

●

유엔 인구 동향처럼 복잡한 데이터를 나타내는 방법은 아주 많다. 그중 어느 것도 '올바르다'고 단정할 수 없지만 갖춰야 할 최소한의 조건은 있다. 알베르토 카이로에 따르면, 좋은 데이터 시각화 자료는 다음의 네 가지 특징을 갖는다.

1. 믿을 만한 정보를 담고 있다.
2. 유의미한 패턴이 뚜렷이 나타나도록 디자인되었다.
3. 겉모습이 관심을 끌면서도, 정직하고 명확하고 통찰력 있게

데이터를 전달한다.

4. 필요하다면 추가적인 탐색이 가능하다.

네 번째 특징을 충족하는 한 방법은 독자와 시각 자료 간 상호작용을 허용하는 것이다. 이것을 책에서 직접 보여주기는 어렵겠지만, 다음 사례를 통해 사용자 맞춤형 시각화의 강력함을 알 수 있다.

내 이름은 언제 가장 인기였을까?

그림 2.9에 그려진 수많은 선들은 1905~2016년 영국·웨일즈 기준 남자아이 이름의 인기 순위를 보여준다.[6] 이것은 단순히 유행하는 이름을 알려주기만 하는 게 아니라 당대의 사회문화적 분위기를 전해준다. 예를 들어 1990년대 중반부터 선들이 엄청 빽빽해진 것은 이름이 과거에 비해 훨씬 더 다양해졌다는 뜻이다. 또한 이름 짓기에서 유행이 빠르게 변하는 것도 알 수 있다.

그림 2.9는 그냥 맨눈으로 패턴을 알아차리기 힘들 만큼 복잡하지만, 검색 등의 상호작용이 가능하다면 연구자가 개인적으로 관심 있는 선을 골라낼 수 있다. 예를 들어 나는 내 이름인 '데이비드'를 검색해서 그림 2.9의 진한 선을 확인할 수 있었다. 데이비드는 1920~1930년대에 특히 인기 있었는데, 아마도 웨일즈 왕자(나중에 잠시 재임했던 에드워드 8세)의 이름이었기 때문 아닐까 싶다. 그러나 1980년대 들어 그 이름의 인기는 급격히 떨어졌다. 1953년에 나는 수만 명의 데이비드 중 한 명이었지만, 2016년에 새로운 데이비드

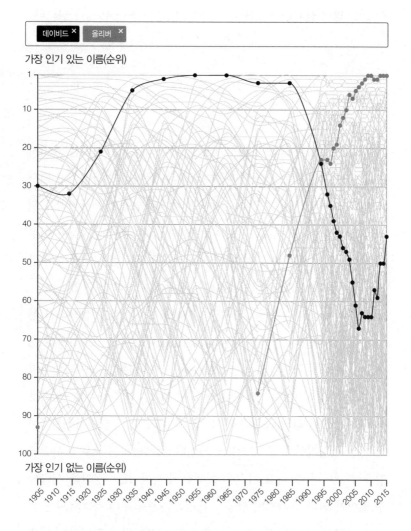

데이비드 × 올리버 ×

가장 인기 있는 이름(순위)

가장 인기 없는 이름(순위)

그림 2.9

남자아이 이름 인기 순위 그래프. 영국 통계청 웹사이트에서 캡처했다. 부모님은 당시 가장 인기 있는 남자아이 이름을 내게 붙였지만, 내 이름은 이후 구식이 되었다. (한편 회색 선으로 표시된 올리버란 이름은 정반대의 길을 걷고 있다.) 하지만 최근에 인기를 회복한 기미가 좀 보이는데, 어쩌면 유명한 축구 선수 데이비드 베컴 덕택일지 모른다.

는 1461명에 불과하고, 그보다 더 인기 있는 이름이 40개가 넘는다.

전달하기

이 장은 모두에게 공개된 방식으로 있는 그대로의 데이터를 요약하고 전달하는 것에 초점을 맞추었다. 우리는 독자들의 감정이나 태도에 영향을 미치거나, 그들에게 어떤 특정한 관점을 납득시키기를 원하지 않는다. 우리는 그저 그것이 어떤지 혹은 적어도 그것이 어떻게 보이는지 이야기하고 싶다. 그리고 절대적 진실을 말한다고 주장하긴 어려울지라도, 우리는 가능한 진실하려고 노력할 수 있다.

물론 과학적 객관성을 유지하기란 말하기는 쉬워도 실천하기 참 어렵다. 1834년 찰스 배비지Charles Babbage나 토머스 맬서스Thomas Malthus 등의 과학자들은 런던통계학회(훗날 왕립통계학회)를 설립할 때, 다음과 같이 엄숙히 선언했다. "통계학회는 발간하는 모든 회보와 출판물에서 의견opinion을 주의 깊게 걸러내는 것을 최우선적이고 가장 핵심적인 규칙으로 삼을 것이다. 통계학회는 오로지 사실에 집중할 것이다. 그리고 사실은 최대한 숫자와 표로 정리해 서술할 수 있어야 한다."[7] 하지만 활동을 개시하는 순간부터 통계학회는 선언에 개의치 않고 범죄·건강·경제 분야의 데이터가 의미하는 바에 관해 언급했고, 대응책으로 무엇을 해야 하는지 의견을 덧붙이기 시작했다. 아마도 이런 유혹을 뿌리치고 자기 생각을 가슴속에만 간직하는 것이 우리가 할 수 있는 최선의 노력일 것이다.

데이터 전달의 첫 번째 규칙은 입을 다물고 듣는 것이다. 그래야 전달의 대상자인 당신의 청중(정치인이든 전문가이든 일반인이든)에 대해 알 수 있다. 우리는 그들의 불가피한 한계와 오해를 이해해야 하며, 현학적이고 싶은 마음, 똑똑해 보이고 싶은 마음, 세세한 부분까지 설명해주고 싶은 마음과 맞서 싸워야 한다.

전달의 두 번째 규칙은 당신이 무엇을 이루고자 하는지 아는 것이다. 바라건대, 그 목적이란 충분한 정보를 제공해 논쟁을 북돋우고 현명한 결정을 돕는 것이다. 그러나 숫자는 스스로 이야기하지 않는다. 전후 맥락, 언어, 시각적 디자인 등 모두가 데이터를 받아들이는 방식에 영향을 미친다. 단지 정보만 주고 싶을 뿐 상대방을 설득하려는 게 아니라 할지라도, 사람들이 비교하고 판단하는 것까지 막는 건 불가능하다. 따라서 우리가 할 수 있는 최선은 디자인이나 경고 등을 이용해 부적절한 감정적 반응을 최소화하는 것이다.

통계 스토리텔링

이 장에서 '데이터비즈dataviz'라고 알려진 데이터 시각화의 개념을 소개했다. 이 기법들은 연구자들이나 독자들이 데이터를 탐색하고 이해하는 데 그 가치를 인정받은 그래프들을 사용한다. (그저 보기 좋기 때문에 사용하는 게 아니다.) 그다음 데이터에서 중요한 메시지를 이끌어냈을 때, 계속해서 독자들의 관심을 사로잡아 효과적으로 이야기를 전달하기 위해서 우리는 인포그래픽 또는 '인포비즈infoviz'를 사용한다.

우리는 평소 다양한 매체에서 수준 높은 인포그래픽을 자주 접한다. 하지만 그림 2.10은 상당히 기본적 예를 가지고, Natsal-3의 다음 설문을 토대로 사회적 동향에 관한 이야기를 잘 들려준다. 맨 처음 성관계를 갖는 나이는? 맨 처음 동거하는 나이는? 첫 아이를 낳는 나이는? 일생의 이 중요한 사건들이 일어나는 나이 각각에 대한 중앙값은 점으로 표시되어 있고, 점들은 굵은 직선으로 연결되어 있다. 1930년생 여자부터 1970년생 여자까지 이 선이 꾸준히 길어지는 것은 효과적인 피임이 필요한 기간이 점점 증가함을 보여준다.

시간의 흐름에 따라 변화하는 데이터를 표현하는 기술도 크게 발전했다. 이 분야의 거장이자 TED 인기 강사인 한스 로슬링Hans Rosling은 통계 스토리텔링의 새로운 표준을 확립했다고 평가받는다. 그는 움직이는 표와 그래프 등을 사용해 '선진국 대 개발도상국' 같은 이분법을 바로잡으려고 노력했다. 예를 들어 그는 1800년부터 현재까지 각국의 소득과 수명의 증가를 움직이는 물방울로 표현했다. 그것은 전 세계 거의 모든 사람들이 더 건강해지고 부유해지고 있음을 보여준다.[*9]

* 불행히도 책이란 매체는 그의 움직이는 시각 자료들을 보여주기에 적절치 못하다. 대신 gapminder.org를 확인해보길 바란다. 한번은 로슬링이 세상에 대한 잘못된 편견을 앵무새마냥 되풀이하는 덴마크 저널리스트와 텔레비전에서 논쟁한 적이 있었다. 이때 로슬링은 "이 사실들은 논쟁거리가 아닙니다. 내가 맞고, 당신이 틀렸습니다"라는 직설적인 발언으로 화제가 되었다.

지난 60년 동안, 첫 성관계 경험 시기는 빨라지고 첫 동거 시기는 거의 변함없으며 첫 출산 시기는 늦어졌다. 즉 여자의 삶에서 계획에 없는 임신을 피하기 위해 신경 써야 하는 기간이 더 길어졌다.

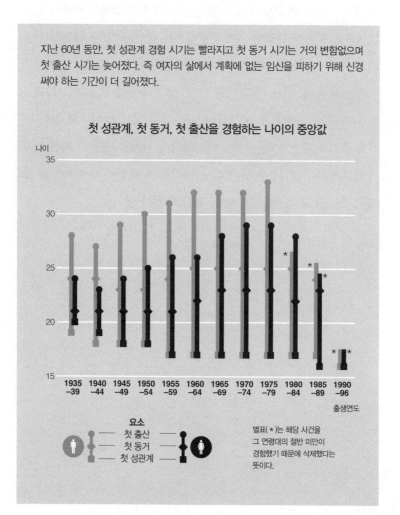

첫 성관계, 첫 동거, 첫 출산을 경험하는 나이의 중앙값

그림 2.10

Natsal-3 데이터를 가지고 만든 인포그래픽. 인포그래픽은 데이터로부터 얻은 교훈을 시각적으로 그리고 언어적으로 알려준다.

이 장은 데이터를 단순히 묘사 또는 도표화하는 것에서 시작해 인포그래픽을 활용한 복잡한 스토리텔링으로 끝난다. 현대 컴퓨터 기술은 데이터 시각화를 더 쉽고 유연하게 만들었다. 그리고 요약 통계량은 보여줄 수 있는 만큼 감출 수도 있기 때문에, 적절한 그래픽으로 나타내는 것은 아주 중요하다. 하지만 이렇게 데이터에 있는 수들을 요약하고 전달하는 것은 데이터에서 뭔가를 배우기 위한 기초에 불과하다. 여기서 한 단계 더 나아가려면 애초에 왜 데이터를 보려고 했는지 그 목적을 상기해볼 필요가 있다.

요약

- 데이터의 분포를 기술할 때, 위치와 퍼짐의 척도를 비롯해 다양한 통계량이 사용된다.
- 한쪽으로 치우친 데이터 분포는 흔하며, 어떤 통계량은 극단값에 매우 민감하다.
- 데이터 요약은 세부 사항 일부를 숨기기 때문에, 중요한 정보를 놓치지 않으려면 주의가 필요하다.
- 수치 데이터는 스트립차트, 상자수염그림, 히스토그램으로 시각화할 수 있다.
- 데이터 분포를 더 잘 드러내고자 한다면 변환을 고려하라. 그리고 경향, 특이점, 유사성, 군집 등을 감지해내라.
- 수의 순서쌍들은 산점도로, 시계열time-series 데이터는 꺾은선그래프로 보자.
- 데이터를 탐색할 때, 전반적 변화를 설명하는 요인을 알아내야 한다.
- 시각 자료는 상호작용적이면서 동시에 움직일 수 있다.
- 인포그래픽은 데이터의 흥미로운 특징들을 강조하기 때문에 스토리텔링에 용이하지만, 그 목적과 영향을 잘 알고 사용해야 한다.

3장

부분에서 전체를 추론하기

모집단과 측정

영국인의 실제 성관계 상대 수는 몇 명인가?

2장에서 나온 성관계 상대 수에 관한 설문조사 그래프는 아주 긴 꼬리를 가진 데이터 분포, 10이나 20처럼 딱 떨어지는 수에 대한 선호, 남자가 더 많은 수를 보고하는 경향 등 몇몇 특징을 보여줬다. 그러나 수십억 원(정확히는 700만 파운드)이나 들여 이 익명의 응답자들에게 사생활을 듣는 게 연구자들의 진정한 목적은 아니다. 설문조사는 목적을 위한 수단이다. 그 목적이란 질문 받지 않은 사람들을 포함한 전 국민의 성생활 패턴을 알아내는 것이다.

미디어에서는 자발적 참여자들이 익명으로 웹사이트에서 양식을 채워 넣는 성생활 관련 설문조사를 하고서, 응답자들의 대답이 그 나라에서 실제 벌어지는 일을 정확하게 나타낸다고 주장하곤 한다. 하지만 설문조사 결과를 가지고 곧장 영국인 전체에 관한 결론을 도출하는 것은 결코 당연한 일이 아닐뿐더러 사실은 옳지 않다. 그 과정은 다음의 단계들을 거쳐 진행된다.

1. 설문조사 참가자들이 보고한 성관계 상대 수, 즉 데이터.
2. 표본sample에 속한 사람들의 실제 성관계 상대 수, 즉 참값.
3. 설문조사에 포함될 수도 있었을, 연구 모집단study population에 속한 사람들의 성관계 상대 수.
4. 목표 모집단target population인 영국인 전체의 성관계 상대 수.

이 추론의 사슬에서 가장 약한 지점은 어디일까? 데이터(1단계)가 표본에 관한 진실(2단계)을 담보하려면, 응답의 정직성이 전제되어야 한다. 하지만 의심거리는 많다. 앞서 남자는 그 수를 좀 부풀려 말하고 여자는 좀 줄여서 말하는 경향을 봤다. 왜 그럴까? 여성은 차라리 잊고 싶은 관계를 포함시키지 않는 경향이 있는지도 모른다. 또는 어림할 때 올리거나 버리는 경향이 남녀 간에 다를 수도 있다. 아니면 단순히 기억력의 차이이거나 사회적 용인 편향social acceptability bias* 때문일 수도 있다.

가장 어려운 단계는 표본(2단계)에서 연구 모집단(3단계)으로의 전진일 것이다. 먼저 표본의 조사 대상자들은 자격 조건을 충족하는 사람들 중 무작위로 뽑혀야 한다. Natsal 같은 잘 설계된 연구는 이 점을 걱정할 필요가 없을 것이다. 그러나 여기서 끝이 아니다. 우리는 조사 대상자들이 대표성을 지닌 표본이라고 확신할 수 있어야 하는데, 이것은 그리 쉬운 문제가 아니다. Natsal의 응답률은 약 66%로, 질문 주제가 성생활임을 고려한다면 놀라울 정도로 높은 편이다. 성적으로 그리 활발하지 않은 사람들의 참가율이 조금 더 낮다는 증거가 있기는 하지만, 아마 이것은 사회 관습에 얽매이지 않은 자유분방한 구성원들과 인터뷰하기 어렵다는 점과 균형을 이룰 것이다.

마지막으로 조사에 참여할 수도 있었던 사람들이 영국의 성인 전

---

* 이것은 미국 학생을 대상으로 한 무작위 실험에서 드러났다. 거짓말 탐지기를 장착한 여자는 익명이 보장된 여자보다 성관계 상대가 더 많다고 대답하는 경향이 있었다. 남자의 경우, 그런 효과는 없었다. 참가자들은 거짓말 탐지기가 가짜인지 몰랐다.

체를 대표한다고 가정할 수 있다면, 연구 모집단(3단계)에서 목표 모집단(4단계)으로 추론을 확장할 수 있다. Natsal의 경우, 무작위로 추출된 가구들에 기초한 주의 깊은 실험 설계가 그 대표성을 보장한다. 비록 교도소, 군대, 수녀원 같은 시설에 있는 사람들은 포함하지 않을지라도 말이다.

잘못될 수 있는 모든 것들을 다 해결할 즈음이면, 설문조사 결과를 토대로 한 나라의 성 태도와 생활 습관에 대해 어떤 주장을 한다는 게 가능하기나 한 일인지 회의가 들기 시작한다. 그러나 이 단계들을 지나가는 과정을 매끄럽게 만들고, 마지막에 결국 데이터에서 무엇을 배울 수 있고 또 무엇을 배울 수 없는지 겸손하게 말하는 것이야말로 통계과학의 핵심이다.

데이터로부터 배우기: 귀납적 추론

앞선 장에서 당신은 어떤 문제를 가지고 있었다. 관련된 데이터도 가지고 있었다. 당신은 데이터를 살펴본 뒤 그것을 간략하게 요약했다. 종종 개수 세기, 측정하기, 서술하기가 목적인 경우도 있었다. 예를 들어 작년 한 해 동안의 응급환자 수가 몇 명인지 질문 받았다면, 우리는 데이터에서 직접 답을 얻을 수 있었다.

그러나 문제가 단순히 데이터를 서술하는 것을 넘어설 때가 있다. 그저 앞에 놓인 관측값보다 더 큰 무언가를 알고 싶은 경우다. 예를 들어 미래에 어떤 일이 벌어질지(내년에 얼마나 많은 사람들이 올까?)

또는 근본적인 원인이 무엇인지(왜 그 수는 증가하고 있는가?) 궁금할 수 있다. 이처럼 즉각적인 관찰 범위를 넘어 데이터로부터 세상에 대해 무언가 배우기를 원한다면, 우리는 **귀납적 추론**inductive inference 이라는 어려운 개념에 도전해야 한다.

많은 사람들이 연역법deduction은 어렴풋하게나마 알고 있다(셜록 홈즈가 범죄 용의자를 지목할 때 연역적 추리를 사용하기 때문일지도 모른다). 연역법은 냉정한 논리 규칙들을 사용해 일반적 전제를 바탕으로 특정 결론을 끌어낸다. 예를 들어 자동차가 우측으로 통행하는 것이 법으로 정해진 나라에서는 어떤 경우에도 우측통행이 가장 좋다는 결론이 나온다.

반면 **귀납법**induction은 특정 사례들을 토대로 일반적인 결론을 이끌어낸다. 예를 들어 여자인 친구의 뺨에 뽀뽀를 하는 관습이 있는지 그리고 어떻게 하는 건지 궁금하다면? 사람들이 뽀뽀를 한 번 또는 두 번 또는 세 번 하는지, 아니면 전혀 하지 않는지를 관찰하면 된다. 결정적으로 연역법은 논리적으로 확실한 반면, 귀납법은 불확실하다는 점이 다르다.

그림 3.1은 데이터에서 목표 모집단으로 가는 귀납적 추론의 단계들을 다이어그램으로 나타냈다. 앞서 본 Natsal의 예를 들면, 성관계 상대 관련 설문조사 데이터는 표본에 관한 정보를 준다(1단계→2단계). 우리는 그것을 이용해 설문조사에 모집될 수 있었던 사람들에 관해 알게 된다(2단계→3단계). 그리고 마침내 성인 전체의 성생활에 관한 잠정적 결론에 이른다(3단계→4단계).

물론 데이터를 살펴보는 것으로부터 목표 모집단에 대한 일반적

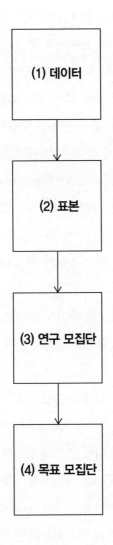

그림 3.1
귀납적 추론의 과정. 각 화살표를 '~에 관해 우리에게 무언가를 말해준다'라고 해석할 수 있다.[1]

주장을 곧장 이끌어낼 수 있다면 이상적이다. 보통 통계학 강의는 관측값이 모집단으로부터 완벽하게 무작위로 직접 추출된 것이라고 가정한다. 그러나 실제 세상에서 이것은 매우 드문 일이므로, 우리는 가지고 있는 데이터에서 최종 목표 모집단으로 가는 전 과정을 세심하게 살펴봐야 한다. 문제는 매 단계마다 생길 수 있다.

우선 데이터(1단계)로부터 표본(2단계)으로 갈 때, 우리는 '데이터가 우리의 관심사를 정확하게 반영하는가?'라는 측정의 문제를 생각해봐야 한다. 데이터에 바라는 바는 일반적으로 다음과 같다.

- 신뢰할 만하다. 즉 변동성이 작고 정확하며 반복 가능해야 한다.
- 유효하다. 즉 그것은 당신이 정말로 측정하고 싶었던 것이며, 어떤 구조적 편향도 갖지 않는다.

예를 들어 설문조사의 적합성은 사람들이 같은 질문을 받을 때마다 매번 똑같은 또는 매우 유사한 대답을 하는가에 달려 있다. 다시 말해 인터뷰하는 사람의 스타일 또는 응답자의 기분이나 기억에 따라 대답이 달라져서는 안 된다(이것은 특정 질문들을 인터뷰 시작과 끝에서 반복해 물어봄으로써 확인 가능하다). 그리고 응답자들은 정직해야 하며, 자신의 경험을 과장하거나 축소해서는 안 된다.

또한 질문이 특정 대답을 선호하는 인상을 주면, 설문조사는 유효하지 않다. 예를 들어 2017년 저가 항공사 라이언에어는 승객의 92%가 자사 탑승 서비스에 만족한다고 발표했다. 알고 보니 그 설문조사의 선택지는 오직 '매우 훌륭함, 매우 좋음, 좋음, 적당함, 괜찮음'뿐이었다.*

앞에서 긍정적 또는 부정적 틀 짜기가 데이터의 표현이나 전달에 영향을 미쳤듯, 응답에도 영향을 미칠 수 있다. 예를 들어 2015년 EU 탈퇴 여부를 묻는 영국의 한 설문조사가 '16세와 17세에게 투표권을 주는 것'에 관해 찬반 의견을 물었는데, 응답자 중 52%가 찬성했고, 41%가 반대했다. 그런데 같은 응답자에게 '국민투표를 위해 투표할 수 있는 나이를 18세에서 16세로 낮추는 것'의 찬반을 묻는 (논리적으로는 동일한) 질문을 했더니, 찬성은 37%로 떨어졌고 반대는 56%로 증가했다. 처음의 틀은 국민으로서의 권리를 청년들에게 부여한다는 관점에 입각한 것으로 다수의 찬성을 이끌어냈다. 하지만 자유화의 위험이라는 관점에서 다시 틀을 짰더니 다수가 투표권 확대에 반대했다. 단순히 말만 바꿨을 뿐 본질적으로 같은 질문이었는데도, 찬반이 뒤집어진 것이다.[2]

응답은 그전 질문들에 영향을 받기도 한다. 이를 심리학 용어로 점화 효과priming effect라고 한다. 영국 정부가 실시한 한 설문조사에서 젊은이 중 약 10%가 외롭다고 응답했다. 하지만 BBC에서 실시한 온라인 설문에서는 42%가 외롭다고 응답했다. 수가 불어난 이유

* 왕립통계학회에서 이 설문조사 방식을 비판하자, 라이언에어의 대변인이 말하길, "라이언에어 고객 중 95%는 왕립통계학회에 대해 전혀 들어본 적 없고 97%는 학회가 말하는 것에 관심이 없으며 100%는 학회 사람들은 저가 항공사의 비행기표를 예약할 필요가 없는 (여유 있는) 사람들인 것처럼 들린다고 말했다." 그즈음의 다른 설문 조사에서, 라이언에어는 20개의 유럽 항공사들 가운데 최하위로 뽑혔다(물론 라이언에어가 다수의 비행기 운항을 취소했던 때에 설문조사가 이뤄졌기 때문에 이것은 신뢰성에 문제가 있다).

는 두 가지가 있을 수 있다. 첫째, 자발적으로 참여하는 온라인 설문 조사에서는 해당 주제에 관심 있는 사람들이 더 적극적으로 응답한다. 둘째, BBC 설문조사는 외로움에 관한 질문 전에 교우 관계의 부족, 고립, 소외감 등을 느끼는지 물었는데, 이것이 불을 지핀 것일지 모른다.[3]

표본(2단계)에서 연구 모집단(3단계)으로 가는 과정은 연구의 **내적 타당성**internal validity에 의존한다. 내적타당성이 높다고 하려면 표본에서 얻은 관찰 결과가 실제 연구 대상에서 벌어지는 일을 정확하게 반영하고 있어야 한다. 따라서 연구의 내적타당성을 높이고 편향을 방지하기 위해, 표본은 무작위 추출random sampling, 임의 추출로 얻어진다. 무언가를 무작위로 뽑는다는 것은 아이들도 이해할 만큼 쉬운 개념이다. 예를 들어 눈을 감고 사탕 봉지에 손을 넣어서 어떤 색깔의 사탕이 나오는지 보기 또는 모자에서 어떤 숫자 공을 끄집어내 해당 번호표를 가진 사람이 경품이나 선물 받기 등이 있다. 특히 제비뽑기는 공정성과 정의를 보장해주기 때문에, 지난 수천 년간 보상을 나누거나 복권을 추첨하거나 관리자나 배심원 같은 직책을 배정하는 데 널리 사용되었다.

1930년대에 현대적 의미의 여론조사를 탄생시킨 조지 갤럽George Gallup*은 무작위 추출법을 다음과 같이 비유했다. "당신이 큰 솥에 수프를 끓였다면, 간을 더 해야 할지 알아내기 위해 전부를 다 먹어

---

* 여론조사는 그전부터 이뤄졌지만, 갤럽은 무작위 추출법을 개발해 여론조사를 보다 '과학적'으로 만들었다. 전체에서 각 요소가 추출될 확률을 모두 같게 만든다는 그의 아이디어는 표본의 크기가 아니라 추출 방법이 중요하다는 사실을 일깨웠다.(옮긴이)

볼 필요는 없다. 수프를 잘 저었다면 당신은 그저 한 숟갈만 맛보면 된다.”

갤럽이 말했듯, 무작위 추출에서 '뒤섞기'는 매우 중요하다. 한 예로 1969년 미국에서 시행된 베트남전 징병 추첨을 보자. 상자에는 생일이 적힌 쪽지가 들어 있는 366개의 캡슐들이 들어 있었고, 공정성을 위해 추첨 과정은 공개되었다. 문제는 캡슐들이 1월부터 12월까지 차례대로 상자에 들어갔고 제대로 섞이지 않았다는 점이었다. 물론 손을 깊숙이 집어넣어 뽑았더라면 별 문제 없었겠지만, 사람들은 위에 놓인 캡슐을 뽑는 경향이 있었다.[4] 그 결과, 12월생 중에는 26개 날짜에 해당하는 사람들이 징집된 반면, 1월생 중에는 14개 날짜에 해당되는 사람들만 징집되었다. 연말에 태어난 사람들은 운이 참 나빴다!

표본의 결과를 모집단으로 일반화하려면, 표본이 대표성을 지녀야 한다. 그저 데이터가 많다고 반드시 좋은 표본이라고 할 수 없으며 심지어 잘못된 확신을 줄 수 있다. 예를 들어 2015년 영국 총선에서 여론조사 기관들은 잠재적 유권자 수천 명을 표본 삼아 조사를 했지만 예측에 실패했다. 표본 추출 과정이 부적절했기 때문이었다. 기관들은 주로 유선 전화번호로 전화를 걸었고, 응답률은 10% 미만이었다. 이런 표본은 대표성을 가졌다고 보기 힘들다.

연구 모집단(3단계)으로부터 목표 모집단(4단계)으로 가려면, 연구는 **외적타당성**external validity을 가져야 한다. 완벽한 측정과 세심한 무작위 추출을 시행했더라도 우리가 관심을 가지는 대상에게 질문할 수 없다면, 그 결과는 조사의 목적을 달성하기 어렵다.

극단적인 예로, 어떤 화학물질이 사람에게 미치는 효과를 알고 싶을 때, 목표 모집단은 사람이지만 실제 연구는 동물(예를 들어 쥐)을 대상으로만 하는 경우가 있다. 아니면 신약의 임상 시험은 성인 남자만을 대상으로 행해졌는데, 이후 그 약이 성인 여자와 어린이에게도 정식 승인 없이 사용되는 경우가 있다. 우리는 모든 유형의 사람들에게 어떤 효과가 있는지를 알고 싶겠지만, 이것은 통계적 분석만으로 가능하지 않다. 이때 가정은 불가피하며 우리는 매우 조심스러울 필요가 있다.

모든 데이터를 가지고 있다면

지금까지 우리는 설문조사를 예로 들면서 귀납적 추론 과정을 살펴봤다. 하지만 실제 사용하는 데이터 대다수는 무작위 추출은 물론이고 어떤 추출에도 기반하지 않는다. 이를테면 온라인 쇼핑이나 사회적 교환에서 또는 교육 행정 시스템이나 치안 유지 시스템에서 데이터는 일상적으로 수집된다. 이런 유형의 데이터는 그 자체로 전부이므로, 귀납적 추론의 과정에서 2단계와 3단계의 차이가 없다. 즉 표본과 연구 모집단이 본질적으로 같다. 이때 표본 크기가 작을까봐 염려할 필요는 없다. 하지만 그렇다고 신경 쓸 문제가 전혀 없다는 말은 아니다.

'영국에서 얼마나 많은 범죄가 일어나는가?' 또는 '범죄가 줄고 있는가 아니면 늘고 있는가?'라는 문제를 생각해보자. 우리가 사용할 수 있는 데이터는 두 가지가 있다.

우선 매년 약 38,000명에게 범죄 경험이 있는지를 묻는 영국·웨일즈 범죄 설문조사Crime Survey for England and Wales가 있다. 먼저 실제 보고된 것들을 사용해 그들의 진짜 경험에 대한 결론을 도출할 때(1단계→2단계), 우리는 응답자들이 진실을 말하지 않을 가능성을 염두에 두어야 한다. 예를 들어 그들은 자신이 참여했던 마약 범죄를 숨길지도 모른다. 그런 다음 표본이 모집단을 대표한다고 가정하고서 그것의 제한된 크기를 고려해야 하고(2단계→3단계로), 마지막으로 16세 미만이나 공동주거시설 거주자는 질문 대상에서 제외되었다는 사실, 다시 말해 연구 설계가 목표 모집단의 일부분에 미치지 못하고 있다는 것을 인지해야 한다(3단계→4단계). 이런 한계에도 영국·웨일즈 범죄 설문조사는 (적절한 경고문과 함께) '국가 지정 통계'로 제공되며, 장기 동향을 모니터링하는 데 사용된다.[5]

또 다른 데이터로는 경찰이 기록한 범죄 보고서가 있다. 참고로 이 데이터는 행정적인 목적을 위한 것이다. 그리고 국가 차원에서 기록한 모든 범죄를 포함하기 때문에 표본과 연구 모집단이 같다.* 그러나 연구 모집단(범죄를 보고한 사람들)이 목표 모집단(영국·웨일즈의 모든 범죄자)을 대표한다고 주장하기에는 큰 문제가 하나 있다. 피해자가 보고하지 않은 범죄나 경찰이 기록하지 않은 범죄가 빠졌기 때문이다. 예를 들어 불법 마약을 사용한 경우, 또는 동네 집값이

---

* 물론 여기에는 그 데이터가 범죄 피해자들에게 무슨 일이 일어났는지를 정확하게 기록했다는 가정이 깔려 있다. 이것은 귀납적 추론의 1단계에서 2단계로 갈 때 발생하는 측정의 문제다.

떨어질 것을 우려해 도둑질이나 공공기물 파손을 신고하지 않는 경우가 있다. 여기서 연구 모집단과 목표 모집단 사이에 존재하는 기록의 불완전성은 생각보다 클 수 있다. 극단적인 예로 2014년 11월 경찰의 기록 관행이 언론에서 비판받은 후에, 기록된 성범죄 수는 2014년 6만 4000건에서 2017년 12만 1000건으로 3년 사이에 거의 두 배 증가했다.

두 데이터는 범죄율 증감 동향에 관해 상당히 다른 이야기를 한다. 범죄 설문조사에 따르면 2016년에 비해 2017년 범죄는 9% 감소했지만, 경찰 기록에 따르면 오히려 13% 증가했다. 어느 것이 진실일까? 통계학자들은 설문조사가 더 신뢰할 만하다고 결론 내렸다. 그리고 경찰 기록은 신뢰성 문제 때문에 2014년에 국가 지정 통계의 자격을 잃었다.

데이터를 전부 가지고 있을 때, 측정한 것을 바탕으로 통계량을 만드는 건 어렵지 않다. 그러나 실제 우리 주변에서 일어나는 일에 관해 더 폭넓은 결론을 이끌어낼 때는, 데이터의 질이 무엇보다 중요하다. 우리는 주장의 신뢰성을 저해하는 편향들을 경계해야 한다.

특히 다수의 웹사이트들은 할당 편향allocation bias(두 의학 처치를 각각 받은 사람들 간의 차이)에서 자원자 편향volunteer bias(연구에 자발적으로 참여한 사람들과 모집단 간의 차이)까지 다양한 편향을 보여준다. 통계를 망치는 편향들은 12장에서 자세히 다룰 것이다. 여기서는 먼저 우리의 궁극적인 목적인 목표 모집단을 기술하는 방식을 알아보자.

종 모양 곡선

미국에 있는 한 친구가 2.91킬로그램의 아기를 막 낳았다. 이 수치는 신생아의 평균 출생체중에 미치지 못한다. 그렇다면 그 무게는 비정상적으로 낮은가?

앞서 우리는 설문조사 등을 통해 얻은 표본 데이터의 분포를 논의했다. 이제는 **모집단 분포**population distribution, 즉 관심 대상 전체의 데이터 패턴을 따져보려 한다.

여기 막 아기를 낳은 한 미국 여성이 있다. 우리는 그녀의 아기를 히스패닉이 아닌 백인* 여성이 최근 출산한 신생아 전체(모집단)에서 뽑은 표본으로 생각할 수 있다(여기서 표본은 이 한 명으로만 구성된다). 모집단 분포는 모든 신생아의 출생체중 데이터가 만드는 패턴을 의미한다. 모집단 데이터로는 2013년 미국국가인구동태통계시스템US National Vital Statistics System 보고서를 사용하기로 하자. 이것은 미국 백인 여성이 만삭에 낳은 100만 명 이상의 신생아 출생체중을 기록한 것으로, 같은 시기에 태어난 신생아 전체를 완벽하게 아우르지는 못할지라도, 모집단으로 간주할 수 있을 만큼 규모가 크다.[1] 그림 3.2 (a)가 보여주듯, 신생아 체중은 500그램 단위로 보고되었다.

친구 아기의 출생체중이 비정상적인지 추론하려면, 전체 모집단

---

* 미국에서 출생체중은 인종별로 보고되므로, 그녀의 인종은 중요하다.

분포에서 2910그램에 해당하는 점선의 위치를 봐야 한다. 여기서 분포의 모양이 중요하다. 몸무게, 소득, 키 같은 것들은 원칙적으로 원하는 만큼 세밀하게 측정할 수 있다. 따라서 그 모집단 데이터는 연속적인 값들의 집합으로 볼 수 있다. 전통적인 예가 '종 모양 곡선' 또는 **정규분포**normal distribution다. 1809년, 요한 카를 프리드리히 가우스Johann Carl Friedrich Gauss가 천문학과 인구조사의 측정 오차를 다루는 과정에서 맨 처음으로 정규분포를 자세하게 탐구했다.* 그에 따르면 다양한 원인을 갖는 현상, 예를 들어 유전자 몇 개로는 결정되지 않는 복잡한 신체적 특징은 정규분포를 이룬다. 임신 기간이 같은 동일 인종 집단에서의 출생체중은 그런 현상에 해당한다. 따라서 그림 3.2(a)가 보여주듯, 출생체중 데이터와 똑같은 평균과 표준편차를 가진 매끈한 정규분포곡선은 히스토그램과 놀라울 정도로 유사하다. 키나 인지 능력 같은 다른 특징들 또한 근사적으로 정규분포를 가진다. 반면 소득 등 덜 자연스러운 현상들은 비정규적non-normal이고, 종종 긴 오른쪽 꼬리를 갖는다.

정규분포는 평균(또는 **기댓값**expectation)과 표준편차에 의해 결정된다. 앞서 보았듯이 표준편차는 데이터의 퍼짐 정도를 나타낸다. 그림 3.2(a)가 보여주는 정규분포곡선은 평균이 3480그램이고 표준편차가 462그램이다. 여기서 2장에서 데이터 요약 시 사용한 개념들이 모집단을 기술하는 데 똑같이 적용된다. 차이가 있다면, 평균과

---

* 가우스의 정규분포는 비록 경험적 관찰에 기반을 둔 것은 아니나, 통계적 방법의 타당성을 보여주는 측정 오차에 대한 이론적 형태를 제공했다.

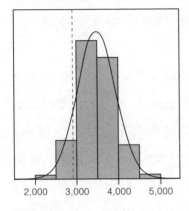

(a) 출생체중의 분포

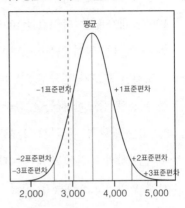

(b) 평균 ± 1, 2, 3표준편차

평균

−1표준편차   +1표준편차

−2표준편차   +2표준편차
−3표준편차   +3표준편차

(c) 백분율

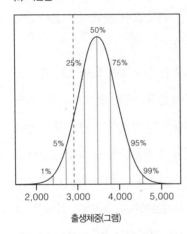

50%

25%   75%

5%   95%

1%   99%

출생체중(그램)

(d) 출생 시 저체중

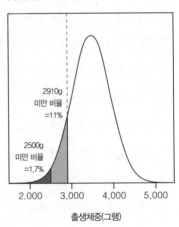

2910g
미만 비율
=11%

2500g
미만 비율
=1.7%

출생체중(그램)

그림 3.2

(a) 2013년 미국에서 만삭(39~40주차)인 백인 산모가 낳은 신생아 109만 6277명의 출생체중 분포. 정규곡선은 관측 데이터와 같은 평균과 표준편차를 가진다. 2910그램의 아기는 점선으로 나타냈다. (b) 평균±1, 2, 3표준편차를 나타낸 정규곡선. (c) 정규곡선의 백분율. (d) 저체중아 비율(진한 색)과 출생체중이 2910그램보다 낮은 신생아 비율(옅은 색).

표준편차 같은 개념을 데이터 집합에서는 통계량이라고 하지만 모집단에서는 **모수** 또는 **매개변수**parameter라고 한다. 단 두 개의 숫자로 100만 개가 넘는 측정값들(100만 명 이상의 신생아 출생체중)을 요약할 수 있다는 점이 인상적이다.

모집단 분포가 정규분포를 따른다고 가정하면, 표나 소프트웨어를 이용해 중요한 값들을 간단하게 얻을 수 있다. 예를 들어 그림 3.2(b)는 평균과 '평균±1, 2, 3표준편차'의 위치를 보여준다. 정규분포의 수학적 특징상 모집단의 대략 95%가 '평균±2표준편차' 내 구간에 포함되고, 99.8%가 '평균±3표준편차' 내 구간에 포함된다. 당신 친구 아기는 '평균−1.2표준편차' 즈음에 있는데, '−1.2'를 아기의 **Z점수**Z-score라고도 한다. Z점수는 관측값이 평균에서 표준편차의 몇 배만큼 떨어져 있는지 말해준다.

평균과 표준편차 말고도 다른 유용한 척도들이 있다. 그림 3.2(c)는 정규분포곡선상 백분위수를 보여준다. 예를 들어 50백분위수는 중앙값으로, 모집단을 절반으로 나누는 경계이자 평균적 신생아의 출생체중이다.* 25백분위수는 전체 측정값들을 순서대로 정렬했을 때 하위 25%가 그 아래에 놓이는 값이다. 25백분위수(3157그램)와 75백분위수(3791그램)를 각각 1, 3**사분위수**quartile라고 하며,** 그 둘 사이의 거리(624그램)를 뜻하는 사분위범위는 퍼짐 정도를 나타낸다. 다시 한번 강조하는데, 이것들은 2장에서 사용된 것과 정확히

* 정규분포처럼 대칭적 분포인 경우에 중앙값은 평균과 같다.
** 측정값을 낮은 순에서 높은 순으로 정렬 후 사등분했을 때 해당 위치에 있는 값을 지칭하는 용어가 사분위수다. 따라서 2사분위수는 50백분위수다.(옮긴이)

똑같은 요약값들이지만, 여기서는 표본이 아니라 모집단에 적용되었다.

당신 친구의 아기는 11백분위수에 해당한다. 즉 백인 만삭 산모가 낳은 아기 중 11%가 당신 친구 아기보다 더 가볍다. 그림 3.2(d)는 이 11% 구간을 옅은 회색으로 보여준다. 출생체중의 백분위수는 실질적으로 중요하다. 당신 친구의 아기는 앞으로 11백분위수에 놓인 아기들에게서 예측되는 성장에 견주어 모니터링될 것인데,* 앞으로 그 그룹 내에서 몸무게가 더 떨어지면 정말로 걱정해야 할지도 모른다.

의학적 이유 때문에 출생체중이 2500그램 미만인 신생아를 '저체중아'로, 1500그램 미만인 신생아를 '극소 저체중아'로 분류한다. 그림 3.2(d)는 모집단 중 1.7%가 저체중아로 추정됨을 보여준다. 실제 저체중아의 수는 1만 4170명(1.3%)으로, 정규분포곡선에서 나온 기댓값과 아주 가깝다. 그리고 백인 만삭 산모가 낳은 아기 중 저체중아 비율은 다른 인종과 비교했을 때 매우 낮다. 한 예로 2013년 미국의 모든 신생아 중 저체중아 비율은 8%였는데, 흑인의 경우 그 비율은 13%였다. 이것은 인종 간의 차이를 분명하게 보여준다.

그림 3.2(d)에서 어둡게 표시된 영역은 다음 두 가지 역할을 한다.

1. 그것은 모집단에서 저체중아의 비율을 나타낸다.
2. 또한 그것은 2013년생 신생아 중 임의로 고른 아기의 출생

* 이 모니터링을 위해 사용된 분포들은 정규분포보다 더 섬세할 것이다.

체중이 2500그램 미만일 확률이다.

이처럼 모집단은 개인들이 모인 집단으로 생각할 수도 있고, 관측값에 대한 **확률분포**probability distribution로 생각할 수도 있다. 이 이중적인 해석은 뒤에 다룰 통계적 추론의 기초가 된다.

물론 이처럼 모집단의 모양과 모수를 아는 경우, 우리는 모집단에서의 비율뿐 아니라 어떤 임의의 관측에 대해 무언가를 말할 수 있다. 그러나 이 장의 핵심은 우리가 대개 모집단에 대해 아무것도 모른다는 점이고, 따라서 귀납적 추론을 거쳐 데이터에서 모집단으로 가기를 원한다는 점이다. 표본에서 발전시켰던 평균, 중앙값, 최빈값 등의 척도들이 전체 모집단으로 확장될 수 있지만, 아직 우리는 그것들이 뭔지 모른다. 이 문제가 바로 다음 장에서 마주할 도전이다.

무엇이 모집단인가?

앞서 간략히 설명한 귀납적 추론은 계획된 설문조사에서 잘 작동한다. 하지만 대다수의 통계적 분석은 이 틀에 딱 들어맞지 않는다. 특히 경찰 범죄 보고서 같은 행정 기록처럼, 처음부터 데이터 전부를 이용할 수 있는 경우도 있었다. 아니면 1장에 나온 어린이 심장 수술을 생각해보자. 우리는 측정에 어떤 문제도 없다고, 다시 말해 각 병원에서 시행된 수술과 30일 이후 생존자에 관한 데이터를 모두 수집했으며 표본(2단계)에 대해 완벽하게 알고 있다고 아주 대담하게 가정했다.

이런 경우 무엇이 연구 모집단인가? 모든 어린이와 모든 병원에 관한 데이터가 있다는 건, 그것들이 대표하는 더 큰 집단이 존재하지 않는다는 뜻이다. 보통 모집단이라는 개념은 통계학 수업에서 가볍게 소개되지만, 그것은 생각보다 까다롭고 미묘하다. 중요한 통계학의 아이디어들이 모집단을 바탕으로 만들어지므로, 이 예들은 모집단이 좀 더 자세히 탐구할 만한 개념임을 보여준다.

어떤 표본을 추출할 수 있는 모집단에는 다음과 같이 세 가지 유형이 있다.

- 말 그대로의 모집단: 한 예로 여론조사에서 무작위로 한 명을 뽑는, 확인 가능한 집단이 있다. 관측 가능한 개인들로 구성된 집단도 여기에 해당한다. 실제로는 무작위로 한 명을 뽑는 대신 자원자로부터 데이터를 얻기도 한다. 예를 들어 젤리 개수 맞추기에 참가한 사람들은 유튜브를 시청하는 수학 괴짜들(모집단)에서 나온 하나의 표본으로 간주할 수 있다.
- 가상의 모집단: 혈압을 재거나 대기 오염을 측정하는 것처럼 기기를 가지고 측정하는 경우를 생각해 보자. 혈압 측정을 여러 번 반복하면 금방 알 수 있듯이, 이런 측정은 항상 더 많이 할 수 있고 매번 약간씩 달라진 값을 얻을 수 있다. 여러 번 측정한 값들이 비슷할지는 기계의 정확도와 상황의 안정성에 달려 있다. 이때 우리가 얻은 측정값을, 시간이 충분했다면 얻었을 모든 측정값들로 구성된 가상의 모집단에

서 뽑아낸 것이라고 생각할 수 있다.

- 비유적 모집단: 여기서 더 큰 모집단은 없다. 이것은 흔치 않은 개념이기는 하다. 여기서 우리는 어떤 측정값을 모집단에서 무작위로 추출한 것처럼 간주하기도 하지만, 실제론 그렇지 않다. 심장 수술을 받은 아이들의 경우처럼 말이다. 어떤 표본 추출도 없었고, 모든 데이터가 갖춰져 있었으며, 더 모을 데이터도 없다. 매년 일어나는 살인 사건 수, 특정 부류에 관한 전수 조사, 또는 전 세계 모든 나라에 관한 데이터를 생각해보자. 이들 중 어느 것도 실제 모집단으로부터의 표본이라고 간주할 수 없다.

비유적 모집단은 도발적인 개념이다. 우리가 관찰한 것이 어떤 상상의 세계로부터 임의로 선택된 것이라고 이해하는 게 그나마 최선일지도 모른다. 만약 지금의 세계를, 역사가 다르게 전개되었더라면 생겨났을 수많은 상상의 세계들 가운데서 우연에 의해 귀결된 한 상태라고 여긴다면, 비유적 모집단은 다른 대안 역사들의 집합체가 된다. 구체적으로 2012~2015년 영국에서 있었던 어린이 심장 수술을 살펴보았을 때, 이 기간 동안 시행된 수술에 관한 모든 데이터 그리고 사망자와 생존자 수가 우리 손에 있다. 하지만 예측할 수 없는 우연에 의해 결과가 달라졌을지 모르는 상황들을 상상할 수 있다.

요즘은 무작위 추출이 수반되는 경우가 점점 없어지는 반면, 잠재적으로 사용 가능한 데이터가 전부 있는 경우는 흔해지는 추세다. 그럼에도 표본이 추출되는 모집단이 있다고 상상하는 건 굉장히 가치가 있다. 그렇게 하면 진짜 모집단에서 추출한 표본에 사용하는 다양한 수학적 기법들을 그대로 사용할 수 있기 때문이다.

우리 주변에서 일어나는 일들을 순전히 우연이라고 믿든, 신 또는 신들의 의지라고 믿든, 인과관계에 관한 다른 이론이라고 믿든, 수학적으로는 아무 차이도 없으니 선택은 개인의 몫이다. 다만 나는 우리 주변에서 일어나는 모든 일들이 일어날 가능성이 있는 모든 일들로부터 임의로 선택된 결과라고 생각하는 편이다. 데이터에서 뭔가를 배우기 위해서는 이처럼 유연한 마음이 필요하다.

요약

- 귀납적 추론은 데이터에서 출발해 연구 표본과 연구 모집단을 거쳐 목표 모집단으로 가는 과정이다.
- 문제와 편향은 귀납적 추론의 각 단계에서 발생할 수 있다.
- 표본에서 연구 모집단으로 나아가는 최상의 방법은 무작위 추출이다.
- 모집단은 개인들의 집합 또는 관측값에 대한 확률분포로 생각할 수 있다.
- 모집단의 특성은 모수를 통해 요약·기술된다. 모수는 표본에서 쓰는 요약 통계량과 같다.
- 종종 데이터는 말 그대로의 모집단에서 추출된 표본에서 나오지 않는다. 존재하는 모든 데이터를 갖고 있는 경우, 일어났을 수 있지만 일어나지 않은 사건들로 구성된 비유적 모집단을 상상하면 도움이 된다.

4장

무엇이 무엇의 원인인가?

인과관계

왜 대학에 가면 뇌종양에 걸릴 위험이 커지는가?

역학epidemiology은 한 집단에서 어떻게 그리고 왜 질병이 발생하는지를 연구하는 학문이다. 특히 스칸디나비아의 나라들은 역학자들의 이상향이다. 전 국민이 건강관리, 교육, 납세 등에 사용하는 개인 식별 번호를 갖고 있기 때문이다. 덕분에 연구자들은 질병과 삶의 여러 측면들을 함께 생각할 수 있다.

18년 동안 400만 명이 넘는 스웨덴 남녀를 대상으로 한 연구에 따르면, 납세 기록과 건강 기록을 분석한 결과 더 높은 사회경제적 지위에 있는 남자가 뇌종양 진단을 받을 확률이 상대적으로 조금 더 높았다. 이것은 가치는 있지만 이목을 집중시킬 만큼 흥미롭지는 않은 결과였다. 그래서였을까? 더 많은 관심을 끌고 싶었던 홍보 담당자는 "높은 교육 수준이 뇌종양 위험 증가와 관련 있다"라고 하는 보도자료를 발행했다(심지어 그 연구는 교육 수준이 아니라 사회경제적 지위에 관한 것이었는데 말이다). 그것은 일반 대중에게 "왜 대학에 가면 뇌종양에 걸릴 위험이 커지는가?"라는 제목의 기사로 전달됐다.[1]

대학 졸업장을 손에 쥔 사람에게 이 기사는 새로운 걱정거리가 되었을지 모른다. 하지만 정말로 그럴 필요가 있을까? 이 연구는 적절한 모집단의 등록 기록을 활용한 대규모 연구였으니, 교육을 더 많이 받은 사람들이 실제로 뇌종양에 조금 더 많이 걸린다는 결론은 어느 정도 믿을 만하다. 그렇다면 도서관에서 쏟은 그 모든 피와 땀이 뇌를 과열시켜 세포를 이상하게 변형시킨 걸까? 나는 그렇지 않을 거라 생각한다. 논문의 저자들 역시 "암 등록의 완벽성과 탐지 편향detection bias 때문에 그런 결론이 나온 것일 수 있다"라고 덧붙인다. 다시 말해, 부유한 고학력자들이 진단 검사를 더 많이 받았을 수 있다. 이것을 역학에서는 **확인 편향**ascertainment bias이라고 한다.

상관관계가 인과관계를 의미하지는 않는다

앞에서 데이터 점들이 얼마나 직선에 가까운가를 측정하는 데 피어슨 상관계수를 사용했다. 1990년대 어린이 심장 수술을 시행한 병원들을 대상으로 심장 수술 횟수와 생존율 간의 관계를 산점도로 그렸을 때, 높은 상관관계가 나타났다. 하지만 이것은 더 큰 병원이 더 낮은 사망률과 '연관이 있음'을 보여줄 뿐, 더 큰 병원이 더 낮은 사망률의 '원인임'을 의미하지는 않는다.

인과관계를 조심스럽게 다루려는 태도는 오랜 역사를 지닌다. 칼 피어슨이 새로이 개발한 상관계수가 1900년 《네이처》에서 논의될 때, 주석자는 "상관관계가 인과관계를 의미하지 않는다"라고 경고했다. 이 문구는 두 요소가 함께 변동하는 경향을 보고 섣불리 인과관계를 주장할 때마다 통계학자들이 인용하는 단골 멘트가 되었다. 심지어 터무니없는 연관성을 자동으로 생성하는 웹사이트까지 있다. 예를 들어 미국에서 2000~2009년 모차렐라 치즈의 1인당 연간 소비량과 토목공학 박사학위 취득자 수 사이의 상관계수는 무려 0.96이나 된다.[2]

인간들은 일어난 일들을 원인과 결과로 설명하고자 하는 근원적인 욕구를 가진 것 같다(누구나 피자를 걸신들린 듯 먹는 새내기 토목공학자 이야기를 만들어낼 수 있으리라). 전혀 상관없는 사건들 간 연관성에 이유를 부여하는 경향을 일컫는 '아포페니아apophenia'라는 단어까지 존재한다. 심지어 단순한 불행이나 불운이 다른 사람의 적의나 마법 때문이라고 믿는 경우도 있다.

불행인지 다행인지 모르겠지만, 세상은 단순한 마법보다 좀 더 복잡하다. 왜 복잡한지는 우리가 '원인'이라는 말로 설명하려는 것이 무엇인지 알아내는 과정에서 맨 처음 드러난다.

대체 인과관계란 무엇인가?

인과관계가 굉장한 논쟁거리라고 말하면 많은 사람들이 놀란다. 실생활에서 인과관계는 상당히 단순해 보이기 때문이다. 보통 무언가를 하고 그것이 어떤 것으로 이어지면, 인과관계가 있다고 생각한다. 예를 들어 차 문틈에 엄지손가락이 끼었다. 그리고 지금 엄지가 아프다.

그런데 엄지가 아프지 않았을 수도 있다는 걸 어떻게 알 수 있을까? '엄지가 문틈에 끼지 않았더라면 아프지 않았을 것이다'라는 **반사실적 조건문**counterfactual을 도입해 생각해보자. 다만 실제 존재하지 않는 반사실적 세계에서 내 엄지가 어떨지는 확실하게 알 수 없다는 점에서 이 조건문은 언제나 가정에 불과하다.

현실에서 일어나는 모든 흥미로운 일들 저변에 깔린 변동성을 허용한다면, 문제는 더 까다로워진다. 예를 들어 현재 의학계는 흡연이 폐암의 원인이 된다는 데 동의한다. 하지만 의사들이 이 결론에 도달하기까지 수십 년이 걸렸다. 흡연자 대부분이 폐암에 걸리지 않으며, 비흡연자 중 일부는 폐암에 걸리기 때문이다. 따라서 담배를 피운다면 담배를 피우지 않는 경우보다 폐암에 걸릴 가능성이 더 커진다고 말할 수 있을 따름이다. 이것이 흡연을 제한하는 법을 제정하는 데 그토록 오랜 시간이 걸린 이유다.

인과관계라는 '통계적' 개념은 절대적으로 결정론적이지 않다. X가 Y의 원인이라는 말은 'X가 일어날 때마다 Y도 일어난다'는 뜻도, 'X가 일어나면 Y가 일어날 수밖에 없다'는 뜻도 아니다. 그저 우리가 개입해 억지로 X가 일어나게 만들면, Y가 더 자주 일어나는 '경향이 있다'는 뜻이다. 결코 우리는 X가 Y의 원인이라고 말할 수 없으며, X는 Y의 발생 비율을 높인다고 말할 수 있을 뿐이다.

정말 확신을 갖고 무엇이 무엇의 원인인지 알아내고 싶다면 어떻게 해야 할까? 첫째, 개입하여 실험을 수행해야 한다. 둘째, 통계 또는 확률의 세계에서 충분한 증거를 모으기 위해 그런 개입은 두 번 이상 이뤄져야 한다.

이 때문에 많은 사람을 대상으로 하는 의료 임상 시험은 까다로울 수밖에 없다. 실험의 대상이 되는 걸 즐기는 사람은 거의 없다. 특히 생사가 달려있을 때라면 더더욱 그렇다. 그럼에도 수천 명의 사람들이 어떤 치료를 받을지도 모른 채 이런 연구에 기꺼이 참여하려 했다는 것은 놀라운 일이다.

나는 매일 스타틴을 먹는다. 스타틴은 콜레스테롤을 낮춰 심장마비와 뇌졸중 위험을 줄이는 약으로 알려져 있다. 실제로 그 약을 복용한 직후부터 내 저밀도콜레스테롤LDL 수치가 감소했는데, 나는 이것이 스타틴의 직접적인 효과라고 거의 확신한다.

그러나 스타틴을 매일 복용하는 것이 내게 장기적으로 이로울지는 절대 알 수 없다. 장기적 효과는 가능한 미래의 삶들 중 실제로 어떤 삶이 펼쳐지는지에 달려 있다. 미래에 내가 심장마비나 뇌졸중에 걸리지 않는다고 가정해보자. 스타틴을 먹지 않았어도 그랬을 것이며 따라서 그동안 약을 먹은 게 시간낭비였는지 나는 전혀 알 수 없다. 반대로 미래의 내가 심장마비나 뇌졸중에 걸렸다고 가정해보자. 마찬가지로 나는 스타틴을 먹은 덕분에 병이 늦게 발생한 건지 등을 전혀 알 수 없다. 나는 그저 스타틴이 나 같은 사람에게 도움이 되며 그 효과가 대규모 임상 시험에 의해 뒷받침된다는 사실만 알 뿐이다.

임상 시험은 새로운 의학 치료의 인과관계를 밝히고 그 평균적인 효과를 측정하기 위해 공정한 테스트를 수행하는 것이다. 실험은 그 효과를 잘못 해석하지 않도록 다음 원칙에 따라 적절하게 설계되어야 한다.

1. **통제**: 그저 몇 사람이 스타틴을 먹고 심장마비를 일으키지

않았음을 근거로 스타틴의 효과를 입증했다고 말할 수 없다. (제품 홍보 시 이런 식의 일화적인 추론이 사용되곤 한다.) 제대로 하려면 스타틴을 복용하는 실험군과 설탕약 같은 위약을 먹는 대조군이 필요하다.

2. **치료법 할당**: 개입 외에 다른 모든 조건이 비슷해야 비교가 의미 있다. 따라서 실험군과 대조군은 최대한 비슷해야 한다. 가장 확실한 방법 중 하나가 참가자들을 치료 받을 그룹과 그러지 않는 그룹으로 무작위 배정을 한 다음 그 추이를 살피는 것이다. 이것을 **무작위 통제 시험**randomized controlled trial, RCT이라고 한다. 따라서 스타틴 실험은 충분히 많은 사람들을 대상으로 해야 하며, 실험군과 대조군은 우리가 미처 알지 못하는 것들을 포함해 모든 요인들이 비슷해야 한다. 이런 종류의 연구는 대개 그 규모가 엄청나다. 한 예로 1990년대 후반에 실시한 영국의 「심장 보호 연구Heart Protection Study, HPS」는 심장마비나 뇌졸중 위험이 높은 2만 536명의 사람들에게 40밀리그램의 심바스타틴과 위약 중 하나를 임의로 할당해 매일 먹게 했다.[3]

3. 실험 참가자들은 초기 할당된 그룹에 따라 분석되어야 한다: 이것을 **치료 의도의 원칙**intention to treat이라고 한다. 앞서 예로 든 HPS를 보면, 실험군에 배정된 사람은 스타틴을 복용하지 않았어도 최종 분석에 포함됐다. 당신은 이게 이상하다고 생각할 것이다. 이렇게 하면 실험은 스타틴의 '복용' 효과보다 오히려 스타틴 '처방' 효과를 측정하게 되기 때문이다.

물론 실험 기간 내내 연구자들은 실험군 참가자에게 스타틴 복용을 강력히 독려했다. 하지만 HPS 실시 5년 뒤 실험군 참가자 중 18%가 스타틴 복용을 중단한 반면, 대조군 참가자 중 무려 32%가 동기간에 스타틴을 복용하기 시작했다. 이처럼 중간에 치료를 바꾼 사람들 때문에 두 그룹 간 차이는 희석될 것이기 때문에, 연구자들은 치료 의도의 원칙에 따라 실제 관측된 효과는 복용 효과보다 더 작을 거라고 봐야 한다.

4. (가능하면) 참가자는 자신이 어떤 그룹에 속하는지 몰라야 한다: 스타틴 실험에서, 진짜 스타틴과 위약은 똑같아 보였다. 이것을 두고 참가자들은 자신들이 받고 있는 치료에 대해 눈가림blinding을 당했다고 말한다.

5. 각 그룹은 똑같게 다루어져야 한다: 실험군이 더 빈번하게 병원에 불려왔거나 더 조심스럽게 검사받았다면, 더 많은 보살핌의 효과와 약의 효과를 구분하기 어려워진다. 따라서 후속 진료를 맡은 의료진에게도 환자가 진짜 스타틴을 복용하고 있는지 위약을 복용하고 있는지는 알려주지 않았다. 따라서 그들은 할당된 치료에 대해 (참가자와 마찬가지로) 전혀 알지 못했다.

6. (가능하면) 최종 결과의 평가자는 연구 대상이 어떤 그룹에 속하는지 몰라야 한다: 만약 의사가 어떤 치료의 효과를 믿는다면, 무의식적인 편향에 의해 실험군의 결과를 과장할지 모른다.

7. 모든 이를 측정해야 한다: 실험 참가자 전부를 추적하려고 최선

을 다해야 한다. 왜냐하면 중도 하차한 사람들이 알고 보니 약의 부작용 때문에 그랬을 수 있기 때문이다. HPS는 5년 동안 놀랍게도 99.6% 완벽한 추적을 했다. 그 결과가 표 4.1에 정리돼 있다.

실험군에 배정된 사람들은 평균적으로 건강상 더 나은 결과를 보였다. 환자들은 무작위로 추출되었고 스타틴 외에는 동일하게 치료받았기 때문에, 이 결과는 스타틴 처방에 따른 인과적 효과라고 가정할 수 있다. 그러나 많은 사람이 실제로 자신에게 할당된 치료를 고수하지 않았으므로, 그로 인해 그룹 간의 차이가 어느 정도 희석되었음을 고려해야 한다. HPS 연구자들은 스타틴 복용의 실제 효과가 표 4.1보다 약 50% 더 높다고 추정한다.

마지막으로 두 가지 핵심 사항을 추가로 살펴보자.

8. 한 연구에만 의존하면 안 된다: 이번 실험은 특정 장소에서 특정 그룹에게 스타틴 복용이 효과 있음을 보여주는 데 불과할지 모른다. 확고한 결론을 내리려면 여러 번 실험해야 한다.

9. 증거를 체계적으로 검토해야 한다: 여러 실험을 종합해 결론을 낼 때는 지금껏 행해진 모든 연구를 포함하여 체계적 문헌 고찰systematic review을 실시한 뒤 메타분석meta-analysis을 해서 결과들을 종합해야 한다.

최근 한 연구는 스타틴에 관한 27개의 무작위 통제 시험 결과들을

사망 원인	위약 그룹	스타틴 그룹	스타틴 배정 시 상대적 위험 감소율(%)
심장마비	11.8%	8.7%	26%
뇌졸중	5.7%	4.3%	25%
다른 모든 원인	14.7%	12.9%	12%

표 4.1
HPS 5년차 결과. 심장마비의 경우 절대위험도는 11.8-8.7=3.1%만큼 감소했다. 다시 말해, 스타틴 복용 시 1000명 중 약 31명에게서 심장마비 예방 효과가 나타났다. 이는 1명의 심장마비를 방지하기 위해 약 30명이 5년 동안 스타틴을 복용해야 한다는 뜻이다. 참고로 위약 그룹에는 1만 267명이, 스타틴 그룹에는 1만 269명이 배정되었다.

모아 체계적 문헌 고찰을 실시했다. 여기에는 심혈관 질환 위험이 낮은 17만 명 이상의 사람들이 포함되었다.[4] 이 연구는 실험군과 대조군 간 차이보다 스타틴의 LDL 감소 효과에 주목했다. 연구자들은 스타틴 효과가 혈액 지질의 변화에서 비롯된다고 가정하고, 각 실험에 나타난 평균적 LDL 감소를 살펴봤다. 그 결과, LDL이 1mmol/L씩 줄어들 때마다 주요 혈관 질환의 발생 위험은 21%씩 감소했다. 따라서 나는 스타틴을 계속 먹을 만한 이유가 충분하다.*

물론 관측된 연관성이 인과관계가 아닌 우연의 결과일 수도 있다. 실제로 시중에 나온 약 대부분이 그저 그런 효과를 가질 뿐이고, 소수에게만 도움이 되며, 그 효과를 일반화하기 어렵다. 하지만 이 정도로 대규모 실험이 진행되고 메타 분석이 이뤄진 경우에는 그 결과가 우연에 기인했다고 보기 어렵다(인과관계와 우연을 구별하는 법은 10장 참조).

●

무작위 통제 시험에 관한 원칙들은 1948년에 있었던 최초의 임상 시험에서 거의 전부 도입됐다. 이 실험은 폐결핵 치료약인 스트렙토

---

* 나처럼 병력이 없는 기저 위험baseline risk 그룹에서 LDL이 1mmol/L 감소할 때마다 주요 혈관 질환의 위험이 25%씩 감소한다고 추정된다. 실제로 내 LDL 수치는 스타틴 복용 이후로 2mmol/L만큼 내려갔기 때문에 내가 매일 약을 먹었을 때 심장마비나 뇌졸중이 발생할 위험은 약 56%(0.75×0.75 = 0.56)가 된다. 달리 말해, 위험이 44%나 줄었다. 10년 이내에 내가 심장마비나 뇌졸중에 걸릴 가능성이 대략 13%니까, 스타틴 복용은 이를 7%로 감소시킨다. 따라서 내게 스타틴은 처방받을 가치가 있다. 그리고 실제로 복용하면 더 좋다.

마이신에 관한 것이었는데, 죽을 수도 있는 환자에게 치료를 무작위로 할당하는 것은 대담한 결정이었다. 당시 영국에서 모든 환자에게 줄 만큼 충분한 약이 없었기에 가능한 일이었다(이런 상황에서는 무작위 할당이 공정성과 윤리성을 담보하는 것처럼 보였다). 그러나 오랫동안 수천 번의 무작위 통제 시험 이후에도 각 개인에게 치료를 권하는 의학적 결정이 본질적으로 동전 던지기(그것이 컴퓨터 난수 생성기 안에 구현된 가상의 동전일지라도)와 크게 다를 바 없었다는 사실은 여전히 놀랍다. 심지어 유방암 환자가 근치 유방 절제술을 받을 것인지 종양 절제술*을 받을 것인지 같은 상황에서조차 말이다.

실제 임상 시험에서 치료를 할당하는 과정은 단순 무작위 추출보다 더 복잡한 편이다. 왜냐하면 우리는 모든 유형의 사람들이 서로 다른 치료를 받는 그룹 안에서 똑같이 대표되기를 원하기 때문이다. 예를 들어 우리는 고위험군에 속하는 노인 중 스타틴을 받는 사람과 위약을 받는 사람의 수가 대략 같기를 원한다. 이 아이디어는 농업 실험에서 유래했다. 실제로 농업 실험에서 무작위 시험의 아이디어들이 다수 나왔는데, 그 선구자가 바로 로널드 피셔Ronald Fisher다. (그에 대해서는 나중에 더 자세히 살펴볼 것이다.) 예를 들어 너른 들판을 여러 구역으로 나눠 각각 다른 비료를 임의로 할당해 그 효과를 살펴보는 실험이 있다. 마치 사람들에게 어떤 의약 치료를 임의로 배정하고 효과를 살펴보는 것처럼 말이다. 하지만 들판은 부분마

---

* 근치 유방 절제술은 유방암 치료에 있어서 유방, 흉근, 액와림프절 및 관련된 피부와 흉근을 같이 절제해 내는 수술이고, 종양 절제술은 유방을 그대로 두고 종양 덩어리만 떼어내는 수술이다.(옮긴이)

다 배수, 일조량 등의 조건이 다르기 때문에 지력이 균일하지 않다. 따라서 비료의 효과를 명확히 알기 위해 먼저 성질이 비슷한 구역들을 묶어서 '블록'을 만든다. 블록별로 각 비료를 주는 구역을 무작위로 할당하되 그 개수를 같게 한다. 이렇게 하면 지력에 따른 들쑥날쑥한 차이가 균형을 이루어 비료의 진정한 효과를 알 수 있다.

한때 나는 탈장 환자 관련 개복 수술 대 복강경 수술을 비교하는 무작위 통제 시험을 수행했다.* 수술 횟수가 많을수록 수술팀의 기술이 더 좋아질 수 있으므로, 실험 진행 중 두 수술의 균형을 유지하는 게 핵심이었다. 그래서 환자들을 각각 4명이나 6명으로 구성된 그룹으로 나누었고, 각 그룹 안에서 두 수술이 똑같이 임의 할당되게 했다. 나는 어떤 수술을 할지 인쇄된 종이를 접어 번호가 적힌 불투명한 갈색 봉투에 집어넣었다. 그리고 마취과 의사가 봉투를 여는 동안 어떤 수술을 받을지 전혀 모른 채 수술 침대에 누워 있는 환자들을 지켜봤다.

기도는 효과적인가?

무작위 통제 시험은 치료법 임상 시험의 표준이 되었을 뿐만 아니라 오늘날 교육과 치안 정책의 효과를 평가할 때도 사용된다. 영국

---

* 개복 수술은 말 그대로 배를 열어 수술하는 방법으로 긴 흉터가 남고, 복강경 수술은 복부에 작은 구멍을 내 복강경(내시경 카메라)을 집어넣어 수술하는 방법으로 흉터가 적다.(옮긴이)

의 행동연구팀Behavioural Insights Team은 GCSE* 수학이나 영어 시험을 다시 치르는 학생 중 절반을 무작위로 뽑았다. 그리고 그들이 공부하는 걸 응원하는 문자 메시지를 정기적으로 보내줄 누군가를 지명하게 했다. 그 결과 응원자를 가진 그룹의 시험 통과율이 27% 더 높았다. 이 팀은 또한 경찰관 몸에 비디오카메라를 무작위로 장착하는 실험도 수행했는데, 불필요하게 사람들을 붙잡고 수색하는 경우가 더 적어지는 등의 긍정적 효과가 관찰되었다.[5]

심지어 기도가 효과적인지 알아보는 연구도 있었다. 먼저 1800명의 심장동맥우회술을 받는 환자를 임의의 세 그룹으로 나누었다. 첫번째 그룹은 기도를 받았으나 그 사실을 몰랐다. 두 번째 그룹은 기도를 받지 않았고 마찬가지로 그 사실을 몰랐다. 세 번째 그룹은 기도를 받았고 그 사실을 알았다. 실험 결과 기도를 받은 그룹과 그렇지 않은 그룹 간 의미 있는 차이는 없었다. 하지만 자기를 위해 누군가가 기도하는 것을 아는 세 번째 그룹에서 합병증에 시달리는 환자가 약간 증가했다. 한 연구자는 이렇게 말했다. "환자들은 '기도를 받아야 할 만큼 내가 엄청 아픈가?'하고 의아해하면서 불안해했던 건지 모른다."[6]

최근 무작위 통제 시험은 웹사이트 디자인 같은 온라인 영역에서도 활약한다. 대표적으로 'A/B 테스트'라는 것이 있다. 사용자는 (테스트라는 걸 인지하지 못한 채) 각기 다른 디자인의 웹사이트에 접속

* GCSE는 영국 중등교육 자격시험으로 의무교육 11년에 대한 일종의 졸업 시험이다. 이때 얻은 점수가 대학 진학에 영향을 미친다. 우리나라로 치면 대학수학능력시험에 해당한다.(옮긴이)

하게 된다. 그리고 사용자가 해당 웹사이트에서 보내는 시간, 광고로 연결되는 클릭 수 등을 측정한다. 일련의 A/B 테스트를 통해 웹 환경은 최적의 디자인으로 빠르게 개선되며, 표본의 크기가 엄청나므로 잠재적인 수익 효과까지 추정할 수 있다.

이처럼 무작위 시험은 앞으로 더 많이, 더 널리 쓰일 것이다. 따라서 다중 비교의 위험(10장 참조)을 포함해 시험 설계에 관한 광범위한 지식이 필요하다.

무작위 배정이 불가능하다면?

왜 노인은 귀가 클까?

그저 웹사이트를 바꾸는 일이 전부라면 무작위 배정은 식은 죽 먹기다. 참가자들을 모집하려고 노력할 필요도 없고(심지어 참가자는 자기가 실험 대상인지도 모른다) 그들을 기니피그처럼 취급함에 있어 어떤 윤리적 동의도 받을 필요가 없다. 그러나 무작위 배정은 종종 어렵고 때로는 불가능하다. 예를 들어 사람들을 임의로 할당해 담배를 피우게 하거나 불균형한 식습관을 갖게 한 다음에 그 영향을 확인할 수는 없다(동물을 대상으로 그런 실험이 행해지기는 한다). 데이터가 실험에서 나오지 않고 단순히 관측을 통해 수집된 경우, 그것을 '관측 데이터'라고 한다. 우리는 최대한 회의적인 자세를 유지하면서, 적절한 설계와 통계 원칙을 관측 데이터에 적용해 인과관계와 상관관계를 구분해내야 한다.

노인의 귀는 좀 생뚱맞게 들릴지 몰라도, 적절한 연구 설계의 필요성을 잘 보여준다. 앞서 배운 PPDAC 모형을 떠올려보자. 여기서 '문제'는 개인적인 경험상 노인의 귀가 크다는 점이다. '계획'은 현재 시점에서 나이와 성인 귀 크기 사이에 상관관계가 있는지 알아보는 것이다. 실제로 영국과 일본의 연구팀들이 **단면 연구**cross-sectional study를 통해 '데이터'를 수집했다. '분석' 결과, 긍정적 상관관계가 명백했다. 따라서 연구팀들은 귀 크기와 나이가 서로 연관 있다는 '결론'에 다다랐다.[7]

다음 과제는 이 연관성을 설명하는 것이다. 나이가 들면서 귀가 계속 자라는 걸까? 아니면 지난 몇십 년 동안 무슨 일이 일어나서 세대를 거듭할수록 귀가 더 작아진 걸까? 또는 귀가 작은 사람들이 비교적 일찍 죽는 걸까?(실제 중국에서 큰 귀는 장수를 뜻한다.) 이런 질문에 관한 연구를 설계하려면 약간의 상상력이 필요하다. **전향적 코호트 연구**prospective cohort study는 젊은이들을 생애별로 추적 조사해 귀 크기의 변화를 측정하거나, 또는 작은 귀를 가진 사람이 더 빨리 죽는지를 확인한다. 이것은 완료까지 상당히 오랜 시간이 걸린다는 단점을 갖는다. 그래서 그 대안으로 **후향적 코호트 연구**retrospective cohort study라는 게 있다. 이것은 현시점에서 나이가 많은 사람들을 골라 과거의 사진 등을 통해 그들의 귀가 커졌는지 여부를 알아본다. 그 밖에 **사례-대조 연구**case-control study는 나이와 그 밖에 장수에 영향을 미치는 요인들이 서로 같은 사망자와 생존자 그룹 간 귀의 크기를 비교하는 것이다. 이렇게 PPDAC가 다시 시작된다.

연관성이 관측되면 무엇을 할 수 있을까?

이제 통계적 상상력이 필요하다. 관측된 상관관계가 겉으로만 그럴 싸해 보일 수 있다. 그 이유를 추측해보는 것은 좋은 연습이 된다. 예를 들어 앞서 본 모차렐라 치즈와 토목공학자 간의 높은 상관관계는 그저 둘 다 시간이 지남에 따라 증가했기 때문에 나타났을 가능성이 크다. 비슷하게 아이스크림 판매와 익사 간의 높은 상관관계도 둘 다 날씨에 영향을 받기 때문에 나타났을 것이다. 이처럼 연관성을 보이는 두 결과 모두에 영향을 미치는 공통 요인은 혼동요인 confounder, 교란변수이라고 알려져 있다. 여기서는 연도와 날씨가 잠재적 혼동요인에 해당한다.

혼동요인에 의한 왜곡을 방지하는 가장 단순한 방법은 혼동요인의 수준별로 연관성을 살펴보는 것이다. 이것을 **조정**adjustment 또는 **층화**stratification라고 한다. 예를 들어 기온이 혼동요인이라면, 기온이 거의 같은 날에 익사율과 아이스크림 판매량 간의 관계를 연구하는 식이다.

그러나 케임브리지대학교의 성별 합격률 자료에서처럼, 조정이 역설적 결과를 보여줄 수 있다. 1996년 케임브리지대학교의 다섯 학과 합격률을 보면, 전체 합격률이 여성은 23%인 반면 남성은 24%로 약간 더 높았다. 그 학과들은 오늘날 STEM(과학, 기술, 공학, 수학)이라고 부르는 분야에 속하며, 전통적으로 남성의 영역으로 간주되었다. 그렇다면 이런 합격률 차이는 성차별의 한 사례인 걸까?

표 4.2를 보자. 다섯 학과에서 전체 합격률은 남성이 더 높지만

	여성			남성		
	지원자 수	합격자 수	합격률	지원자 수	합격자 수	합격률
컴퓨터과학	26	7	27%	228	58	25%
경영학	240	63	26%	512	112	22%
공학	164	52	32%	972	252	26%
의학	416	99	24%	578	140	24%
수의학	338	53	16%	180	22	12%
합계	1,184	274	23%	2,470	584	24%

(단위: 명, %)

표 4.2
1996년 케임브리지대학교 합격률을 통해 본 심슨의 역설. 전체 합격률은 남성이 더 높지만 각 학과별 합격률은 여자가 더 높았다.

각 학과별 합격률은 여성이 더 높았다. 어떻게 이런 현상이 나타날 수 있을까? 여성은 인기가 많고 경쟁이 치열해 합격률이 낮은 의대나 수의대에 더 많이 지원하는 경향이 있었다. 반면 합격률이 높은 공대에는 비교적 덜 지원했다. 따라서 성차별은 없었다고 결론 내릴 수 있다. 이처럼 어떤 연관성의 방향이 혼동요인에 대한 조정에 의해 완전히 뒤집어지는 것을 **심슨의 역설**Simpson's Paradox이라고 한다. 일상에서 볼 수 있는 이런 예들은 관측 데이터를 해석하는 데 한층 더 조심할 것을 요구한다. 그럼에도 케임브리지대학교의 예는 도움이 될지 모르는 요인들에 따라 데이터를 분리하여 얻은 통찰이 관측된 연관성을 설명함을 보여준다.

집 근처에 웨이트로즈*가 있으면 집값이 오를까?

"집 근처에 웨이트로즈가 있으면 집값이 3만 6000파운드 상승한다"는 주장이 2017년 영국 언론에 보도되었다.[8] 그러나 이것은 가게 개점 후 집값의 변화에 관한 연구 결과가 아니었다. 분명 웨이트로즈는 신규 지점의 위치를 임의로 고르지 않았다. 이런 현상은 그저 집값과 슈퍼마켓(그것도 웨이트로즈 같은 고급 슈퍼마켓)과의 근접성 간 상관관계가 있음을 보여줄 뿐이다. 그 상관관계는 부유한 지역에 지점을 연다는 웨이트로즈의 정책 때문에 나타났을 것이다. 이처럼 실제 주장한 인과관계와 정확히 상반되는 관계를 **역인과관계**reverse

---

* 영국의 고급 슈퍼마켓.(옮긴이)

causation라고 한다.

음주와 건강 간의 연관성 연구에서는 더 심각한 문제가 발생한다. 보통 그런 연구는 술을 마시지 않는 사람이 적당히 술을 마시는 사람보다 훨씬 더 높은 사망률을 보인다고 말한다. 술이 간에 미치는 안 좋은 영향을 고려할 때, 이게 말이 되는 걸까? 사실 이런 연관성은 부분적으로 역인과관계에 기인한다. 예를 들어 과거에 술을 너무 많이 마셔 이미 건강이 안 좋은 사람은 술을 마시지 않는다. 따라서 더 섬세한 연구는 음주 이력이 있는 사람을 제외하거나, 연구 초반에 나타나는 (과거의 조건 때문에 발생했을지 모를) 건강 문제를 무시한다. (많은 논쟁에도 불구하고 적당한 음주에서 얻는 건강상 이점이 있기는 한 것 같다.)

또 다른 재미난 연습은 오직 상관관계에만 기초한 통계적 주장에 대해 역인과관계의 설명을 만들어보는 것이다. 이와 관련해 내가 가장 좋아하는 것은 미국 청소년의 탄산음료 소비와 폭력성 간의 상관관계 연구다. 한 신문은 이것을 "탄산음료가 10대 청소년을 폭력적으로 만든다"라고 보도했다.[9] 하지만 폭력성이 갈증을 불러일으켰을지 모른다는 주장도 그럴듯하게 들리지 않는가? 또는 특정한 또래 집단의 가입 자격처럼 둘 다에 중대한 영향을 미치는 공통 요인이 있는지도 모른다. 이처럼 측정되지 않은 잠재적 공통 원인을 **잠복변수**lurking variable라고 한다. 잠복변수는 전면에 드러나지 않아 조정 대상이 되지 못하므로, 관측 데이터로부터 잘못된 결론을 내리는 실수를 유도한다.

사건에 영향을 미치는 다른 요인들의 존재를 모른 채, 엉뚱한 인과관계를 믿는 경우가 얼마나 빈번하게 발생하는지 다음 예들을 한 번 보자.

- 많은 아이들이 예방접종 직후 자폐증 진단을 받는다. 그렇다면 예방접종이 자폐증을 일으키는가? 아니다. 둘은 대략 같은 나이대에 일어나는 사건들로 불가피하게 우연히 거의 동시에 나타날 따름이다.
- 매년 사망자 중 왼손잡이가 차지하는 비율이 더 낮다. 그렇다면 왼손잡이가 더 오래 사는 걸까? 아니다. 지금 사망하는 연령대 사람들은 오른손을 쓰도록 강요받는 시절에 태어나 어린 시절을 보냈기 때문에 단순히 나이가 많은 왼손잡이들이 적은 것이다.[10]
- 교황의 평균 수명이 일반인의 평균 수명보다 더 길다. 그렇다면 주교라는 직책이 장수에 도움이 되나? 아니다. 교황은 아직 사망하지 않은 사람 중에서 선출된다(아니면 애초에 교황 후보가 되지 못한다).[11]

이런 사례들은 무작위 시험을 제외한 그 어떤 경우에도 인과관계를 도출할 수 없다고 생각하게 만들지 모른다. 그러나 아이러니하게도 최초의 무작위 임상 시험을 주도했던 선구자는 이 생각과 정확히 반대되는 일을 했다.

관측 데이터에서 인과관계를 도출하려면?

오스틴 브래드포드 힐Austin Bradford Hill은 영국의 뛰어난 응용통계학
자로, 세상을 바꾼 두 가지 과학적 진보를 이끌었다. 첫째, 그는 앞서
언급한 스트렙토마이신 임상 시험을 설계했는데, 그것은 이후의 모
든 무작위 통제 시험의 표준이 되었다. 둘째, 그는 1950년대에 리처
드 돌Richard Doll과 함께 흡연과 폐암 간의 연관성을 밝히는 연구를
이끌었고, 1965년에 **노출**exposure과 결과 간 연관성이 인과관계인지
판별하기 위한 기준들을 목록으로 만들었다. 노출은 주변의 화학물
질부터 흡연이나 운동 부족 같은 생활습관까지 온갖 것들로 구성되
었다.

　이때 나온 힐의 기준Hill's criteria은 이후에 많은 논쟁을 불러일으
켰다. 다음은 제레미 호윅Jeremy Howick과 동료 연구자들이 사용하기
쉽게 개발·변형한 버전으로[11] 크게 세 범주로 재구성해 설명한다.

직접적 증거

1. 효과가 너무 커서 그럴듯한 혼동요인으로는 설명할 수 없
　다.
2. 절절한 시간적 그리고/또는 공간적 근접성이 있다. 원인이
　결과에 선행하고 결과는 그럴법한 기간이 지난 후에 발생하
　며 그리고/또는 원인이 결과와 같은 장소에서 발생한다.
3. 용량 반응성과 가역성이 있다. 노출이 증가함에 따라 효과

가 커진다. 만약 투여량이 줄어들 때 효과가 감소한다면, 증
거는 훨씬 더 강력해진다.

기계론적 증거

4. '인과 고리'를 뒷받침해줄 외적 증거와 함께, 그럴듯한 생물
   학적·화학적·기계적 메커니즘이 존재한다.

평행 증거

5. 그 효과가 이미 알려진 사실과 잘 들어맞는다.
6. 동일한 효과가 해당 연구를 재현했을 때 발견된다.
7. 동일한 효과가 유사 연구에서 발견된다.

이 기준들은 무작위 시험이 없더라도 일화적 증거가 인과관계를 뒷
받침하게 만든다. 이를테면 치통을 줄여보고자 아스피린을 입속에
문질렀더니 나중에 구강 궤양이 발생했다. 그 효과는 극적이었고(기
준 1) 문지른 곳에 발생했으며(기준 2) 산성 화합물 반응으로(기준 4),
현재 과학과 모순되지 않으면서 위궤양을 초래한다고 알려진 아스
피린 부작용에 부합하고(기준 5) 여러 환자에게서 반복적으로 나타
났다(기준 6). 따라서 7개 중 5개를 충족하며 나머지 2개는 아직 검
증을 실시하지 않았으므로, 구강 궤양을 아스피린의 부작용으로 결
론내리는 것은 타당하다.

힐의 기준은 모집단에 대한 일반적인 과학적 결론을 내릴 때 적용된다. 그렇다면 개별 사건이 문제가 될 때는 어떻게 해야 할까? 이를테면 특정 요인(직업상 마주친 석면)이 특정 결과(스미스 씨의 폐암)의 원인이었는지를 결정하는 민사 소송이 있다면? 우리는 강한 확신을 갖고 석면이 암의 원인임을 규명할 수 없다. 석면에 노출되지 않았다면 암이 발생하지 않았을 것임을 증명할 수 없기 때문이다. 그러나 어떤 법원은 '개연성의 균형' 차원에서 그 노출 관련 상대위험도가 2보다 크면, 직접적 인과관계가 존재하는 것으로 받아들인다. 하지만 왜 하필 2인가? 짐작건대, 그 바탕에 깔린 논리는 다음과 같다.

1. 통상적으로 스미스 씨 같은 사람 1000명 중 10명이 폐암에 걸린다고 가정해보자. 만약 석면이 폐암 발병 위험을 두 배 넘게 증가시킨다면, 이 1000명이 석면에 노출되었을 때 아마 25명 정도가 폐암에 걸릴 것이다.

2. 따라서 석면에 노출되고 결국 폐암에 걸린 사람 중 절반은 석면에 노출되지 않았더라면 폐암에 걸리지 않았을 것이다.

3. 따라서 이 그룹에서 폐암 환자의 절반 이상이 석면 때문에 발생했을 것이다.

4. 스미스 씨는 이 그룹에 속한 한 사람이므로, 개연성의 균형 차원에서 그의 폐암은 석면에 의한 것이라고 결론 내릴 수 있다.

이런 종류의 주장은 **과학수사역학**forensic epidemiology이라는 새로운 연구 분야를 탄생시켰다. 과학수사역학은 모집단에서 나온 증거를 가지고서 개별 사건의 발생 원인을 도출한다. 사실 이 분야는 보상을 받으려는 사람들의 요구로 생겨났지만, 인과관계에 관한 통계적 추론에서 매우 도전적인 영역이기도 하다.

●

인과관계의 적절한 취급은 통계학에서 뜨거운 논쟁거리다. 그리고 무작위 배정 없이 확신에 찬 결론을 내릴 수 있는 경우는 드물다. 창의적인 대안 중 하나는 우리가 부모의 수많은 유전자들(모집단) 중 임의로 선택된 유전자를 물려받은 존재라는 사실을 이용한다. 이것은 유전학의 현대적 개념을 개발한 멘델의 이름을 따서 멘델리안 무작위 분석법Mendelian randomization이라 불린다.[13]

다른 고급 통계 기법들은 잠재적 혼동요인을 조정해 노출의 실제 영향을 정확히 추정하려는 과정에서 발전했는데, 그 대부분이 회귀 분석이라는 중요한 아이디어에 기초한다. 그리고 회귀 분석을 논하려면, 우리는 또 다시 골턴의 풍부한 상상력에 감사해야 한다.

요약

- 통계적 의미에서 인과관계는 우리가 개입할 때 다른 결과가 나올 가능성이 체계적으로 변한다는 뜻이다.
- 인과관계는 통계적으로 확립하기 어렵다. 하지만 잘 설계된 무작위 배정 시험이 이용할 수 있는 가장 좋은 수단이다.
- 눈가림, 치료 의도의 원칙 등은 대규모 임상 시험에서 중요한 효과를 확인할 수 있게 도와준다.
- 관측 데이터에는 원인과 결과 간 관계에 영향을 미치는 혼동요인이나 잠복변수가 내재할 수 있다.
- 혼동요인이나 잠복변수에 의한 왜곡을 방지하는 통계적 방법이 있기는 하지만, 확신을 갖고 인과관계를 주장하려면 결국 판단이 요구된다.

5장

관계를 모형화하기

회귀 모형

앞에서 우리는 데이터를 시각적으로 보여주고 요약하는 방법과 짝지은 변수 간 연관성을 해석하는 방법을 살펴봤다. 하지만 현대의 데이터는 훨씬 복잡하다. 또한 우리는 서로 연관성이 있을 수도 있는 변수들의 목록 중 하나를 설명하거나 예측하는 데 특별히 관심이 있다. 그것은 개인의 암 발생 위험률 또는 한 나라의 미래 인구일 수 있다.

이 장에서 우리는 **통계 모형**statistical model이라는 중요한 개념과 만난다. 이것은 변수 간 연관성을 나타내는 공식적인 표현으로, 원하는 설명이나 예측에 사용된다. 통계 모형을 살펴보는 과정에서 불가피하게 몇몇 수학적 아이디어가 소개되나, 그 밖의 기본 개념들은 대수를 사용하지 않고서도 이해할 만하다.

우선은 골턴으로 되돌아가자. 당시 과학자답게 그는 데이터를 수집하는 데 있어 집착에 가까운 관심을 가졌다. 그는 대중의 지혜를 끌어낸 것 외에도, 날씨를 예측하고 기도의 효과를 측정했으며, 심지어 서로 다른 지역에 사는 젊은 여성들의 아름다움을 서로 비교했다.* 또한 사촌인 찰스 다윈이 유전에 관해 보였던 지대한 관심을 공유한 것마냥, 그 역시 세대 간 개인의 특성이 변하는 방식을 조사했다. 그중 그가 특별히 관심을 가졌던 질문은 다음과 같다.

---

* 골턴은 다음과 같이 결론 내렸다. "나는 아름다움에 있어 런던이 가장 높은 순위에, 애버딘이 가장 낮은 순위에 있음을 알아냈다."

부모의 키를 가지고 자녀의 키를 예측할 수 있을까?

1886년 골턴은 부모와 그 성인 자녀들의 키를 조사했는데, 그 요약 통계가 표 5.1에 나와 있다.[1] 골턴의 표본은 현재 성인과 비슷한 키를 가졌는데(2010년 영국 성인 여자와 남자의 평균 키는 각각 63인치160cm와 69인치175cm다), 그의 조사 대상들이 영양 상태가 좋고 사회경제적 지위가 높았음을 시사한다.

그림 5.1은 465쌍의 '아버지 키 대비 아들 키'의 산점도다. 아버지 키 대비 아들 키의 피어슨 상관계수는 0.39로, 두 변수 간 뚜렷한 연관성을 보여준다. 그렇다면 아버지 키로부터 아들 키를 어떻게 예측할 수 있을까? 먼저 직선을 고르는 것부터 시작해보자. 직감은 '상등'을 뜻하는 대각선을 선택할 것이다. 이것은 아들 키가 아버지 키와 같을 거라는 기대를 반영한다. 그러나 우리는 이 선택을 향상시킬 수 있다.

우리가 선택한 임의의 직선에 대해 각 데이터 점은 **잔차**residual(점에서 수직 방향의 검은색 점선)를 만드는데, 이것은 아버지 키로부터 아들 키를 예측하기 위해 이 직선을 사용할 때 발생하는 오차의 크기다. 그리고 **최소제곱**least-squares직선은 잔차들의 제곱의 합을 가장 작게 만드는 직선이다.* 이 직선을 구하는 공식은 어렵지 않은데(용

---

* '잔차들의 제곱의 합'이 아니라 '잔차들의 절댓값의 합'을 최소화하는 직선을 생각할 수 있으나, 이것은 현대 컴퓨터 없이 구하기 어렵다.

	수	평균	중앙값	표준편차
엄마	197	64.0	64.0	2.4
아빠	197	69.3	69.5	2.6
딸	433	64.1	64.0	2.4
아들	465	69.2	69.2	2.6

(단위: 명, 인치)

표 5.1
1886년 골턴이 기록해놓은 197쌍의 부모와 그 성인 자녀들의 키에 대한 요약 통계. 평균과
중앙값이 비슷하므로 데이터 분포는 대칭적일 것이다.

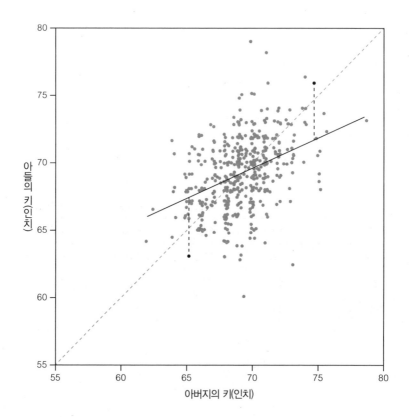

그림 5.1

465쌍의 아버지 키 대비 아들 키 산점도. 한 아버지가 여러 명의 아들을 두는 경우가 있음을 유의하자. 점들은 구별되게 흩뜨려서 나타냈다. 대각선 방향의 회색 점선은 아들과 아버지의 키가 정확히 일치함을 나타낸다. 검은색 실선은 표준적인 최적합best-fit 직선이다. 각 점마다 생기는 잔차는 검은색 점선으로 표시했다. 잔차는 아버지 키로부터 아들 키를 예측하기 위해 최적합 직선을 사용할 때 발생하는 오차의 크기다.

어집 참조), 18세기 말 프랑스 수학자 아드리앵마리 르장드르Adrien-Marie Legendre와 독일 수학자 가우스가 개발했다. 최소제곱직선은 아버지 키로부터 아들 키에 대한 최적 예측으로 알려져 있다.

그림 5.1의 최소제곱직선은 관측값 무리의 한가운데를 지나지만, '상등' 대각선을 따르지는 않는다. 최소제곱직선은 평균보다 큰 아버지에 대해서는 대각선보다 아래에, 평균보다 작은 아버지에 대해서는 그 위에 있다. 즉 키가 큰 아버지는 자신보다 약간 더 작은 아들을, 키가 작은 아버지는 자신보다 약간 더 큰 아들을 가지는 경향이 있었다. 당시에 골턴은 이런 경향을 '평범함으로의 회귀regression to mediocrity'라고 불렀는데, 오늘날에 그것은 '평균으로의 회귀regression to the mean'로 알려져 있다. 이것은 어머니와 딸에서도 마찬가지다. 키가 큰 어머니는 자기보다 작은 딸을, 키가 작은 어머니는 더 큰 딸을 갖는 경향이 있었다.

회귀regression란 이처럼 데이터에 들어맞는 직선 또는 곡선을 구하는 과정을 말한다.

●

기초적인 회귀 분석에서 반응변수response variable는 우리가 예측하거나 설명하고 싶어하는 것으로, 보통 그래프의 y축에 해당한다. 설명변수explanatory variable는 우리가 예측이나 설명을 하기 위해 이용하는 것으로, 보통 그래프의 x축을 이룬다. 기울기는 **회귀계수**regression coefficient라고 한다.

표 5.2는 부모 키와 자식 키 사이의 상관관계와 회귀직선의 기울

기를 보여준다.* 사실 기울기, 피어슨 상관계수, 변수들의 표준편차 사이에는 단순한 관계가 있다(용어집에서 최소제곱 참조). 독립변수와 종속변수의 표준편차가 같다면 기울기는 피어슨 상관계수와 같은데, 이것은 표 5.2가 보여주는 두 값의 유사성을 설명해준다.

여기서 기울기의 의미는 변수 간 관계에 대한 가정에 따라 달라진다. 상관관계가 있는 데이터의 경우, 기울기는 독립변수에서 한 단위만큼의 차이를 관측했을 때 예상되는 종속변수의 평균 변화량을 의미한다. 예를 들어 앨리스가 베티보다 1인치 더 크다면, 앨리스의 딸이 베티의 딸보다 0.33인치 더 크다고 예상할 수 있다. 물론 이 예상이 실제와 정확하게 일치하지는 않겠지만, 이것은 이용 가능한 데이터를 가지고서 우리가 할 수 있는 최선의 추측이다.

하지만 인과관계를 가정하면, 이 기울기는 매우 다르게 해석된다. 이제 기울기는 우리가 개입하여 독립변수를 한 단위 변화시켰을 때 종속변수에서 기대되는 변화량이다. 키는 분명 그런 경우에 해당되지 않는다. 어떤 개입이나 처치로 키를 바꾸기란, 적어도 성인의 경우에 거의 불가능하기 때문이다. 앞서 서술한 힐의 기준을 충족시키더라도, 어떤 실험이 행해지지 않았을 때 통계학자들은 변화를 인과관계의 결과로 보는 걸 꺼린다. 비록 컴퓨터과학자 주데아 펄Judea Pearl과 다른 연구자들이 관측 데이터로부터 인과관계를 설명하는 회귀 모형을 만드는 데 대단한 진전을 이루었지만 말이다.[2]

---

* 예를 들어 우리는 딸의 키를 다음 공식에 따라 예측할 수 있다.
(모든 딸들의 평균 키) + 0.33 × (어머니 키 − 모든 어머니들의 평균 키)

	피어슨 상관계수	회귀직선의 기울기
어머니와 딸	0.31	0.33
아버지와 아들	0.39	0.45

표 5.2
같은 성별의 부모와 성인 자식의 키에 대한 상관관계, 그리고 회귀직선의 기울기.

회귀직선은 모형이다

우리가 아버지와 아들의 키에서 도출한 회귀직선은 통계 모형의 매우 기본적인 예이다. 미국의 연방준비제도는 모형을 "단순화시킨 가정을 토대로 세계의 어떤 측면을 표현한 것"이라고 정의한다. 실제 세계를 그럴듯하게 단순화한 어떤 형태를 제공하기 위해, 현상들은 수학적으로 기술되어 컴퓨터 소프트웨어에 내장된다.[3]

통계 모형은 두 가지 주요 성분을 가진다. 하나는 결정론적이고 예측 가능한 성분인 수학 공식이다. 아버지 키로부터 아들 키를 예측할 수 있게 해준 최적제곱 직선이 그 예다. 그러나 모형의 결정론적인 부분은 관측된 세상을 완벽하게 표현하지 못한다. 그림 5.1에서 보았듯, 회귀직선 주변에는 점들이 넓게 흩어져 있다. 이처럼 모형이 예측한 것과 실제 일어난 것 간의 차이가 통계 모형의 두 번째 구성 성분이다. 이것은 **잔차오차**residual error라고 한다. 여기서 '오차'는 실수를 지칭하는 것이 아니라, 통계 모형이 불가피하게 우리가 관측한 것을 정확히 표현할 수 없음을 지칭한다. 이 모든 내용을 요약하면 다음과 같다.

관측값 = 결정론적인 모형 + 잔차오차

통계학의 세계에서 우리가 보고 측정한 것이란 '체계적이고 수학적이며 이상적인 형태'에 '아직은 설명할 수 없는 어떤 무작위적인 원인'이 더해진 것이다. 이것이 **신호와 잡음**signal and noise이라는 아이디어로 이어진다.

과속 단속 카메라가 교통사고를 감소시키는가?

단지 우리가 행동했고 그다음 무언가 변했다고 해서, 우리가 그 결과의 원인은 아니다. 이 단순한 진실이 잘 받아들여지지 않는 이유는, 우리가 설명해주는 이야기를 만드는 데 열을 올리기 때문이다. 심지어 우리가 그 중심에 있다면 더더욱 열심이다.

물론 이런 해석이 맞을 때도 있다. 만약 당신이 스위치를 켰고 그다음 불이 들어왔다면, 이것은 당신이 초래한 결과이다. 그러나 어떤 결과에 대해 당신 행동이 명백한 원인이 아닌 경우도 있다. 만약 당신이 우산을 가져가지 않았는데 비가 온다면, 그것은 당신의 잘못이 아니다. 게다가 행동의 결과 중 많은 것이 명확하지 않다. 당신이 두통이 있어서 아스피린을 먹었고, 그다음 두통이 사라졌다고 가정해보자. 아스피린을 먹지 않았더라면 두통이 사라지지 않았을지 어떻게 알겠는가?

변화를 개입 탓으로 돌리는 강한 심리적 경향은 이전과 이후의 비교를 믿을 수 없게 만든다. 전형적인 예가 과속 단속 카메라다. 이런 카메라는 최근 사고가 났던 장소에 설치되곤 한다. 설치 후에 사고율이 내려가면, 사람들은 그것이 카메라 덕분이라고 생각한다. 하지만 사고율은 어쨌거나 내려가지 않았을까? 연이은 행운이나 불운은 영원히 계속되지 않으며, 결국 사태는 다시 잦아들기 마련이다. 이것이 평균으로의 회귀다. 마치 키가 큰 아버지가 더 작은 아들을 가지는 것처럼 말이다. 그러나 이런 계속되는 행운 또는 불운이 사건의 지속적인 상태를 나타낸다고 믿으면, 정상으로의 복귀가 어떤 개입의 결과 때문이라는 그릇된 결론에 다다르고 만다.

이것은 다음 같은 파문을 몰고 온다.

- 연이은 패배 이후 해고된 미식축구 매니저. 나중에 그 후임이 정상으로 되돌아간 것에 대해 칭찬을 받는다.
- 몇 년간의 호황으로 보너스를 받은 후에, 실적이 떨어진 펀드 매니저.
- 미국의 유명 스포츠 주간지《스포츠 일러스트레이티드*Sports Illustrated*》의 저주. 좋은 경기 성적으로 잡지 표지를 장식한 운동선수들은 이후 성적이 곤두박질친다.

스포츠팀이 리그 순위에서 차지하는 위치에는 운이 상당히 많이 작용한다. 그리고 평균으로의 회귀로 인해 어떤 해에 잘한 팀은 다음 해에 내려가고 반대로 형편없던 팀은 전보다 더 올라갈 것이다. 역으로 우리가 이런 변화의 패턴을 목격했다면, 평균으로의 회귀가 작동하고 있다고 보고 새로운 훈련 방법 등에 관해 별다른 관심을 기울이지 않을지도 모른다.

순위가 매겨지는 것은 스포츠팀들만이 아니다. PISA*의 세계 교육

---

* PISAProgram for International Student Assessment(국제 학업 성취도 비교 연구)는 OECD 회원국 중 의무교육 종료 단계에 있는 15세 학생을 대상으로 읽기, 수학, 과학 영역에서의 성취를 평가하고 국제적으로 비교하는 연구.(옮긴이)

순위표Global Education Table를 예로 들어보자. 여러 나라의 수학 교육 시스템을 비교해보면, 2003년 대비 2012년 순위는 처음의 순위와 강한 음(−)의 상관관계를 가졌다. 즉 맨 위에 있던 나라들은 순위가 내려가는 경향이, 맨 아래 있던 나라들은 순위가 올라가는 경향이 있었다. 그 상관계수는 −0.60인데, 순위가 순전히 운에 의한 것이고 평균으로의 회귀만 작동한다고 가정할 때의 상관계수인 −0.71과 별로 다르지 않다.[4] 이것은 나라 간 차이가 일반적인 생각보다 훨씬 적으며 순위에서의 변화는 교육 철학의 변화와 별 상관이 없음을 시사한다.

평균으로의 회귀는 임상 시험에서도 나타난다. 4장에서 우리는 새로운 약을 제대로 평가하기 위해 무작위 시험이 필요함을 보았다. 왜냐하면 대조군에 속한 사람들조차 위약 효과를 보이기 때문이다. 다시 말해, 그저 설탕약(이왕이면 빨간 약)을 복용하는 것만으로도 사람들 건강에 실제 이로운 효과가 나타난다. 그러나 어떤 유효한 치료도 받지 않은 사람들이 보여주는 이런 효과는 평균으로의 회귀 때문일지도 모른다. 환자들은 증상이 나타날 때 실험에 등록하는데, 그중 다수는 자연적으로 회복된다.

따라서 우리가 사고 다발지역에 과속 단속 카메라를 설치하는 것의 진정한 효과를 알고 싶다면, 약의 효과를 평가하기 위해 사용한 방법처럼 카메라를 무작위로 배치해야 한다. 실제로 그런 연구를 수행한 결과, 카메라의 설치 효과 중 약 3분의 2가 평균으로의 회귀 때문으로 추정되었다.[5]

둘 이상의 설명변수 다루기

골턴 이래로 회귀라는 개념은 현대 컴퓨터의 발전과 더불어 다음과 같이 크게 확장되었다.

- 둘 이상의 많은 설명변수를 가짐
- 수치형이 아니라 범주형 설명변수를 가짐
- 선형(직선) 관계가 아니고, 데이터의 패턴에 따라 유연하게 변하는 관계를 가짐
- 비율이나 개수처럼, 연속적인 값이 아닌 반응변수를 가짐

먼저 둘 이상의 설명변수를 가지는 예로, 어떻게 자녀의 키가 '아버지의 키' 그리고 '어머니의 키'와 연관되는지 살펴보자. 이제 산점도는 삼차원 좌표계에 그려지므로 종이 위에 그리기 어렵다. 그러나 최소제곱이라는 아이디어는 여전히 사용할 수 있다. 이처럼 설명변수가 둘 이상인 회귀 분석을 **다중선형회귀**multiple linear regression라고 한다.* 앞서 하나의 설명변수와 반응변수 간 관계를 방정식의 계수에 해당하는 기울기로 요약했는데, 이것은 설명변수가 둘 이상인 경우에도 일반화할 수 있다.

다중선형회귀 결과는 표 5.3에 있다. 여기 나온 계수들을 어떻게

---

* '선형'은 이 식이 설명변수들에 회귀계수만큼의 가중치를 곱하여 더한 합으로 구성된다는 사실을 뜻한다.

해석할 수 있을까? 우선 그것들은 어머니와 아버지의 키를 모두 고려해 자녀의 키를 예측하는 수식의 일부다.* 하지만 그것들은 제3의 혼동요인을 고려해 변수 간 연관성을 어떻게 조정하는지도 보여준다.

예를 들어 표 5.2에서 어머니 키에 대한 딸 키의 회귀직선 기울기는 0.33이었다. 그런데 표 5.3에서 이 계수가 0.30으로 감소했다. 아들의 키를 예측할 때도 마찬가지다. 아버지 키에 대한 회귀계수는 표 5.2에서 0.45였지만, 표 5.3에서 0.41로 감소한다. 이처럼 부모 한 명의 키와 자녀 키 간의 연관성이 또 다른 부모의 영향을 허용한 경우에 약간 감소한다는 것은 키가 큰 여자가 키가 큰 남자와 결혼하는 경향이 있다는 사실과 연관 있을지도 모른다. 다시 말해, 각 부모의 키는 완전히 독립적인 요인이 아닐 수 있다. 전체적으로 표 5.3은 아버지 키가 어머니 키보다 자녀 키와 더 큰 연관성을 가짐을 시사한다. 하나의 설명변수에 관심이 있는데, 불균형을 참작하기 위해 다른 변수들을 조정할 필요가 있을 때, 연구자들은 다중회귀를 사용한다.

4장에서 언론이 인과관계를 부적절하게 해석한 사례로 다뤘던 스웨덴 뇌종양 연구로 돌아가보자. 거기서 암 발병률은 반응변수였고, 교육은 설명변수였다. 그 회귀 분석에 등장한 다른 요인들로 진단 당시 나이, 해당 연도, 스웨덴 내 지역, 결혼 여부, 소득이 있었다. 연구는 교육과 뇌종양 사이의 진정한 관계를 알아내기 위해 이 모든

---

* 표본에서 그 평균값을 빼서 설명변수를 표준화했다. 따라서 아들의 키를 예측하기 위한 공식은 다음과 같다. 69.2 + 0.33(어머니의 키 − 어머니들의 평균 키) + 0.41(아버지의 키 − 아버지들의 평균 키)

종속변수	절편 (자녀의 평균 키)	어머니 키에 대한 다중회귀계수	아버지 키에 대한 다중회귀계수
딸의 키	64.1	0.30	0.40
아들의 키	69.2	0.33	0.41

표 5.3
성인 자녀 키를 어머니와 아버지의 키와 관련짓는 다중선형회귀 결과. 절편에 해당하는 자녀의 평균 키는 표 5.1을 따랐다. 다중회귀계수는 평균 부모 키에서 1인치 변화가 있을 때마다 성인 자녀 키에서 예측되는 변화를 의미한다.

것들을 잠재적 혼동요인으로 간주하고 조정했지만, 그것은 결코 충분할 수 없다. 더 많은 교육을 받은 사람들이 더 나은 의료 서비스를 추구하고 더 잦은 검진으로 더 많은 진단을 받는 등의 숨은 과정이 작동하고 있을지 모르기 때문이다.

무작위 시험에서는 무작위 할당이 치료 외 다른 모든 요인을 같게 만들기 때문에 혼동요인을 조정할 필요가 없어야 한다. 그러나 이때에도 어떤 불균형이 슬쩍 스며들 경우를 대비해 회귀 분석이 사용된다.

반응변수의 다른 유형들

모든 데이터가 키처럼 연속적인 측정값은 아니다. 반응변수는 사건이 일어나거나 일어나지 않을 비율(예를 들어 수술 후 생존 비율), 사건 건수(예를 들어 어떤 지역의 연간 암 환자 수), 어떤 사건이 일어나기까지의 기간(예를 들어 수술 이후 생존 기간)일 수 있다. 각 유형마다 반응변수는 고유한 형태의 다중회귀방정식을 가지며, 추정된 계수들은 다르게 해석된다.[6]

2장에서 등장한 어린이 심장 수술 데이터를 떠올려보자. 그림 2.5(a)는 1991~1995년 각 병원에서 실시한 수술 횟수와 수술 이후 생존율을 산점도로 보여줬다. 그 산점도에서 브리스틀병원에 대응되는 동떨어진 점을 제외하고서 회귀직선을 그리면 그림 5.2와 같다.

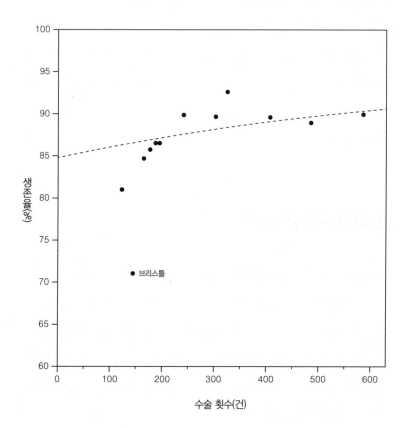

그림 5.2
1991~1995년 영국 병원에서 실시된 1세 미만 어린이의 심장 수술 데이터에 대한 로지스틱 회귀 모형. 더 많은 환자를 수술한 병원이 더 높은 생존율을 보인다. 이 직선은 결코 100%에는 이르지 않는 어떤 곡선의 일부다. 브리스틀병원을 나타내는 동떨어진 데이터 점은 무시했다.

이때 외삽법extrapolation*을 단순하게 적용하면 어느 순간 회귀직선이 100% 위로 뻗게 된다. 이것은 엄청 많은 환자들을 수술한 병원에서 생존율이 100%를 초과한다는 뜻이 되어버린다. 그래서 비율을 다루기 위한 **로지스틱 회귀**logistic regression가 개발되었다. 로지스틱 회귀선은 절대로 100%의 위나 0%의 아래로 갈 수 없다.

브리스틀병원을 제하더라도, 환자가 더 많은 병원의 생존율이 더 높았다. 로지스틱 회귀계수는 0.001인데, 이것은 4년 동안 어떤 병원에서 1세 미만 어린이에게 시행한 수술이 100건 추가될 때마다 사망률이 이전과 비교해 상대적으로 약 10% 낮아짐을 뜻한다.** 물론 상관관계가 인과관계를 의미하지 않으므로, 더 많은 수술 횟수가 더 나은 수술 결과의 원인이라고 단정할 수는 없다. 정반대의 인과관계가 존재할 수도 있기 때문이다. 즉 평판이 좋은 병원에 더 많은 환자들이 몰린 것일 수 있다.

기초적인 회귀 모형을 넘어서

이 장에서 설명한 기법들이 등장한 지 100년도 넘었지만, 지금까지

---

* 이전의 관측 또는 실험에서 얻은 데이터에 비추어, 아직 경험 또는 실험하지 못한 범위 밖의 데이터를 예측하는 것.(옮긴이)
** 로지스틱 회귀계수는 매년 수술 받는 환자가 1명 추가될 때마다 사망 가능성의 로그값이 0.001만큼 감소함을 뜻하고, 따라서 100명의 추가 환자마다 그 값은 0.1씩 감소한다. 이것은 약 10% 더 낮은 위험률에 대응된다.

놀라울 만큼 잘 작동했다. 그러나 데이터 크기가 매우 커지고 컴퓨터의 힘 또한 엄청나게 증가하면서 훨씬 복잡하고 섬세한 모형들이 개발되었다. 선호하는 모형화 전략은 분야마다 조금씩 다르지만, 크게 4가지로 분류된다. (다음 설명은 심한 일반화를 포함한다.)

- 이 장에 나온 선형 회귀 분석처럼 변수 간 연관성을 나타내는, 비교적 단순한 수학적 표현. 통계학자들이 좋아하는 편이다.
- 일기예보에 사용되는 모형같이 물리적 과정의 과학적 이해에 기초한, 복잡한 결정론적 모형. 근원적인 메커니즘을 나타낼 목적으로, 대개 응용수학자들이 개발해왔다.
- 엄청나게 많은 과거 사례들의 분석에서 나온, 결정을 내리거나 예측을 하는 복잡한 알고리즘. 온라인 판매자의 책 추천 알고리즘이나 컴퓨터과학과 **기계학습**machine learning을 거쳐 나온 알고리즘 등이 있다. 그 내부 작동 과정을 알 수 없어 '블랙박스'라고도 불린다(6장 참조).
- 인과관계를 보여준다고 주장하는 회귀 모형. 주로 경제학자들이 선호한다.

여기서 어떤 모형화 전략을 채택하든 간에, 공통적으로 겪는 문제가 있다. 모형은 지형 그 자체라기보다 지도와 같다. 그리고 지도마다 나름의 장점이 있다. 도시에서 운전할 때는 단순한 지도면 충분할 수 있지만, 교외를 걸어 다닐 때는 더 자세한 지도가 필요할 수 있다. 영국 통계학자 조지 박스George Box는 "모든 모형은 잘못되었다. 그러나 어떤 것은 유용하다"는 유명한 말을 남겼다. 이 간결하지만 함축적인 명제는 산업 공정에 전문적인 통계 기술을 적용해온 그의 평생 경험에서 나왔다. 박스는 모형의 강력함과 동시에 그것을 너무 과신할 때의 위험 또한 제대로 이해하고 있었다.

그러나 이런 조심성은 쉽게 잊힌다. 일단 어떤 모형이 만든 사람의 손을 벗어나 일반적으로 받아들여질 때, 그것은 일종의 신탁인 양 작동하기 시작한다. 2007~2008년 세계 금융위기는, 이를테면 주택담보대출로 구성된 금융 상품의 위험성을 평가하는 데 사용된 복잡한 재정 모형들을 지나치게 신뢰했기 때문이라고 굉장히 비난받았다. 그 모형들은 주택담보대출 부도 간 상관관계가 약할 거라고 가정했는데, 이것은 부동산 경기가 좋을 때 잘 작동했다. 그러나 조건이 바뀌면 주택담보대출은 연쇄적인 부도를 일으킬 수 있었다. 그 모형들은 약한 상관관계를 기반으로 위험을 지나치게 과소평가했다. 알고 보니 상관관계는 가정했던 것보다 훨씬 강했다. 펀드 매니저들은 이 모형의 바탕이 된 빈약한 기초를 알아차리지 못했고, 모형이 현실 세계의 단순화라는 사실, 다시 말해 모형은 지도이지 지형이 아니라는 사실을 놓쳐버렸다. 역사상 최악의 경제 위기는 그렇게 발생했다.

요약

• 회귀 모형은 설명변수와 반응변수 간 관계를 수학적으로 표현한다.

• 회귀 모형의 계수는 설명변수의 변화가 관측될 때 예상되는 반응변수의 변화량을 나타낸다.

• 평균으로의 회귀는 극단적인 반응이 장기적인 평균에 가깝게 되돌아가는 현상을 일컫는다. 이전에 나타난 극단성의 원인 중 하나가 순전히 운 때문일 수 있다.

• 회귀 모형은 여러 유형의 반응변수와 설명변수, 비선형 관계 등을 포함할 수 있다.

• 모형을 해석할 때는 항상 신중해야 한다. 특히 모형을 곧이곧대로 받아들여서는 안 된다. "모든 모형은 잘못되었다. 그러나 어떤 것은 유용하다."

6장

분석하기와 예측하기

알고리즘

이 책은 세상에 일어나는 온갖 일들을 통계학으로 이해하는 방법을 다룬다. 그리고 지금껏 베이컨 섭취의 잠재적 위험부터 부모 키와 자녀 키의 연관성까지, 과학 연구를 주로 살펴봤다. 과학 연구의 목표는 진짜로 어떤 일이 벌어지고 있으며, 무엇이 모형화할 수 없는 불가피한 변동성(잔차오차) 때문인지 등을 알아내는 것이다.

그러나 통계학은 실질적인 문제를 해결할 때도 여전히 작동한다. 우리는 잡음 속 신호를 감지해내서, 일상생활에서 맞닥뜨리는 선택의 순간에 좋은 결정을 내리길 원한다.

알고리즘은 과거 데이터를 사용해, 그런 문제들을 공략한다. 그것은 인간의 개입 없이 또는 최소한의 개입만 가지고서 각 경우에 알맞은 답을 자동적으로 생산해내는 기계론적 공식이다. 본질적으로 이것은 '과학science'보다 '기술technology'에 가깝다.

알고리즘이 수행하는 작업은 크게 둘로 나뉜다.

- **분류**classification: 식별discrimination 또는 **지도학습**supervised learning이라고도 한다. 분류 알고리즘은 우리가 어떤 종류의 상황에 직면하고 있는지(예를 들어 '좋아요'를 누른 온라인 고객과 '싫어요'를 누른 온라인 고객 또는 지금 로봇이 보는 대상이 어린이인지 개인지) 말해준다.
- **예측**prediction: 예측 알고리즘은 무슨 일이 일어날지(예를 들어 다음 주 날씨는 어떨지, 내일 주식 가격은 어떻게 될지, 저 고객이 어떤 제품을 살지 또는 저 아이가 자율주행 자동차 앞으로 뛰어 들어올지) 말해준다.

분류와 예측은 관심의 대상이 현재인지 미래인지에 따라 구분되지만, 현 상황에서 수집한 관측 데이터를 가지고 의미 있는 결론을 이끌어낸다는 점에서 본질적으로 같다. 이런 작업은 그동안 **예측 분석** predictive analytics이라고 불렸지만, 지금은 **인공지능**Artificial Intelligence, AI의 영역에 포함된다. 기계에 내장된 알고리즘은 그간 인간이 처리해왔던 작업들을 대신 수행하거나 인간에게 전문가 수준의 조언을 제공하는 데 쓰인다.

'좁은 AInarrow AI'는 구체적으로 기술된 작업을 수행한다. 지금까지 기계학습을 토대로 한 좁은 AI의 뛰어난 성공 사례가 여럿 있다. 그중 주목할 만한 것이 전화기·태블릿·컴퓨터에 내장된 음성 인식 시스템이다. 구글 번역기Google Translate 같은 프로그램은 문법은 거의 모르지만 출판물 아카이브로부터 번역을 배웠다. 시각 인식 소프트웨어는 과거 이미지들을 이용해, 이를테면 사진 속 얼굴이나 자율주행 자동차의 시야에 들어온 다른 자동차 등을 '학습'한다. 게임 시스템에서의 진보도 놀랍다. IBM의 왓슨Watson이 퀴즈쇼에서, 구글의 딥마인드DeepMind는 체스와 바둑에서 세계 챔피언을 꺾었다. 이런 AI는 인간의 전문 기술이나 지식이 사전에 코드화된 것이 아니다. 그것은 엄청 많은 사례를 가지고서 어린 아이처럼 여러 시행착오를 거쳐 게임을 배운다.

좁은 AI는 세상의 작동 원리를 밝히려는 과학보다는, 과거 데이터를 이용해 주어진 실제 질문에 즉각 답을 내놓는 기술에 가깝다. 따라서 그 시스템은 당장에 주어진 작업의 수행 능력에 따라 평가되어야 한다. 다시 말해, 그 알고리즘이 어떤 통찰을 제공할지라도 그것이 상상력을 발휘했거나 어떤 초인적인 기술을 구사하는 게 아니다. 그런 일은 '범용 AIgeneral AI'에서 가능한데, 현재로서는 기계의 능력 밖이다.

●

1690년대 에드먼드 핼리Edmund Halley가 영국인의 연령별 출생 및 사망 통계를 활용해 적절한 보험과 연금 요율을 도출하는 공식을 개발한 이래로, 통계학은 인간의 결정을 도와주는 알고리즘 개발에 사용됐다. 그 전통은 현대의 데이터과학에서 계속 이어지지만, 수집되는 데이터와 개발되는 결과물의 규모는 최근 큰 변화를 겪었다. 오늘날 그것은 '빅데이터'라고 불린다.

데이터는 두 가지 다른 방식으로 '클' 수 있다. 우선 데이터베이스에 있는 사례의 개수가 클 수 있다. 그것은 개별 인간일 수도 있고, 하늘의 별, 학교, 승차 횟수 또는 온라인 게시물일 수도 있다. 그 개수를 n이라 하는데, 내가 공부하던 시절만 해도 n이 100보다 크면 데이터가 크다고 말했다. 하지만 오늘날의 큰 데이터는 수백만 개 또는 수억만 개의 사례를 갖는다.

또는 각 사례별 특색 또는 특징의 개수가 클 수 있다. 그 개수를 p라고 하는데, 'parameter'의 앞글자를 딴 것으로 보인다. 다시 내가 통계학을 공부하던 시절로 돌아가면, 일반적으로 p는 10보다 작았다. 예를 들어 한 개인의 병력에서 우리가 아는 것은 몇 가지 항목에 불과했다. 그러나 지금은 한 개인이 가진 유전자에 관해 수백만 개의 자료가 접근 가능하다. 현대 유전학은 작은 n, 큰 p의 문제다.

즉 비교적 적은 수의 사례에 대해 엄청나게 많은 양의 정보가 존재한다.

우리는 사례들이 엄청나게 많고 각 사례가 매우 복잡한, 큰 n과 큰 p의 시대에 살고 있다. 수십억 페이스북 사용자들이 쓴 글들의 '좋아요'와 '싫어요'를 분석해 맞춤 광고와 뉴스를 제공하는 알고리즘이 대표적이다.

데이터과학자들은 큰 n과 큰 p의 문제를 다룬다. 그러나 책머리에 인용된 경고를 되새기자면, 데이터는 스스로 말하지 않는다. 따라서 알고리즘을 잘 모르면서 함부로 사용하면, 문제가 발생할 수 있다. 알고리즘을 조심스럽고 능숙하게 다루기 위해, 먼저 데이터를 유용한 것으로 바꾸는 근본적인 문제부터 살펴보자.

패턴 찾기

엄청나게 많은 사례들을 다루기 위한 전략 중 하나는 비슷한 것끼리 그룹으로 묶는 것이다. 이것을 **군집화**clustering라고 한다. 또는 이 그룹들이 존재한다고 사전에 듣지 못한 상태에서 데이터를 보고 스스로 깨쳐야 하기 때문에 **비지도학습**unsupervised learning이라고도 불린다.

여기서 목표는 상당히 균질한 군집cluster을 찾아내는 것이다. 예를 들어 비슷한 '좋아요'와 '싫어요'를 가진 군집을 발견하면, 그 특징을 정의하고 라벨을 붙인다. 그리고 미래 사례들을 이 군집으로 분류하기 위한 알고리즘을 만든다. 이후 알고리즘에 따라 분류된 그룹별로 적절한 영화를 추천하거나 상품 광고를 제공하거나 정치적 선전을 제공할 수 있다.

이때 특징이 너무 많다면(즉 p가 너무 크다면) 그것을 다룰 수 있을 정도의 차원으로 축소시키는 피처 엔지니어링feature engineering을 수행해야 한다. 예를 들어 사람 얼굴에서 측정 가능한 특징이 얼마나 많은지 생각해보자. 사진 하나와 데이터베이스 하나를 연결하는 안면 인식 소프트웨어는 수많은 측정값들을 프로그램이 사용하는 제한된 개수의 주요 특징들로 줄여야 한다. 따라서 데이터 시각화나 회귀 분석으로 데이터를 확인한 다음 예측이나 분류에 별 도움이 안 되는 값들을 버리거나, 여러 정보를 종합한 복합 척도를 만드는 과정이 수행된다. 최근 개발되는 딥 러닝deep learning 같은 모형들은 이런 축소 단계를 거치지 않고 데이터를 단일한 알고리즘 안에서 처리할 수 있음을 시사한다.

분류와 예측

분류와 예측 알고리즘을 만드는 방법은 정신이 혼미할 정도로 정말 많다. 예전부터 연구자들은 자신이 속한 학문 분야에서 나온 방법을 선호했다. 예를 들어 통계학자들은 회귀 모형을, 컴퓨터과학자들은 규칙기반 논리rule-based logic나 인간 인지를 흉내 낸 신경망neural network을 선호했다. 그중 뭐든 실행하려면 전문 지식과 기술, 소프트웨어가 필요했다. 그러나 지금은 편리한 프로그램들 덕분에 다양한 기법들 중 어떤 것을 사용할지 선택할 수 있어서, 모형화 철학보다 성과가 더 중요하다.

알고리즘의 실제 성과를 측정하고 비교할 수 있게 되자마자 사람들은 서로 경쟁하기 시작했다. 대표적으로 캐글Kaggle.com에서 운영하는 데이터과학 경진 대회가 있다. 기업 및 연구 기관이 경쟁 과제와 데이터를 제공한다. 도전 과제는 녹음된 소리에서 고래 소리 감지해내기, 천문 관측 데이터에서 암흑물질의 소재 확인하기, 병원 입원 예측하기 등 매우 다양하다. 각 과제의 참가자들에게는 알고리즘을 만드는 데 쓸 데이터의 '훈련 세트'와 그 성과를 측정하는 데쓸 '테스트 세트'가 제공된다. 그중 수천 개의 팀들이 참가하고 있는 유명한 도전 과제 하나를 살펴보자.

타이태닉에서 어떤 탑승자들이 살아남을지 어떻게 예측할 수 있을까?

타이태닉은 첫 항해에서 빙하와 부딪혀서 1912년 4월 14일과 15일사이 밤에 천천히 침몰했다. 배에 탄 2200명 이상의 탑승객과 선원 중 700명 정도만 구명보트에 올라 살아남았다. 이후 연구는 구명보트에 올라타 살아남을 가능성이 몇 등석 티켓을 가졌는지에 따라 결정적으로 달라진다는 사실에 초점을 두었다.

PPDAC 모형에서 타이태닉의 생존을 예측하는 알고리즘은 이상한 '문제'처럼 보인다. 왜냐하면 그런 상황은 다시 일어날 가능성이 희박하므로, 이 문제는 아무런 미래 가치를 지니지 않기 때문이다. 그러나 내게는 동기를 부여하는 한 사람이 있었다. 1912년 프랜시스 윌리엄 서머턴Francis William Somerton은 북부 데번의 일프라컴을 떠났다. 그곳은 내가 태어나고 자란 곳과 가깝다. 서머턴은 아내와 어린 딸을 남겨둔 채 미국에 가서 돈을 벌려고 했다. 그는 8파운드 1실링짜리 타이태닉호 삼등석 티켓을 샀다. 하지만 서머턴은 뉴욕에 도달하지 못했다. 그는 일프라컴 교회 묘지에 묻혔다. 정확한 예측 알고리즘은 서머턴이 단지 운이 나빴던 건지 또는 생존 가능성이 실제로 희박했는지 이야기해줄 것이다.

'계획'은 사용 가능한 데이터를 모으고, 다양한 기법을 사용하여 생존 예측 알고리즘을 만드는 것이다. 여기서 타이태닉 침몰 사건은 이미 일어났기 때문에, 예측 문제라기보다 분류 문제라고 볼 수 있다. '데이터'는 타이태닉에 승선한 1309명의 승객들 정보로 가득하다. 잠재적 예측변수들은 그들의 성명, 호칭, 성별, 나이, 객실 등급(일등석, 이등석, 삼등석), 지불한 티켓 가격, 가족의 일원이었는지 여부, 승선지(사우샘프턴, 셰르부르, 퀸스타운), 그리고 일부 선실 번호를 포함한다.[1] 반응변수는 그들이 살아남았을 때 1, 사망했을 때 0이다.

'분석'을 위해서, 데이터는 알고리즘을 만드는 데 사용되는 훈련 세트와 나중에 그 성과를 평가하기 위해 따로 떼어 놓은 테스트 세트로 구분한다. 알고리즘을 완성하기 전에 테스트 세트를 들여다보는 것은 명백한 부정행위다. 캐글 경진 대회처럼 우리는 무작위 추출된 897명의 사례들을 훈련 세트로, 나머지 412명을 테스트 세트로 구성했다.

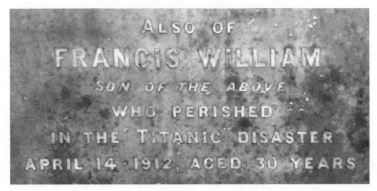

그림 6.1
일프라컴 교회 묘지에 있는 서머턴의 비석. "1912년 4월 14일 타이태닉 침몰로 향년 30세에 사망하다"라고 쓰여 있다.

우리가 사용할, 상당히 뒤죽박죽인 데이터는 약간의 처리가 필요하다. 먼저 18명은 지불한 요금 정보가 없어서, 그들의 선실 등급에 해당하는 요금의 중앙값을 지불했다고 가정했다. 형제자매와 가족들의 수는 가족 크기를 요약하는 단일 변수를 만들기 위해 첨가했다. 호칭은 단순화시켰다. 'Mlle'과 'Ms'는 'Miss'로, 'Mme'은 'Mrs'로, 그 밖에 호칭들은 모두 '드문 호칭'으로 코드화했다.*

데이터를 분석 가능하게 만드는 데는 코딩 기술 외에 판단력과 배경지식도 필요했다. 예를 들어 배에서 어디 있었는지 알기 위해 이용 가능한 선실 정보라면 뭐든 사용해야 했는데, 틀림없이 이보다 더 나은 방법이 있었을 것이다.

그림 6.2는 훈련 세트에 속한 승객 897명의 생존율을 특징별로 보여준다. 각 특징은 나름의 예측 가능성을 지닌다. 예를 들어 등급이 높은 선실에 승선한 사람, 여성, 어린이, 티켓 살 때 더 많은 돈을 지불한 사람, 가족 크기가 적절한 사람, Mrs·Miss·Master 같은 호칭을 가진 사람의 생존율이 높았다. 이 모든 결과는 우리가 예상한 것과 일치한다.

그러나 이 특징들은 독립적이지 않다. 예를 들어 등급이 높은 선실에 묵은 승객들은 티켓에 더 많은 돈을 지불했을 것이고, 가난한 이민자보다 더 적은 수의 어린이와 동행하고 있었을 것이다. 또한 많은 남자들이 혼자 배에 탔다.

---

* Dona, Lady, Countess, Capt, Col, Don, Dr, Major, Rev, Sir, Jonkheer 등이 드문 호칭에 포함된다.

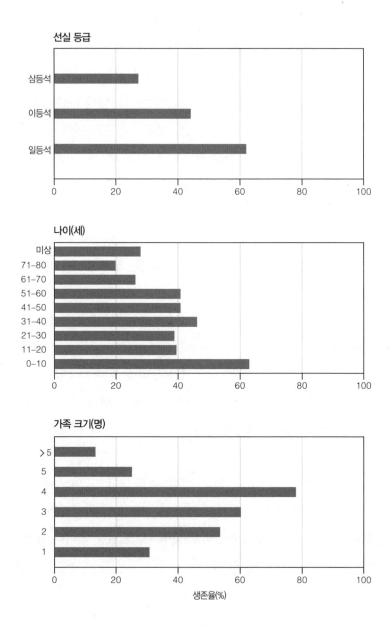

선실 등급

나이(세)

가족 크기(명)

생존율(%)

그림 6.2
타이태닉 승객 897명으로 구성된 훈련 세트에서 각 특징별 생존율.

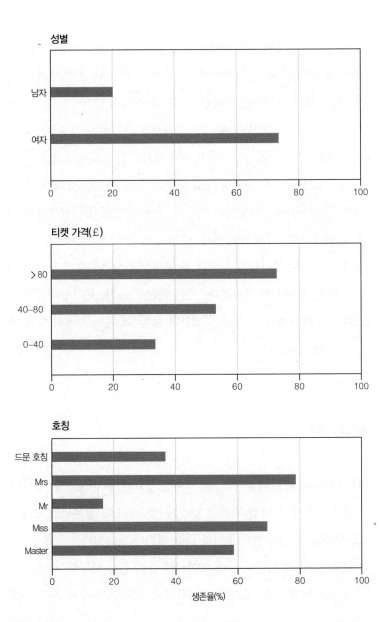

성별

티켓 가격(£)

호칭

생존율(%)

여기서 구체적인 코딩 방법이 중요할 수도 있다. 나이를 그림 6.2처럼 범주형변수로 간주해야 할까 아니면 연속변수로 간주해야 할까? 실제 대회 참가자들은 이런 특징들을 상세히 들여다보고 최대한 많은 정보를 끌어내기 위해 여러 방식으로 코드화를 시도하느라 많은 시간을 보냈다. 하지만 우리는 예측하기로 곧장 뛰어들었다.

'누구도 살아남지 못했다'라고 명백히 틀린 예측을 했다 치자. 그럼 승객 중 61%가 사망했기 때문에, 훈련 세트에서 61%는 들어맞은 셈이다. 약간 더 복잡한 예측, 예를 들어 '모든 여자들은 살아남고 남자는 누구도 살아남지 못한다'를 규칙으로 사용했다면 훈련 세트의 78%는 올바르게 분류된다. 이런 단순한 규칙들은 더 복잡한 알고리즘이 예측 또는 분류를 얼마만큼 향상시키는지 측정하는 데 좋은 기준이 된다.

분류 나무

분류 나무classification tree는 가장 단순한 형태의 알고리즘 중 하나다. 그것은 결론에 도달할 때까지 일련의 '예/아니요' 질문들로 구성되고, 각 질문에 대한 선택에 따라 다음 질문이 달라진다.

그림 6.3은 타이태닉 승객 데이터에 관한 분류 나무다. 승객은 가지의 끝마디에 나온 결과에 배정되므로, 선택된 변수에 따라 어떤 결론이 나오는지 알기 쉽다. 예를 들어 서머턴은 'Mr' 호칭이 붙었으므로, 첫 번째 질문 상자의 왼쪽 가지를 따라간다. 이 가지의 끝은

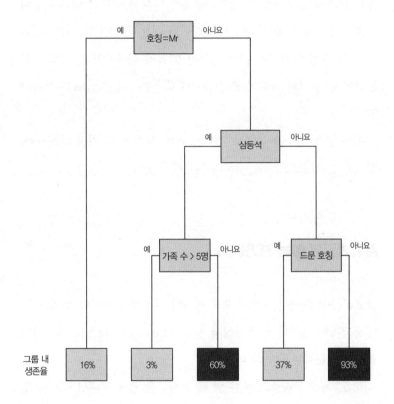

그룹 내
생존율

그림 6.3
타이태닉 데이터로 만든 분류 나무. 끝 마디에 생존율이 나와 있다. 이 분류 나무는 그룹 내
생존율이 50%보다 큰 경우에만 '살아남았을 것이다'라고 예측한다. 따라서 소가족에 속한 삼
등석 여자들과 아이들, 그리고 일등석과 이등석 여자와 어린이 중 드문 호칭을 가지지 않은
이들이 살아남았을 거라고 예측된다.

훈련 세트의 58%를 포함하는 그룹에 도달하는데, 그중 16%가 살아남았다. 그러므로 제한된 정보에 근거해 우리는 서머턴의 생존 가능성을 16%라고 평가할 수 있다. 이 분류 나무에 따르면 50% 이상이 생존한 두 그룹이 존재한다. 일등석이나 이등석에 탄 여자와 어린이 중 드문 호칭을 가지지 않은 그룹은 93%가 살아남았다. 그리고 삼등석에 탄 여자와 어린이 중 소가족에 속하는 그룹은 60%가 살아남았다.

이런 분류 나무를 실제로 만들기 전에, 우리는 이 경진 대회가 어떤 성능을 기준으로 하는지부터 결정해야 한다.

알고리즘의 성능 평가하기

알고리즘이 얼마나 정확한지가 평가할 때, '정확하다'의 의미는 도대체 뭘까? 타이태닉 문제에서 정확도accuracy란 테스트 세트에서 올바르게 분류된 승객의 비율이다.*

표 6.1은 알고리즘의 분류 및 예측 성능을 행렬 형태로 표시한 것이다. 이것을 **오차 행렬**error matrix 또는 **혼동 행렬**confusion matrix이라

---

* 캐글 대회의 경우 참가자들이 알고리즘을 개발하면, 그들은 테스트 세트 반응변수를 업로드한다. 참가자들이 경진 대회가 끝날 때(타이태닉 문제의 경우 2020년)까지 기다리지 않도록, 캐글은 테스트 세트를 공개 세트와 비공개 세트로 나누었다. 공개 세트에 대한 참가자들의 정확성 점수는 최고 선수 명단 및 점수판에 공개되며 잠정적 순위를 제공한다. 그러나 대회가 마감될 때 경쟁자들의 최종 순위를 평가하는 데는 비공개 세트가 사용된다. 여기서 우리는 캐글 대회와 달리 테스트 세트 전체를 사용했다.

	훈련 세트			테스트 세트		
	사망 예측	생존 예측	합계	사망 예측	생존 예측	합계
실제 사망	475	93	568	228	45	273
실제 생존	71	258	329	35	104	139
합계	546	351	897	263	149	412

(단위: 명)

정확도
=(475+258)/897=82%

민감도
=258/329=78%

특이도
=475/568=84%

정확도
=(228+104)/412=81%

민감도
=104/139=75%

특이도
=228/273=84%

표 6.1
훈련 세트와 테스트 세트 각각에 적용한 분류 나무의 오차 행렬. 정확도는 올바르게 분류된 비율, 민감도는 올바르게 분류된 생존자 비율, 특이도는 올바르게 분류된 사망자 비율을 의미한다.

고 한다. 그림 6.3의 분류 나무는 훈련 세트에서 82%의 정확도를 가진다. 그 알고리즘을 테스트 세트에 적용할 때 정확도는 약간 떨어진 81%이다. **민감도**sensitivity는 올바르게 예측된 실제 생존율이고, **특이도**specificity는 올바르게 예측된 실제 사망률이다(이 용어들은 의학 진단 검정에서 나왔다).

정확도는 간편하지만 매우 투박한 성과 척도로, 예측을 어느 정도 확신하는지 전혀 설명하지 못한다. 우리는 분류 나무가 훈련 세트를 완벽하게 분류하지 못하고, 모든 가지에서 일부는 살아남았고 일부는 그러지 못했음을 보았다. 투박한 규칙은 단순히 생존율이 50% 이상일 때 생존으로 분류하는데, 대신 우리는 훈련 세트의 분류 나무에서 나온 생존 확률을 각 사례들에 지정할 수 있다. 예를 들어 'Mr' 호칭을 가진 사람에게, 그가 생존하지 못할 거라는 단순한 범주적 예측을 주는 게 아니라 16%라는 구체적인 생존 확률을 부여할 수 있다.

이처럼 단순한 분류가 아니라 어떤 확률 또는 수를 주는 알고리즘은 **수신자 조작 특성 곡선**Receiver Operating Characteristic curve, ROC 곡선을 통해 비교할 수 있다. 본래 이것은 2차 세계대전에서 레이더 신호를 분석할 목적으로 개발됐다. 여기서 핵심은 우리가 사람들이 생존할 거라고 예측하기 위해 필요한 문턱값을 바꿀 수 있다는 점이다.

표 6.1은 '생존자'라고 예측하기 위해 50%라는 확률값을 문턱값으로 사용했을 때 민감도와 특이도가 각각 0.78과 0.84임을 보여준다. 그러나 누군가의 생존을 예측하는 데 더 높은 확률, 이를테면

70% 요구하는 경우, 민감도와 특이도는 각각 0.50과 0.98이 된다. 이 말은 더 높아진 문턱값 때문에 실제 생존자 중 절반밖에 찾아내지 못하지만, 생존할 거라고 잘못 주장할 가능성은 매우 적어진다는 뜻이다. 이처럼 생존 예측에 사용하는 문턱값에 따라 특이도와 민감도의 값들이 그래프에서 일종의 곡선을 형성하는데, 이것을 ROC 곡선이라고 한다. 다만 관례상 특이도 축은 1부터 0으로 줄어든다.

그림 6.4는 훈련 세트와 테스트 세트에 대한 ROC 곡선을 보여준다. 수를 무작위로 지정하는 아무 쓸모없는 알고리즘의 ROC 곡선은 대각선이고, 가장 좋은 알고리즘의 ROC 곡선은 좌상 코너를 향해 불룩하다. ROC 곡선을 비교할 때는 곡선 아래 넓이를 기준으로 하는데, 아무 쓸모없는 알고리즘의 경우 0.5이고, 모든 사람들을 올바르게 지정한 완벽한 알고리즘의 경우 1이다.

우리의 타이태닉 테스트 세트에 대해 그림 6.3 분류 나무의 ROC 곡선 아래 넓이는 0.82이다. 이것은 우리가 실제 생존자 한 명과 실제 사망자 한 명을 무작위로 뽑았을 때, 알고리즘이 실제 사망자보다 실제 생존자에게 더 높은 생존 확률을 부여할 가능성이 82%라는 뜻이다. 넓이가 0.8 이상이라는 것은 상당히 좋은 분류 성능을 나타낸다.

ROC 곡선 아래 넓이는 알고리즘이 생존자와 사망자를 얼마나 잘 분류하는지 측정하는 한 방법이지만, 알고리즘이 제시하는 확률이 얼마나 믿을 만한지는 측정하지 못한다. 그리고 확률적 예측에 가장 익숙한 사람들은 기상예보관들이다.

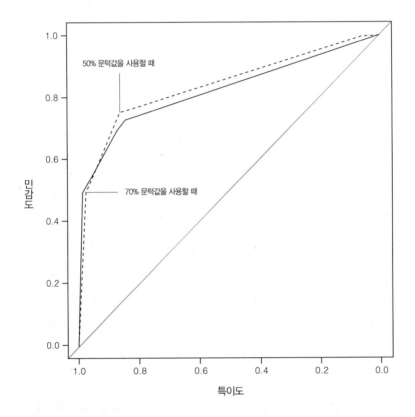

그림 6.4

훈련 세트(점선)와 테스트 세트(실선)에 적용된, 그림 6.3의 분류 나무에 대한 ROC 곡선. 민감도는 제대로 분류된 생존자의 비율이고, 특이도는 제대로 분류된 사망자의 비율이다. 곡선 아래 넓이는 훈련 세트의 경우 0.84, 테스트 세트의 경우 0.82이다.

내일 특정 시간과 장소에 비가 내릴지에 대해 기본적인 알고리즘은 단순히 '예/아니요'로 대답하며, 그 예측은 실제 결과에 따라 맞을 수도 있고 틀릴 수도 있다. 더 정교한 모형은 비가 내릴 '확률'을 알려줌으로써 일상적인 판단을 돕는다. 비가 올 확률이 50%일 때 당신이 취할 행동과 5%일 때 행동은 상당히 다를 것이다.

실제 기상예보는 현재 조건에서 날씨가 어떻게 변할지를 수학적으로 계산해내는 복잡한 컴퓨터 모형에 기초한다. 그 모형은 실행될 때마다 특정 시간과 장소에 비가 올지에 대해 '예/아니요'로 답한다. 따라서 **확률예보**probabilistic forecast를 하려면, 초기 조건을 약간씩 달리 조정해가며 모형을 여러 번 실행시켜야 한다. 이것은 서로 다른 '가능한 미래들'을 생산한다. 그중 어떤 경우에는 비가 오고 또 어떤 경우에는 비가 오지 않으므로 확률을 계산할 수 있다. 이를테면 기상예보관은 50개 모형의 앙상블을 시행해 그중 비가 온다는 결과가 5번 나왔다면, 강수 확률이 10%라고 결론 내린다.

이 확률이 얼마나 믿을 만한지 어떻게 확인할 수 있을까? 이번에는 분류 나무에서 그랬듯 오차 행렬을 생성할 수 없는데, 왜냐하면 알고리즘이 비가 올지에 대해 결코 단정적으로 주장하지 않기 때문이다. 우리는 ROC 곡선은 만들 수 있지만, 그것은 그저 비가 오지 않은 날들보다 비가 온 날들을 더 잘 예측했는지 여부만 검사할 수 있을 따름이다.

비판적 통찰력은 **보정**calibration도 필요하다고 말해준다. 보정은 예측과 실제 관측이 얼마나 일치하는지를 말해준다. 이것은 기상예보관이 비가 올 확률을 70%라고 말한 날들을 전부 고려하면, 그중에서 70%가량의 날들에 정말로 비가 왔어야 한다는 뜻이다. 기상예보관들은 모형의 보정을 매우 중요하게 생각한다. 확률은 그것이 말하는 그대로 받아들여져야 하며, 예측은 너무 자신만만해서도, 너무 자신 없지도 않아야 한다.

보정 그래프는 진술된 확률이 얼마나 믿을 만한지 말해준다. 이것은 특정한 발생 확률이 주어진 사건들을 다 모아서 그런 사건들이 실제로 일어났던 비율을 보여준다.

그림 6.5는 테스트 세트에 적용된 단순한 분류 나무에 대한 보정 그래프를 보여준다. 대각선은 예측된 확률과 실제 확률이 맞아떨어지는 곳이다. 우리는 점들이 대각선 근처에 놓이길 원한다. 수직 방향 막대들은 믿을 만한 예측 확률이 주어졌을 때, 실제 확률 중 95%의 경우가 그 안에 놓여 있으리라 기대하는 영역을 나타낸다. 그림 6.5처럼 이 막대들이 대각선을 포함하면, 알고리즘이 잘 보정되었다고 할 수 있다.

확률의 정확도를 나타내는 복합 척도

지금까지 알고리즘이 데이터를 얼마나 잘 분류하는지 측정하는 도구로 ROC 곡선을, 확률이 그것이 말하는 바를 실제로 의미하는지

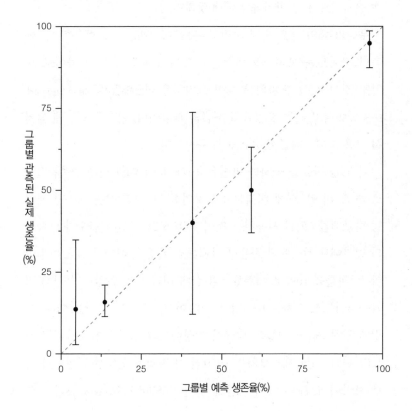

그림 6.5

타이태닉 침몰에서 생존율을 제공하는 분류 나무에 대한 보정 그래프. 여기서 가로축은 예측
생존율이고 세로축은 관측된 실제 생존율이다. 대각선은 알고리즘이 제시한 확률이 믿을 만
하며 실제로 그런 일이 벌어졌음을 의미한다. 우리는 점들이 대각선 위에 놓이길 바란다.

확인하는 도구로 보정 그래프를 살펴봤다. 최선은 이 둘을 결합해 하나의 값을 만들어내는 복합 척도를 찾는 것이다. 다행히 1950년 대 일기예보가 그 방법을 알아낸 듯하다.

우리가 내일 정오 특정 지역의 온도처럼 어떤 값을 예측할 때, 예측의 정확도는 오차, 즉 예측한 온도와 관측된 온도의 차이로 요약될 것이다. 그 오차의 통상적 요약값은 **평균제곱오차**Mean-Squared-Error, MSE라고 하는 오차들의 제곱의 평균이다. 이것은 회귀 분석에서 사용한 최소제곱 판정 기준과 유사하다.

비가 올 확률을 구하는 방법은 '비가 옴'에 대한 미래 관측값을 1로 하고 '비 안 옴'에 대해선 0을 부여한 뒤, 어떤 값을 예측할 때처럼 평균제곱오차를 사용하는 것이다. 표 6.2는 평균제곱오차를 가상의 일기예보 시스템에 적용한 사례를 보여준다. 여기서 월요일에 비가 올 확률을 10%로 예측했으나 실제 비가 오지 않았다면 실제 결과는 0이므로 오차는 $0 - 0.1 = -0.1$이고, 제곱오차는 0.01이다. 이렇게 구한 제곱오차들의 평균이 기상예보의 정확도를 나타내는 척도가 된다.* 평균제곱오차는 1950년 이 방법을 설명한 기상학자 글렌 브라이어Glenn Brier의 이름을 따서 **브라이어 지수**Brier score라고 한다. 여기서 브라이어 지수(B)는 0.11이다.

---

* 절대오차absolute error를 사용하고 싶은 유혹이 들지 모른다. 이것은 일어나지 않은 사건에 대해 10%의 확률이 주어지면 제곱오차 0.01과 반대로 0.1을 잃는다는 뜻이다. 하지만 이 선택은 엄청난 실수가 될 수 있다. 이 '절대' 페널티가 사람들이 그들의 기대 오차를 최소화하기 위해서 자기 확신을 과장하게 만들기 때문이다. 즉 그들은 진짜로는 비가 올 확률을 10%라고 생각할지라도 0%라고 말한다.

안타깝게도 브라이어 지수 그 자체만으로는 기상예보를 잘하고 있는 건지 알기 어렵다. 그러므로 과거의 기후 이력에서 유도한 참조지수reference score와 브라이언 지수를 비교해야 한다. 이 '기후 기반' 기상예보는 현 조건들을 무시한 채 단순히 과거 이 날짜에 비가 왔던 횟수의 비율을 강수 확률로 서술한다. 아무 기술이 없는 사람도 이 예보는 할 수 있다. 표 6.2는 과거 기후 이력을 검토했을 때 이번 주에 비가 올 확률이 20%임을 가정한다. 이때 기후에 대한 브라이어 지수(BC)는 0.28이다.

제대로 된 기상예보 알고리즘이라면 기후에만 기초한 예측보다 더 좋은 성과를 내야 하는데, 우리의 기상예보 시스템은 그 지수를 0.17만큼 향상시켰다. 참조지수 대비 오차를 얼마나 감소시켰는지 나타내는 비율은 기술지수skill score라고 한다. 우리 알고리즘의 기술지수는 0.61로,[*] 기후 데이터만 사용하는 예보 시스템보다 우리의 예보 시스템이 61% 향상된 것임을 뜻한다.

우리의 목표는 당연 100%짜리 예측 기술이다. 그러려면 브라이어 지수가 0이어야 한다. 하지만 비가 올지 항상 정확하게 예측하는 건 아직까지 무리다. 오늘날 강수 예보 시스템의 기술지수는 다음 날에 대해서는 대략 0.4이고, 향후 일주일에 대해서는 0.2이다.[2] 물론 가장 게으른 예측은 오늘 일이 내일 또다시 일어난다는 것이다. 이것은 역사적 데이터(오늘)에 완벽하게 들어맞지만 미래 예측을 특별히 잘하지는 않는다.

---

[*] 기술지수는 다음과 같이 구해진다. $(BC - B)/BC = 1 - (B/BC) = 1 - (0.11/0.28) = 0.61$

	월	화	수	목	금	평균제곱오차 (브라이어 지수)
강수 확률	0.1	0.2	0.5	0.6	0.3	
실제로 비가 내렸나?	아니요	아니요	예	예	아니요	
실제 결과	0	0	1	1	0	
실제 결과와 예측 간 오차	−0.1	−0.2	0.5	0.4	−0.3	
실제 결과와 예측 간 오차의 제곱	0.01	0.04	0.25	0.16	0.09	B = 0.54/5 = 0.11
기후 기반 예측	0.2	0.2	0.2	0.2	0.2	
실제 결과와 기후 기반 예측 간 오차	−0.2	−0.2	0.8	0.8	0.2	
실제 결과와 기후 기반 예측 간 오차의 제곱	0.04	0.04	0.64	0.64	0.04	BC = 1.4/5 = 0.28

표 6.2
내일 정오 특정 장소에서 비가 올지에 관한 가상의 확률예보. 비가 오면 1, 비가 안 오면 0으로 표현했다. 오차는 예측 결과와 관측 결과 간 차이이고, 그 오차의 제곱을 평균 낸 것이 브라이어 지수(B)다. 기후 기반 예측은 확률 예보로서 일 년 중 이 시기에 비가 올 장기 확률을 사용하는데, 이 경우 모든 날에 대해 20%라고 가정했다.

타이태닉 문제로 돌아가서, 훈련 세트에서 전체 생존자 비율인 39%를 모든 사람에게 생존 확률로 부여하는 알고리즘을 고려해보자. 이 알고리즘은 어떤 개인 정보도 이용하지 않는다는 점에서 과거 기후 정보만 사용해 날씨를 예측하는 것과 같다. 이 '무기술' 알고리즘의 브라이어 지수는 0.232이다. 한편 분류 나무의 브라이어 지수는 0.139이고 기술지수는 0.4가 나온다. 즉 무기술 알고리즘에 비해 분류 나무의 예측 성능이 40% 뛰어나다. 모든 생존자에게 생존 확률 63%를, 그리고 모든 사망자에게 사망 확률 63%를 줬을 때도 브라이어 지수는 0.139가 나온다.

더 복잡한 모형들을 사용하면 이 지수를 향상시킬 수 있다. 단 그 모형들이 너무 복잡해서는 안 된다.

과대적합

우리는 계속해서 새로운 가지들을 추가해 그림 6.3에서 본 분류 나무를 더 복잡하게 만들 수 있다. 즉 더 많은 그룹과 특징을 구분함으로써 훈련 세트를 더 세세하고 올바르게 분류할 수 있다.

그림 6.6의 큰 나무는 많은 세부 요인들을 포함한다. 훈련 세트에서 이 나무의 정확도는 83%로 그림 6.3의 작은 나무보다 높다. 그러나 이 나무를 테스트 세트에 적용하면 정확도는 작은 나무와 같은 81%로 떨어지며, 브라이어 지수는 0.150으로 작은 나무의 지수 0.139보다 더 높다. 우리는 예측 성능이 감소하기 시작하는 수준까

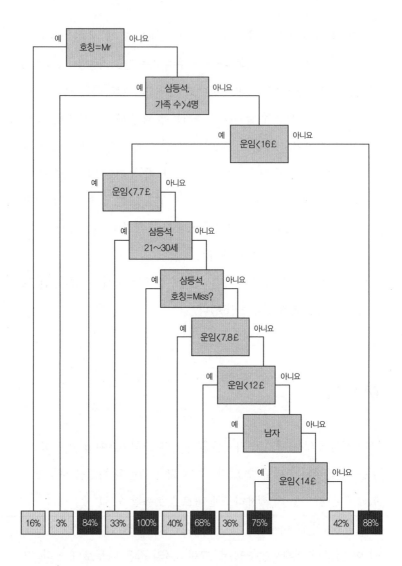

그림 6.6
타이태닉 데이터에 대한 과대적합 분류 나무. 그림 6.3에서처럼 각 가지의 끝마디에 있는 백분율은 훈련 세트에 있는 승객들의 생존율이다. 백분율이 50%가 넘는 그룹에 속하는 경우 생존할 거라고 예측한다. 질문들이 상당히 괴상한 이유는 이 분류 나무가 훈련 세트의 개별 사례들에 지나치게 맞춰져 있기 때문이다.

지 훈련 세트에 맞춰 분류 나무를 조정했다.

이것은 **과대적합**over-fitting이라고 하는, 알고리즘 생성에서 가장 중요한 문제를 제기한다. 알고리즘을 너무 복잡하게 만들면 그것은 신호뿐 아니라 잡음까지 반영하기 시작한다. 마침 과대적합을 설명해 주는 좋은 일러스트가 하나 있다. 〈xkcd〉 만화로 유명한 랜들 먼로 Randall Munroe가 역대 미국 대통령들이 따랐던 그럴듯해 보이는 규칙들이 다음 선거에서 깨져버리는 이야기를 만화로 그렸다. 그중 몇 개만 살펴보면 다음과 같다.[3]

- 공화당원이 하원이나 상원에서 이기지 못한 채 대선에서 승리한 적은 없었다. 1592년 아이젠하워가 당선될 때까지.
- 가톨릭 신자는 이길 수 없다. 1960년 케네디가 당선될 때까지.
- 누구도 이혼 후 대통령으로 선출되지 못했다. 1980년 레이건이 당선될 때까지.

다음과 같이 너무 세밀하게 정의된 규칙들도 있다.

- 참전 경험이 없는 민주당 후보는, 그 이름이 스크래블에서 더 점수가 높은 누군가를 재선에서 이긴 적이 없다. 1996년 빌 클린턴(Bill, 스크래블 점수 6점)이 밥 돌(Bob, 스크래블 점수 7점)을 이길 때까지.

지엽적 상황에 맞추려고 하다 보면 알고리즘은 과대적합하게 된다. 그것은 편향을 피하면서 이용 가능한 모든 정보들을 고려하기 위해 잘못된 방향으로 노력할 때 발생한다. 보통 비편향성은 바람직한 목표로 간주되지만, 지나치게 세밀한 분류는 각 그룹이 다루는 데이터 수를 줄여서 결국 알고리즘 전체의 신뢰도를 떨어뜨린다. 과대적합은 편향은 줄이지만 추정에서의 불확실성이나 변동성을 더 크게 만든다. 이 때문에 과대적합에 대한 예방책을 **편향/분산 트레이드오프** bias/variance trade-off라고 한다.

이 알쏭달쏭한 아이디어를 조금 더 알아보자. 사람들의 수명에 관한 데이터를 가지고 당신이 80살까지 살 가능성을 예측해보자. 가장 먼저 할 일은 현재 당신과 나이가 같고 사회경제적 상태가 같은 사람들을 추린 뒤 그들에게 무슨 일이 일어났는지 알아보는 것이다. 이런 사람들이 1만 명 있다 치고, 그중 8000명이 80세에 이르렀다면, 우리는 당신 같은 사람이 80세에 도달할 가능성을 80%라고 추정할 수 있다. 이것은 많은 사례들에 기초하고 있기 때문에 우리의 확신은 매우 강하다.

그러나 이 추정값은 실제 데이터와 당신을 연결시키는 두어 가지 특징들만 사용한 결과다. 우리는 예측을 더 정교하게 만들 다른 특징들, 예를 들어 당신의 현재 건강 상태나 습관 등을 무시했다. 다른 전략은 몸무게, 키, 혈압, 콜레스테롤 수치, 운동, 흡연, 음주 등에 있어서 당신과 비슷한 사람들을 찾는 것이다. 그렇게 당신의 개인적인 특성에 거의 완벽하게 들어맞는 두 사람까지 좁혀나갔다고 해보자. 그중 한 명은 80세에 도달했고 다른 한 명은 그러지 못했다면? 그럼 당신이 80세에 도달할 가능성은 50%인가? 그 두 사람의 특징이 당신과 너무도 잘 맞기 때문에 이 50%라는 숫자는 어떤 의미에서는 덜 편향적이라고 말할 수 있다. 하지만 오직 두 사람에만 기반하고 있기 때문에, 그 추정값은 믿을 만하지 않다(즉 큰 분산을 가진다).

두 극단적 경우 사이에서 적절한 중간 지점을 찾는 것은 쉽지 않지만 매우 중요하다. 과대적합을 피하는 기술 중 하나는 정규화 regularization다. 이것은 변수 중 일부의 효과를 0으로 만듦으로써 복잡한 모형을 단순화한다. 그러나 가장 흔하게 쓰는 단순하고도 강력한 예방책은 알고리즘을 만들 때 **교차검증**cross-validation이라는 아이디어를 사용하는 것이다.

우리는 데이터 일부를 알고리즘의 훈련에 사용하지 않는 테스트 세트로 구분한 뒤, 알고리즘의 예측 성능을 검증할 때 그것을 사용한다. 하지만 이런 평가는 알고리즘 개발 과정의 최종 단계에서만 이뤄지기 때문에, 알고리즘의 과대적합을 드러내긴 해도 알고리즘을 개선하지는 못한다. 그래서 훈련 세트 중 이를테면 10%를 독립적인 검증 세트로 미리 떼낸다. 그리고 나머지 90%를 가지고 알고리즘을 개발한 다음에 이 10%를 가지고 알고리즘을 검사한다. 이것이 교차검증이다. 만약 훈련 데이터를 10개의 그룹으로 나눈 뒤 각각을 차례로 검증에 사용한다면 검사가 10번 반복되는데, 이것을 '10겹 교차검증'이라고 부른다.

이 장에 나온 모든 알고리즘은 주로 최종 알고리즘의 복잡성을 통제하려는 의도에서 만든 몇몇 조정 가능한 매개변수들을 가진다. 예를 들어 분류 나무를 만드는 표준적인 과정은 우선 의도적으로 많은 가지를 가진 매우 큰 과대적합 나무를 만든 다음 더 단순하고 더 강건한 나무가 되게끔 가지치기를 하는 것이다. 어디까지 가지치기를 할지 결정하는 데는 복잡도 매개변수complexity parameter가 사용된다.

이 복잡도 매개변수는 교차검증 과정에 의해 선택될 수 있다. 10개의 교차검증 세트 각각에 대해, 다른 복잡도 매개변수를 갖는 나무를 하나씩 발전시킨다. 그리고 모든 10개의 교차검증 세트에 대해 각 나무의 예측 성과를 구해 그 평균을 계산한다. 이 평균 성과는 어느 수준까지 향상되다가, 나무가 너무 복잡해짐에 따라 더 나빠질 것이다. 복잡도 매개변수 최적값은 가장 좋은 교차검증 성과를 주는 것이다. 그것을 전체 훈련 세트로부터 나무 하나를 만드는 데 사용한다. 그 나무가 최종 버전이다. 10겹 교차검증은 그림 6.3의 분류 나무에서 복잡도 매개변수를 선택할 때 사용되었다. 또한 다음에 소개하는 모형들에서 튜닝 매개변수tuning parameter를 선택할 때도 사용된다.

회귀 모형들

우리는 5장에서 회귀 모형이 결과를 예측하는 단순한 공식을 만드는 것임을 보았다. 타이태닉 문제에서 반응변수는 '예(생존)/아니요(사망)'이므로, 그림 5.2의 어린이 심장 수술 데이터에서 사용한 로지스틱 회귀가 적절하다.

표 6.3은 로지스틱 회귀 결과를 보여주는데, 여기서 분류 알고리즘을 훈련시키는 방법으로 부스팅boosting이 사용됐다. 부스팅이란 더 어려운 사례에 더 많은 주의를 기울이도록 설계된 반복 절차다. 그것은 훈련 세트에서 한 번 반복할 때 잘못 분류된 것에 다음번 반복에서 더 큰 가중치를 부여함으로써 오류를 수정해나가는데, 10겹 교차검증을 사용한다면 이 과정이 10번 반복된다.

표 6.3은 승객의 특징에 대한 계수들이 전체 생존 점수를 주기 위해 합쳐질 수 있음을 보여준다. 예를 들어 서머턴은 3.20이란 값에서 시작한다. 여기서 그가 삼등석에 탔기 때문에 2.30을, 그리고 'Mr' 호칭을 가졌기 때문에 3.86을 뺀다. 하지만 '삼등석에 탄 남자'이므로 1.43을 다시 더한다. 하지만 그는 가족이 한 명이라 0.38을 또 잃는다. 서머턴의 최종 점수는 −1.91로, 13%의 생존 가능성으로 해석된다. 이것은 단순한 분류 나무에서 예측한 16%보다 약간 낮다.*

이것은 선형 시스템이지만 변수 간 **상호작용**interaction을 포함한다. 예를 들어 '삼등석에 탄 남자'에 대한 점수(+1.43)는, 이미 반영된 삼등석 점수(−2.30)와 'Mr' 점수(−3.86)의 단순 합을 일부 상쇄한다. 비록 예측 성과에 초점을 맞추고 있지만, 이 계수들은 특징들의 중요성을 어느 정도 해석하게 해준다.

더 방대하고 복잡한 문제들을 다룰 때는, 비선형 모형과 라쏘

* 최종 점수 S를 생존 확률 p로 변환하기 위해서 지수 상수 e를 이용한 공식 $p = 1/(1 + e^{-s})$을 사용하라. 이는 로지스틱 회귀방정식 $\log_e p/(1 - p) = S$의 역함수다.

특징	점수(계수)
시작 점수	3.20
삼등석	−2.30
'Mr' 호칭	−3.86
삼등석에 탄 남자	+1.43
드문 호칭	−2.73
이등석에 탄 나이 51~60세인 사람	−3.62
가족 한 사람마다	−0.38

표 6.3
타이태닉 생존자 데이터에 대한 로지스틱 회귀에서 각 변수별 계수들. 음수인 계수는 생존 가능성을 낮추고, 양수인 계수는 생존 가능성을 높인다.

LASSO라고 알려진 더 정교한 회귀 분석을 사용한다.

더 복잡한 기법들

사실 분류 나무와 회귀 모형은 모형화 철학이 조금 다르다. 분류 나무는 비슷한 기대 결과를 갖는 그룹을 찾아내는 단순한 규칙들을 만들려고 한다. 반면 회귀 모형은 사례에서 관찰되는 여러 특징의 가중치에 초점을 둔다. 기계학습에서는 분류 나무와 회귀 모형을 모두 사용한다.

그 밖에 더 나은 알고리즘을 위해 개발된 더 복잡한 방법들은 다음과 같다.

- 랜덤 포레스트random forest는 많은 나무들로 구성된다. 나무가 각각 분류 결과를 내놓으면, 최종 결과는 다수결로 결정된다. 이런 과정을 배깅bagging이라고 한다.
- 서포트 벡터 머신support vector machine은 서로 다른 결과들을 가장 잘 분할하는 특징들의 선형 결합을 찾는 것이다.
- 신경망neural network은 노드들의 층으로 이루어져 있다. 각 노드에 적용되는 가중치는 이전 층에서의 결과에 따라 달라진다. 이것은 일련의 로지스틱 회귀가 차곡차곡 쌓여 있는 것과 비슷하다. 가중치는 최적화 과정에서 학습된다. 그리고 랜덤 포레스트같이 여러 개의 신경망을 건설해 그 결과

들의 평균을 내는 것도 가능하다. 많은 층을 가진 신경망은 딥 러닝 모형이라고도 한다. 한 예로, 이미지 인식 시스템인 구글의 인셉션Inception은 20개 이상의 층과 30만 개 이상의 매개변수를 갖는다고 알려져 있다.

- K-최근접이웃K-nearest-neighbor 알고리즘은 훈련 세트에서 가까운 사례들 중 다수 결과에 따라 분류하는 것이다.

이 방법들을 타이태닉 데이터에 적용한 결과가 표 6.4에 나오는데, 최적화 판별 기준으로 10겹 교차검증을 사용해 선택한 튜닝 매개변수와 ROC 곡선이 사용됐다.

'모든 여자는 살아남고, 모든 남자는 죽는다'라는 단순한 규칙이 더 복잡한 알고리즘을 이기거나 바짝 뒤따르면서 높은 정확성을 보이는 것으로 보아, 있는 그대로의 정확도는 성과 평가의 척도로 부적절함을 알 수 있다. ROC 곡선 아래 넓이를 기준으로 하면 랜덤 포레스트가 최상의 분별력을 보여준다. 하지만 놀랍게도 브라이어 지수는 단순 분류 나무에서 가장 낮다. 그러므로 표 6.4에서 명확한 우승 알고리즘은 없다. 이 판정기준 중 어느 것에 대하여 적절한 승자가 있다고 자신 있게 주장할 수 있는지는 나중에 10장에서 살펴볼 것이다. 왜냐하면 승리를 위한 차이가 너무 작아서 우연이 관여했을지도 모르기 때문인데, 이를테면 단순히 누가 테스트 세트에 들어갔고 누가 훈련 세트에 들어갔는지에 따라 결과가 달라졌을 수 있다.

캐글 경진 대회에서 우승한 알고리즘은 아주 작은 점수라도 더 얻으려 애쓰다 매우 복잡해질 수 있다. 이런 알고리즘들은 수수께끼

알고리즘	정확도	ROC 곡선 아래 넓이	브라이어 지수
모두가 39%의 생존 가능성을 가진다	0.639	0.500	0.232
모든 여자는 살고, 모든 남자는 죽는다	0.786	0.578	0.214
단순 분류 나무	**0.806**	0.819	**0.139**
과대적합 분류 나무	**0.806**	0.810	0.150
로지스틱 회귀	0.789	0.824	0.146
랜덤 포레스트	0.799	**0.850**	0.148
서포트 벡터 머신	0.782	0.825	0.153
신경망	0.794	0.828	0.146
평균 신경망	0.794	0.837	0.142
K-최근접이웃	0.774	0.812	0.180

표 6.4
타이태닉 테스트 세트에 대한 알고리즘별 성과. 굵은 글씨는 가장 좋은 결과를 나타낸다. 복
잡한 알고리즘들은 ROC곡선 아래 넓이를 최대화하는 데 최적화되었다. 참고로 정확도와
ROC 곡선 아래 넓이는 숫자가 클수록 좋고, 브라이어 지수는 숫자가 작을수록 좋다.

같은 블랙박스와 비슷하다. 즉 알고리즘이 어떤 예측을 내놓지만, 정작 그 안에서 무슨 일이 벌어지는지 알아내는 건 거의 불가능하다는 말이다. 이것은 세 가지 부정적 측면을 가진다. 첫째, 너무 복잡하면 실행과 업그레이드를 매우 힘들게 한다. 넷플릭스가 상금 100만 달러를 내걸고 추천 시스템을 공모했을 때, 우승작은 너무 복잡해서 결국 사용되지 않았다. 둘째, 어떻게 그 결론에 도달했는지 또는 그것이 얼마나 믿을 만한지 알지 못하면, 우리는 그저 그것을 취하는 것과 그냥 내버려두는 것 중 양자택일해야 한다. 더 단순한 알고리즘은 그 스스로 더 잘 설명할 수 있다. 마지막으로, 어떻게 알고리즘이 그 대답을 만들어내는지 알지 못한다면, 우리는 알고리즘이 일부 사회 구성원들에게 불리하게 작동하는 잠재적인 구조적 편향을 가지는지 조사할 수 없다. 이 문제에 대해서는 다음에 더 자세히 설명하겠다.

정량적 성능은 알고리즘을 평가하는 유일한 기준이 아니다. 그리고 일단 성능이 '충분히 좋으면' 그 이상으로 결과를 개선하기보다 단순성을 추구하는 게 합리적일 수 있다.

타이태닉에서 가장 운이 좋은 사람은 누구인가?

가장 운이 좋은 사람은, 모든 알고리즘에 대한 브라이어 지수를 구해 가장 높은 평균값을 가진 생존자다. 그는 칼 달Karl Dahl이라는 45세 가구공으로 삼등석에서 혼자 여행하고 있었고, 프랜시스 서머턴과 같은 운임을 지불했다. 앞서 검토한 알고리즘 중 둘은 그의 생존 확률을 0%로 추정했다. 아마 달은 얼음장 같은 물로 뛰어들었고, 그를 밀어버리려고 한 몇몇 사람의 방해를 피해 자기 힘으로 15번 구명보트에 기어올랐을 것이다.

프랜시스는 달과 극명하게 대비된다. 프랜시스의 죽음은 일반적 패턴과 맞아떨어진다. 그의 부인 한나 서머턴은 미국에서 성공한 남편 대신 고작 5파운드의 유산을 받았는데, 이는 프랜시스가 운임으로 지불한 금액보다 적었다.

알고리즘의 문제

오늘날 알고리즘의 성능은 놀랍다. 하지만 알고리즘이 점점 더 많은 일을 수행함에 따라 잠재적 문제들도 주목받기 시작했다. 그중 네 가지는 다음과 같다.

- 강건함robustness의 부족: 알고리즘은 데이터에서 의미 있는 연관성을 찾아내는 일련의 규칙들로 만들어진다. 그런데 알고리즘은 그 연관성 기저에 깔린 근본적인 과정들을 진정으로 이해한 것은 아니기 때문에 변화에 매우 민감할 수 있다. 비록 관심 대상이 과학적 진실이 아니라 정확성이라 할지라도, 우리는 PPDAC 모형의 기본 원칙들과 데이터에서 목표 모집단으로 나아가는 단계들을 기억해야 한다. 예측 분석

에서 목표 모집단은 미래 사례들로 구성된다. 그리고 과거의 데이터를 토대로 만들어진 알고리즘은 모든 것이 똑같이 유지된다는 가정을 전제하는데, 현실에서 세상은 항상 똑같이 유지되지 않기 때문에 문제가 발생할 수 있다. 2007~2008년 금융계에서 알고리즘이 어떻게 실패했는지 유념하자. 또 다른 예로 구글 독감 트렌드Google Flu Trend가 있다. 구글은 사용자들의 검색어 패턴에 기반해 독감 유행을 예측하려고 했다. 처음에 이 예측 알고리즘은 잘 작동하는 듯 보였지만 2013년에는 독감 발병률을 두 배 넘게 예측하면서 신뢰도가 떨어졌고 결국 서비스가 종료되었다.

- **통계적 변동성에 대한 고려 못 함**: 자동화된 순위 매기기가 제한된 데이터에 기반하고 있다면 그것은 신뢰할 수 없다. 미국에서는 매년 학생의 학업성취도에 따라 교사에게 순위를 매기고 징계를 해왔다. 하지만 학생 수가 30명 미만인 규모가 작은 반은 성취도 결과에 선생님이 기여한 바를 평가하는 데 신뢰할 만한 기초를 제공하지 못한다. 이것은 교사들의 연례 평가 점수가 믿기 어려울 정도로 매우 큰 변동성을 가진다는 데서 저절로 드러난다. 예를 들어 버지니아주 교사들의 4분의 1이 1~100점 범위에서 해마다 40점 이상의 차이를 보여준다.*

* 알고리즘 오용의 많은 예를 제공하는, 캐시 오닐Cathy O'Neil의 책 『대량살상 수학무기 Weapons of Math』에서 가져왔다.

- 내재적 편향성: 반복해 말하지만 알고리즘은 연관성에 기반하므로, 현재 다루는 문제와 무관하다고 여기는 특징들을 사용할 수도 있다. 예를 들어 허스키견과 독일 셰퍼드견 사진을 분별하도록 훈련된 시각 인식 알고리즘이 이상하게 반려견으로 길러진 허스키견을 분별하는 데는 실패했다. 알고보니 그 알고리즘은 배경에 있는 눈snow을 기준으로 판단하고 있었다.[4] 그 밖에도 진한 피부색을 덜 선호하는 미인 인식 알고리즘, 흑인을 고릴라로 인식한 알고리즘 등의 소소한 사례들이 있다. 또는 신용등급이나 보험료를 결정하는 등 삶에 중요한 영향을 미칠 수 있는 알고리즘이 인종 데이터 대신 동네를 나타내는 우편번호를 사용할 수도 있는데, 이때 우편번호는 인종을 반영하는 강력한 대체물이 된다.

- 투명성의 부족: 그 자체로 너무 복잡해서 불투명한 알고리즘도 있지만, 단순한 회귀 알고리즘이 특허로 등록되어 있어 그 구조가 비공개일 수도 있다. 이것은 노스포인트Northpointe 사의 콤파스COMPAS나 MHR 사의 엘에스아이아르LSI-R 같은 범죄 재발 예측 알고리즘에 대해 자주 제기되는 불만이기도 하다.[5] 이 알고리즘들은 보호관찰 결정이나 형량에 참고할 만한 위험지수 또는 범주를 제공하는데, 어떤 특성에 어떤 방식으로 가중치가 주어지는지가 알려져 있지 않다. 더구나 양육 환경과 과거 범죄 연루에 관한 정보를 이용하기 때문에, 그 결과값은 개인의 범죄 이력뿐 아니라 향후 범죄 가능성과 연관 있다고 여겨지는 배경요인에도

영향을 받는다. 비록 근원적 공통 요인이 가난과 결핍일지라도 말이다. 물론 정확한 예측이 가장 중요한 경우라면 알고리즘이 인종 정보를 사용하는 것까지 용인할 수 있을 것이다. 그러나 공정성과 정의의 관점에서 이 알고리즘들은 통제되어야 하고 투명해야 하며 사람들은 그 결과에 항소할 수 있어야 한다.

특허로 등록된 알고리즘이라도, 우리가 다른 값들을 입력해가며 실험해볼 수 있으면 어느 정도까지는 파악이 가능하다. 특정한 법률적 제약을 조건으로 하는 미지의 공식에 따라 견적 가격을 계산해주는 온라인 보험을 한번 떠올려보자. 온라인 자동차 보험은 고객의 성별을 반영하면 안 된다. 온라인 생명 보험은 헌팅턴 병을 제외하고 어떤 유전 정보나 인종 정보를 사용하면 안 된다. 그러나 우리는 거짓 정보를 넣어 어떻게 견적이 변하는지 살펴봄으로써, 숨겨진 공식에 관한 아이디어를 얻을 수 있다. 이 과정은 무엇이 가격을 높이는지를 알아내기 위해 알고리즘을 역설계reverse-engineering*하는 것을 어느 정도 허용한다.

오늘날, 사람들 삶에 영향을 미치는 알고리즘에 대해 설명 책임을 요구하는 목소리가 점차 증가하고 있다. 그 결과 알고리즘의 작동과 결론에 대해서 이해할 수 있는 설명을 내놓는 것이 법제화되는 추세

---

* 어떤 제품이나 체계가 어떻게 작동하는지 알아보기 위해 분해 혹은 분석하여 그 산출 방식을 알아내는 과정.(옮긴이)

다. 이런 경향은 복잡한 블랙박스에 불리하게 작용한다. 어쩌면 이때문에 근거가 되는 각 항목의 영향을 뚜렷하게 만드는 (오히려 구식인) 회귀 기반 알고리즘이 앞으로 더 선호될지도 모른다.

지금까지 알고리즘의 어두운 면을 보았으니, 이제는 알고리즘의 이로움과 강력함을 느낄 수 있는 예 하나를 살펴보자.

> 유방암 수술 이후 보조 치료를 추가로 받았을 때 몇 퍼센트의 생존율 향상을 기대해도 좋을까?

유방암을 진단받은 여성은 정도의 차이는 있을지라도 어떤 형태로든 수술을 받을 것이다. 그다음 중요한 문제는 재발이나 사망의 가능성을 줄이기 위해 어떤 보조 치료를 받을지 선택하는 것이다. 이때 선택지로 방사선 치료, 호르몬 치료, 화학 요법, 그 밖의 약물 투약이 있다. PPDAC 모형에서 볼 때, 이것은 '문제'에 해당한다.

영국 연구자들이 채택한 '계획'은 영국 암등록처UK Cancer Registry에서 얻은 여성 유방암 환자 5700명의 병력 '데이터'를 사용해 이 결정을 도와줄 알고리즘을 개발하는 것이었다. '분석'은 수술 이후 10년까지의 생존율 그리고 보조 치료에 따라 그 생존율이 어떻게 달라지는지 계산하기 위해 여성 환자와 암에 관한 세부 정보를 사용하는 알고리즘을 만드는 것이다. 단 과거에 이 보조 치료들을 받은 환자들을 분석할 때에는 조심할 필요가 있다. 우리는 그들이 그 치료를 받은 이유를 알 수 없으므로, 데이터에서 명백하게 관측되는 치료 효과를 그대로 사용할 수 없다. 대신 생존을 그 결과값으로 갖는 회귀 모형이 적합하다. (비록 치료들의 효과가 대규모 임상 시험에서 나온 것이라고 억지로 우겨야 하지만 말이다.) 이 알고리즘은 현재 공개되어 있으며 누구나 사용 가능하며, 2만 7000명의 여성으로 구성된 독립적인 데이터 집합들에 대해 식별과 보정이 이루어졌다.[6]

그 알고리즘을 탑재한 컴퓨터 소프트웨어는 〈예측 2.1〉이라고 불린다. 그 결과는 비슷한 여성들이 보조 치료를 받았을 때 5년 동안의 생존율 그리고 10년 동안의 생존율로 '전달'된다. 한 가상의 여성에 대한 결과가 표 6.5에 나온다.

〈예측 2.1〉은 완벽하지 않다. 표 6.5에 나온 수치들은 대략적인 지침으로 사용될 수 있을 뿐이다. 그것은 알고리즘에 포함된 특징들에 개별 사례가 들어맞는 경우에 예측되는 바이며, 특정 여성에 대해서라면 다른 요인들이 추가로 고려돼야 한다. 그럼에도 〈예측 2.1〉은 매달 수만 건의 사례에 사용되고 있다. 그것은 각 분야 전문의들이 모여 환자의 치료 방법을 논의할 때 또는 그 여성에게 논의 결과를 전달할 때 사용된다. 또한 그 소프트웨어는 보통의 경우 오직 의사만 이용 가능했던 정보를 환자에게 제공함으로써 당사자가 자신이 받을 치료를 선택할 수 있게 도와준다. 〈예측 2.1〉은 특허로 등록되어 있지 않고 모두에게 공개되어 있으며, 정기적으로 업그레이드되고 있다.

치료	추가 시 혜택	전체 생존율
수술만	–	64%
+호르몬 치료	7%	70%
+화학 요법	6%	76%
+트라스투주맙(허셉틴)	3%	79%
유방암이 없는 여성		87%

표 6.5
2센티미터짜리 2기 종양을 진단받았고 두 개의 양성 림프절을 가졌으며 ER, HER2, Ki-67 상태가 모두 양성인 65세 여성이 유방암 수술을 받은 후 10년 동안 생존할 확률. 〈예측 2.1〉의 알고리즘을 사용했다. 비록 이 보조 치료들이 부작용을 가질지는 모르지만, 여러 치료들을 누적했을 때 기대 혜택은 분명하다. 유방암이 없는 여성에 대한 생존율은 그 여성의 나이를 감안할 때 성취할 수 있는 최상의 값을 인용했다.

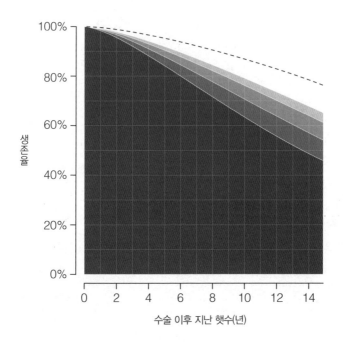

- - - - - 유방암으로 인한 사망을
제외한 생존율

⬤ 추가로 트라스투주맙을 복용했을 때

⬤ 추가로 화학 요법을 받았을 때

⬤ 추가로 호르몬 치료를 받았을 때

⬤ 수술만 했을 때

그림 6.7
표 6.5에 나온 여성에 대한 수술 이후 15년까지의 생존 곡선. 수술 이후 보조 치료를 받았을 때 기대되는 생존 효과를 누적해서 보여준다. 점선 위 영역의 넓이는 유방암에 걸렸지만 다른 원인으로 사망한 여성을 나타낸다.

인공지능

1950년대 처음 등장한 이래로 AI라는 아이디어는 떠들썩한 선전과 열광, 그리고 뒤이은 비판을 번갈아 받아왔다. 나는 1980년대에 컴퓨터의 도움을 받는 의학 진단과 관련해 인공지능에서의 불확실성 처리를 연구하고 있었다. 그 당시 많은 담론은 확률과 통계에 기초하고 있었는데, 특히 전문가의 판단 규칙을 압축하는 것과 신경망에 의한 인지 능력을 모방하려는 것 사이의 경쟁 구도로 표현되었다. 아직까지 과대선전은 남아 있지만, 오늘날 AI는 그 근본 철학에 대한 실용적이고 보편적인 연구들이 많아지면서 한층 더 성숙해졌다.

넓은 의미로 AI는 기계에 의해 구현되는 지능을 가리킨다. AI는 이 장에서 논의한 알고리즘을 넘어서며, 통계 분석은 AI 시스템의 한 구성 성분이다. 그러나 시각 인식, 말하기, 게임 등의 분야에서 최근 알고리즘이 달성한 비범한 성취가 보여주듯, 통계 학습은 좁은 AI의 성공에 중요한 역할을 한다. 〈예측 2.1〉 같은 시스템들은 전만 해도 통계에 기반한 의사결정 지원 시스템이라고 여겨졌을 테지만 이제는 AI라고 해도 무방하다.

앞서 풀어본 문제들 대부분이 근본적 인과관계는 고려하지 않고 오로지 연관성만 모형화한 알고리즘으로 귀결된다. 주데아 펄에 따르면 이런 모형들은 '우리가 X를 관측했다. 다음으로 무엇이 관측될 것인가?' 같은 질문에만 대답할 수 있다. 반면 범용 AI는 세상의 작동 원리를 설명해주는 인과관계 모형이다. 이런 AI는 개입의 영향(X를 하면 어떻게 될까?) 그리고 정반대의 가정(X를 안 했더라면 어떻게 되었을까?)을 묻는 인간의 질문에 답해줄 것이다. 하지만 이런 능력을 가진 AI의 등장은 아직 먼 미래의 일이다.

●

이 책은 적은 표본, 구조적 편향, 일반화의 어려움 같은 문제들을 강조한다. 알고리즘의 문제점을 살펴보면, 오늘날 많은 데이터 덕분에 표본 크기에 관한 걱정은 줄어들었지만, 다른 문제들이 더 나빠지는 경향이 있었다. 게다가 우리는 알고리즘의 추론 과정을 설명하라는 새로운 문제에 부딪혔다.

지나치게 많은 데이터는 건실하고 책임감 있는 결론을 생산하는 데 있어 어려움을 증가시킨다. 알고리즘을 만들 때 겸손함은 매우 중요한 덕목 중 하나다.

요약

- 데이터를 가지고 만든 알고리즘은 분류와 예측에 사용된다.
- 알고리즘이 훈련 세트에 과대적합하지 않도록, 즉 신호가 아니라 잡음에 맞춰지지 않도록 주의하자.
- 분류의 정확도, 그룹 식별 능력, 전반적인 예측 정확도를 기준으로 알고리즘을 평가할 수 있다.
- 복잡한 알고리즘은 투명성이 부족할지 모른다. 이해라는 가치를 위해 정확성을 조금 포기할 수 있다.
- 알고리즘과 인공지능은 많은 도전 과제를 가져온다. 기계학습 방법들이 가진 힘과 한계를 잘 아는 게 중요하다.

7장

추정을 얼마나 확신할 수 있나?

표본의 크기와 불확실성 구간

2018년 1월 BBC 뉴스 웹사이트는 지난 11월까지 석 달 동안 "영국에서 실업자가 3000명 줄어 144만 명까지 떨어졌다"라고 발표했다. 이 감소에 관한 이유는 논쟁거리였지만, 오히려 그 수가 정말로 정확한지에 대해서는 누구도 의문을 제기하지 않았다. 알고 보니 영국 통계청 웹사이트는 이 총계의 오차범위margin of error를 ±77,000이라고 밝히고 있었다. 즉 실제 변화는 8만 명 감소부터 7만 4000명 증가 사이에 있었다. 사실 3000명 감소라는 이 주장은 10만여 명 대상의 설문조사에 기초한 부정확한 추정이었다. 나는 이 점을 분명하게 지적했으나, 기자들은 그 의미를 전혀 이해하지 못했다. 마찬가지로 미국 노동통계국이 2017년 12월부터 2018년 1월까지 민간 실업 부분에서 계절조정 실업자 수가 10만 8000명 증가했다고 보고했을 때, 이것은 약 6만 가구로 이루어진 표본에 기초하였고 (역시 상당히 드문) ±300,000이라는 오차를 가졌다.[*1]

불확실성을 인지하는 것은 중요하다. 누구나 추정을 할 수 있지만, 그것의 가능한 오차를 현실적으로 평가하려면, 통계과학이 필요하다. 설사 그것이 몇몇 도전적인 개념들을 수반하더라도 말이다.

* 급여 지불 데이터로부터 나온 실업자 수의 변화는 고용주 신고에 근거하기 때문에 조금 더 정확하다. 그것은 대략 ±100,000의 오차범위를 갖는다.

우리가 잘 설계된 설문조사를 통해 데이터를 수집했으며, 알아낸 것을 모집단으로 일반화하고자 한다고 가정하자. 우리가 내재적 편향들을 성공적으로 피했다면, 다시 말해 무작위 추출을 잘했다면, 그 표본의 요약 통계량들은 연구 모집단에 대해 상응하는 값들과 가까울 것이다.

좀 더 자세히 말하면, 잘 수행된 연구에서 우리는 표본 평균이 모집단 평균에 가깝기를, 표본의 사분위범위가 모집단의 사분위범위에 가깝기를 기대한다. 3장에서 출생체중 데이터를 가지고 모집단 요약이라는 개념을 볼 때, 우리는 표본 평균을 통계량, 모집단 평균을 모수라고 불렀다. 더 전문적인 글에서는 혼동을 피하기 위해 각각을 로마 문자와 그리스 문자로 구분하여 나타내기도 한다. 예를 들어 m은 종종 표본 평균을 나타내는 반면 그리스 문자 μ(뮤)는 모집단 평균을 나타낸다. 마찬가지로 s는 일반적으로 표본 표준편차를, σ(시그마)는 모집단 표준편차를 나타낸다.

어떤 상황에서는 그저 요약 통계량만 전달해도 충분할지 모른다. 앞서 보았듯, 영국과 미국의 실업 통계는 실업자로 공식 등록된 사람들 수가 아니라 대규모 표본 조사에 기초한 것이다. 그런 대규모 설문조사를 통해 표본의 7%가 실업자라고 밝혀졌다면, 기관과 언론은 7%가 추정값일 뿐이라고 인지하기보다 전체 인구의 7%가 실업자라는 것이 마치 사실인 양 보도한다. 이처럼 사람들은 모집단 평균과 표본 평균을 혼동하지만 표본 규모가 크고 조사가 믿을 만한 것이라면, 실제 벌어지는 일에 대해 개략적인 모습을 보여주는 데

이런 혼동은 별 문제가 되지 않는다.

하지만 응답자가 100명에 불과하고 그중 7명이 실업자라고 대답했다면? 여전히 추정값은 7%겠지만 당신은 그 값을 전만큼 믿을 만하게 여기지 않으며 그것이 전체 모집단을 설명하는 것처럼 취급되는 게 불편할 것이다. 만약 응답자가 1000명이라면? 더 많은 10만 명이라면? 응답자가 많아질수록, 당신은 설문조사 결과를 더욱더 편안하게 받아들일 것이다. 이처럼 표본 크기는 추정값에 대한 당신의 확신에 영향을 미친다. 따라서 표본 크기가 얼마나 큰 차이를 만드는지 정확히 아는 것은 매우 중요하다.

성관계 상대 수

2장에 나온 Natsal 조사를 다시 살펴보자. 그것은 평생 성관계 상대 수에 대해 35~44세의 여자 1215명과 남자 806명이 응답한 대규모 조사였다. 그 결과에 관한 요약은 표 2.2에 나와 있는데, 평균은 남자가 14.3명, 여자가 8.5명이었고, 중앙값은 남자가 8명, 여자가 5명이었다. 그 조사는 무작위 추출 방식에 기반했기 때문에, 연구 모집단이 영국 성인이라는 목표 모집단에 부합한다는 추론은 합리적이다. 그렇다면 이 요약 통계량은 모든 영국인에게 질문했더라면 알아냈을 것에 얼마나 가까울까?

통계의 정확도가 표본의 크기에 얼마나 의존하는지 보여주기 위해, 잠시 최대 50명의 파트너를 보고한 남성 760명을 모집단으로 가정하자. 그리고 이 모집단으로부터 그 수가 10명, 50명, 200명인 표본을 추출하자. 각 표본 분포는 그림 7.1의 첫 번째, 두 번째, 세 번째 그래프에, 모집단 분포는 맨 아래 그래프에 나온다. 표본이 작을수록 분포가 더 울퉁불퉁한 이유는 그만큼 단일한 데이터 점에 더 민감해졌기 때문이다. 이 표본들에 대한 요약 통계량은 표 7.1에 나온다. 10명으로 구성된 첫 표본에서는 상당히 적은 성관계 상대 수(평균 8.3)가 나오지만, 표본의 크기가 커지면서 통계량은 760명 전체 집단의 통계량(평균 11.4)에 점점 가까워진다.

원래 다루려는 문제로 돌아가서, 그림 7.1의 표본들을 가지고 35~44세 남자로 구성된 모집단의 성관계 상대 수에 관해서 무슨 이야기를 할 수 있을까? 더 많은 사례들에 기초한 값이 어쨌든 더 낫다는 전제 아래 우리는 이 모집단의 모수를 각 표본의 통계량으로부터 추정할 수 있다. 예를 들어 표 7.1에서 성관계 상대 수의 평균 추정값이 11.4를 향해 수렴하고 있는 것을 보면, 우리는 충분히 큰 표본을 가지고 원하는 만큼 참값에 가까이 갈 수 있다.

이제 우리는 가장 중요한 단계에 도달했다. 이 통계량들이 얼마나 정확한 것인지 알아내기 위해, 상상 속에서 표본 추출 과정을 여러 차례 반복했을 때 통계량들이 얼마나 많이 변할지 생각해볼 차례다. 다시 말해, 그 나라에서 남자 760명을 반복해서 고른다면, 통계량은 얼마나 많이 달라질까?

그 값들이 얼마나 많이 달라질지 알면, 실제 추정값이 얼마나 정확한지 말할 수 있다. 불행히도, 정확한 변동성을 알아내려면 모집단에 관한 세부 사항들을 정확하게 알아야 하는데, 바로 이것이 우

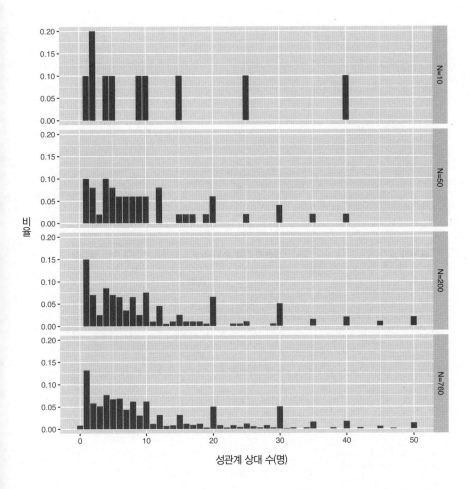

그림 7.1
맨 아래 그림은 조사에 응한 760명의 분포를 보여준다. 위의 세 그림은 무작위로 추출된, 크기가 10명, 50명, 200명인 표본의 분포다. 표본의 크기가 작을 때는 변동적인 패턴을 보여주나, 그 크기가 커질수록 분포의 모양은 760명 전체 집단의 분포에 가까워진다. 성관계 상대 수가 50명 이상인 값은 제외시켰다.

표본의 크기	성관계 상대 수의 평균	성관계 상대 수의 중앙값
10	8.3	9
50	10.5	7.5
200	12.2	8
760	11.4	7

(단위: 명)

표 7.1
Natsal에서 35~44세 남자의 성관계 상대 수에 대한 요약 통계량. 크기가 10, 50, 200명인 표본과 760명의 완전한 데이터에 대한 평균과 중앙값이 나와 있다.

리가 모르는 것이다.

이 순환논리를 해결하는 방법은 두 가지가 있다. 하나는 모집단의 분포에 대해 어떤 수학적 가정을 하고서 확률이론을 이용해 추정값의 예상되는 변동성을 알아내는 것이다. 그러면 모집단 평균으로부터 표본 평균이 얼마나 멀리 떨어져 있는지 알 수 있다. 이것은 통계학 교과서에서 가르치는 전통적인 방법이다(9장 참조). 또 다른 방법은 모집단이 대충 표본처럼 보일 거라는 가정에 기반한다. 그리고 모집단에서 새로운 표본을 반복해서 뽑을 수는 없지만, 대신 표본에서 새로운 표본을 반복해서 뽑을 수 있다는 점을 이용한다.

이 아이디어를 그림 7.2에서 확인해보자. 그림 7.2 맨 위 그림은 이전에 뽑은 50개짜리 표본이다. 이 표본의 평균은 10.5였다. 그다음에 이 표본에서 50개의 데이터 점을 다시 차례대로 뽑는데, 매번 직전에 뽑았던 것을 다시 넣은 후에 뽑는다(즉 복원 추출한다). 이렇게 뽑은 표본의 분포는 그림 7.2 두 번째 그래프에 나오며, 그 평균은 8.4다. 이때 재표본은 원래 표본과 같은 값을 다른 개수만큼 포함하기 때문에 분포와 평균이 약간씩 달라진다는 걸 유의하자. 여기서는 총 세 번 재표본을 뽑았고 이를 그림 7.2에 나타냈다. 각각은 평균이 8.4, 9.7, 9.8이다.

이처럼 복원 추출을 반복해 추정값의 변동성에 관한 아이디어를 얻는 과정을 데이터의 **부트스트랩**bootstrap이라고 한다. 자기 부츠 손잡이를 잡아당겨 스스로를 들어 올린다는 마법 같은 아이디어처럼 모집단 분포와 관련해 어떤 가정도 하지 않고서 추정값의 변동성에 대하여 배울 수 있다는 의미로 이런 이름이 붙여졌을 것이다.

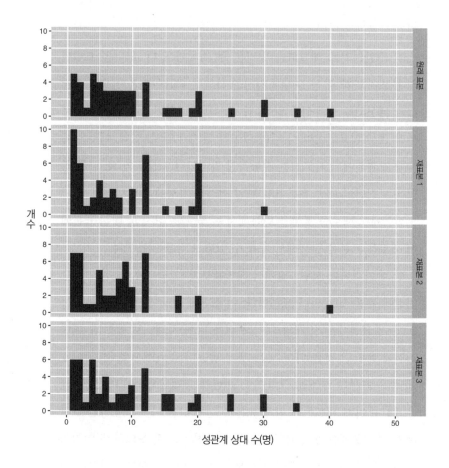

원래 표본

재표본 1

개
수

재표본 2

재표본 3

성관계 상대 수(명)

그림 7.2
크기가 50인 원래 표본과 3개의 부트스트랩 재표본. 재표본 각각은 원래 표본에서 무작위로
추출한 50개의 관측값들로 구성되어 있는데, 직전에 뽑은 값을 다시 넣은 후 전체에서 다시
뽑는다. 예를 들어 파트너가 25명인 관측값은 원래 표본에서 한 번 등장한다. 이 데이터 점은
재표본 1에서 한 번 뽑혔고, 재표본 2에서는 전혀 나오지 않았고, 재표본 3에서는 두 번 뽑
혔다.

재표본 추출을 1000번 반복하면 평균값은 1000개가 나오는데, 그 분포를 그림 7.3의 두 번째 히스토그램이 보여준다. 그 밖에 다른 그림들은 그림 7.1에 나온 다른 크기의 표본들을 부트스트랩한 결과다. 각 히스토그램을 보면 원래 표본의 평균 근처에 부트스트랩 추정값들이 퍼져 있음을 알 수 있다. 이것을 **표집 분포**sampling distribution라고 한다. 표집 분포는 데이터의 반복되는 표본에서 도출한 추정값의 변동성을 나타낸다.

그림 7.3은 몇 가지 분명한 특징을 보여준다. 먼저 가장 눈에 띄는 특징은 원래 표본의 비대칭성이 거의 다 사라졌다는 점이다. 재표본의 평균들은 거의 대칭적인 분포를 이룬다. 이것은 중심극한정리Central Limit Theorem라는 개념으로 이해할 수 있다. 중심극한정리란 표본의 크기가 증가함에 따라 원래 데이터 분포의 모양이 어떠하든 거의 상관없이 표본 평균들의 분포가 정규분포의 형태로 다가가는 경향을 의미한다. 여기서는 극히 이례적인 결과인데, 자세한 내용은 9장에서 더 알아볼 것이다.

결정적으로 우리는 이 부트스트랩 분포를 이용해 표 7.1에 나온 추정값들의 불확실성을 수치화할 수 있다. 예를 들어 우리는 부트스트랩 재표본의 평균 중 95%를 포함하는 범위를 발견할 수 있다. 이것을 원래 추정값에 대한 95% 불확실성 구간uncertainty interval 또는 오차범위라고 부를 수 있으며 표 7.2에 나온다. 부트스트랩 재표본 분포의 대칭성은 불확실성 구간이 원래 추정값 주변에서 대칭적으로 퍼져 있음을 뜻한다.

두 번째 특징은 표본 크기가 증가함에 따라 부트스트랩 분포가

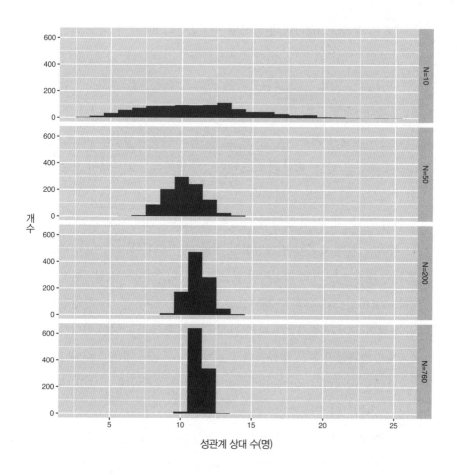

그림 7.3

그림 7.1에 나온 크기가 10, 50, 200, 760인 원래 표본 각각에 대한 부트스트랩 재표본 1000
개의 평균값 분포. 재표본의 평균 변동성은 표본 크기가 증가함에 따라 감소한다.

표본의 크기	성관계 상대 수의 평균값	95% 부트스트랩 불확실성 구간
10	8.3	5.3~11.5
50	10.5	7.7~13.8
200	12.2	10.5~13.8
760	11.4	10.5~12.2

표 7.2
Natsal에서 35~44세 남자의 성관계 상대 수에 대한 표본 평균. 크기가 10, 50, 200명인 표본과 760명 전체에 대한 95% 부트스트랩 불확실성 구간(오차범위)을 나타냈다.

점점 더 좁아진다는 점이다. 다시 말해, 표본 크기가 증가할수록 95% 불확실성 구간은 계속 좁아진다.

이 절에서 소개한 중요한 개념들은 다음과 같다.

- 표본 통계량의 변동성
- 모집단 분포에 대한 가정 없이 사용 가능한 데이터의 부트스트랩
- 통계량의 분포는 개별적 데이터 점을 추출하는 원래 분포에 의존하지 않는다는 사실

매우 놀랍게도 이 과정에서 무작위 추출이라는 아이디어를 제외하면 어떤 수학도 없었다. 게다가 부트스트랩 전략은 더 복잡한 상황에도 적용할 수 있다.

●

5장에서 우리는 골턴의 키 데이터에 적합한 회귀직선을 구했다. 예를 들어 기울기가 0.33인 회귀직선을 이용해 어머니 키로부터 딸 키를 예측할 수 있었다(표 5.2). 우리는 그 직선에 대하여 얼마나 확신할 수 있을까? 부트스트랩은 모집단에 대해 어떤 수학적 가정도 하지 않고 이 질문에 대답하는 직관적인 방법을 제공한다.

그림 7.4에 나온 433개의 어머니-딸 데이터 쌍을 부트스트랩하기 위해서, 데이터로부터 433개로 이루어진 재표본을 하나 뽑아 거기서 최소제곱직선을 찾는다. 이 과정을 원하는 만큼 여러 번 반복

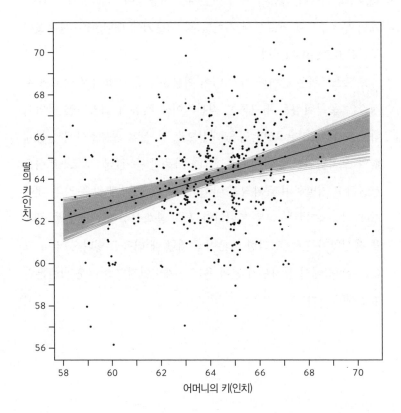

그림 7.4

골턴의 어머니–딸 키 데이터의 부트스트랩 재표본 20개에 대한 회귀직선들. 원래 데이터에서 도출한 회귀직선과 구별되게 회색 선으로 그려져 있다. 표본 크기가 크기 때문에 기울기의 변동성이 비교적 작다.

한다. 그림 7.4는 재표본 20개에서 나온 최적합 직선들을 보여주는데, 원래 데이터 집합이 커서 직선에서 변동성이 비교적 작다. 1000개의 부트스트랩 재표본에 기반할 때, 기울기에 대한 95% 불확실성 구간은 0.22~0.44이다.

부트스트랩은 강력한 가정 없이 확률 이론을 이용하지 않고서 추정값의 불확실성을 평가하는 직관적이고 컴퓨터 집약적인 방법이다. 그러나 그것은 10만 명을 대상으로 한 실업 설문조사에서 통계량의 오차범위를 알아내고자 할 때 사용할 수 없다. 부트스트랩은 간단하고 기발하며 효과적인 아이디어이나, 그렇게 많은 양의 데이터에 적용하기에는 너무 불편하다. 특히 불확실성 구간에 관한 공식을 생성할 수 있는 편리한 이론이 존재할 때 더욱 그렇다. 그러나 그 이론을 9장에서 살펴보기 전에 우리는 재미있지만 어려운 확률론과 마주해야 한다.

요약

- 불확실성 구간은 통계량을 전달할 때 중요하다.
- 어떤 표본의 부트스트랩은 복원 추출을 통해 원래 표본에서 같은 크기의 데이터 집합들을 얻는 기법이다.
- 부트스트랩 재표본의 통계량은 원래 데이터의 분포와 상관없이 그 크기가 커짐에 따라 정규분포에 가까워지는 경향이 있다.
- 부트스트랩 불확실성 구간은 현대 컴퓨터의 힘을 이용한다. 그것은 모집단의 수학적 형태에 관한 가정이나 복잡한 확률론을 요구하지 않는다.

8장

불확실성과 변동성의 언어

확률 법칙과 이론

1650년대 프랑스에서 슈발리에 드 메레Chevalier de Mere(진짜 이름은 앙투안 공보Antoine Gombaud)는 도박 문제를 가지고 있었다. 그가 도박을 많이 하긴 했지만, 여기서는 도박을 너무 많이 하는 문제를 말하는 게 아니다. 그는 다음 두 게임 중 이길 가능성이 높은 걸 알고 싶었다.

- 게임 1: 최대 4번까지 공정한 주사위를 한 개 던지는데, 6이 나오면 이긴다.
- 게임 2: 최대 24번까지 공정한 주사위를 두 개 던지는데, 둘 다 6이 나오면 이긴다.

어떤 것이 더 나은 내기일까? 경험적 통계 원칙을 따르고자, 슈발리에는 두 게임을 많이 해보기로 결정했다. 그것은 상당히 많은 시간과 노력이 들었다. 한편 컴퓨터가 있고 확률론은 없는 평행 우주에서, 슈발리에는 실제 데이터를 수집하느라 시간을 낭비하는 대신 게임을 수천 번 시뮬레이션해볼 수 있다.

그림 8.1은 게임을 점점 더 많이 할수록 각 게임에서 이기는 횟수의 전체적 비율이 어떻게 변하는지 보여준다. 비록 게임 2가 잠시 동안은 더 나은 내기처럼 보일지라도, 각 게임을 약 400번 정도 하고 나면 게임 1이 더 좋다는 것이 명백해진다. 아주아주 긴 시간이 지나면 게임 1의 경우 이길 확률이 약 52%고, 게임 2의 경우는 오직 49%다.

너무 자주 도박을 했기 때문일까? 정말 놀랍게도 슈발리에 또한

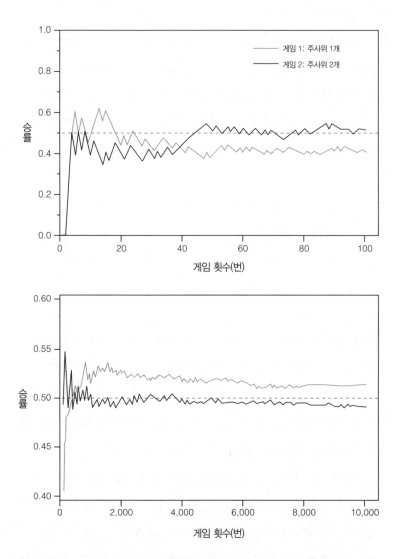

그림 8.1

두 게임을 1만 번 반복한 컴퓨터 시뮬레이션. 게임 1에서 참가자는 공정한 주사위 한 개를 최대 4번 던져 6이 나오면 이긴다. 게임 2에서 참가자는 공정한 주사위 두 개를 최대 24번 던져 둘 다 6이 나오면 이긴다. 각 게임을 처음 100번 하는 동안(위쪽 그래프), 게임 2의 승률이 더 높아 보인다. 하지만 수천 번 게임을 하고 하면(아래쪽 그래프), 게임 1이 약간 더 나은 내기 임이 밝혀진다.

게임 1이 약간 더 나은 내기라는 결론에 도달했다. 이것은 승률을 계산하고자 하는 그의 잘못된 시도와 상반되었다.* 따라서 그는 파리의 메르센 살롱**에 도움을 청했다. 다행히 철학자 파스칼이 그 살롱의 일원이었다. 파스칼은 친구 페르마(유명한 '페르마의 마지막 정리'의 그 페르마)에게 슈발리에의 문제에 관해 편지를 썼다. 그리고 그 둘이 함께 확률론의 기초를 발전시켰다.

●

인간이 뼛조각이나 주사위를 가지고서 도박을 해온 역사는 수천 년이나 되지만, 확률론은 비교적 최근에 등장했다. 그 수학적 체계는 1650년대 파스칼과 페르마의 연구를 시작으로 50년 동안 모두 정리되었다. 오늘날 확률은 도박은 물론이고 물리학, 보험, 연금, 금융 거래, 일기예보 등에 사용된다. 그러나 왜 통계학에서 확률을 사용해야 할까?

우리는 이미 데이터 점들이 모집단으로부터 '무작위로 추출된다'는 개념을 보았다(3장에서 저체중아를 낳은 친구가 확률에 대한 첫 소개였다). 이때 모집단의 누구든 표본의 일부로 선택될 가능성은 똑같

---

* 게임 1의 경우, 그는 4번 던지면 매번 1/6의 확률이니 전체적으로 $4 \times 1/6$, 즉 2/3만큼 이길 가능성이 있다고 생각했다. 비슷하게 게임 2의 경우, 24번 던지면 매번 1/36의 확률이니 $24 \times 1/36 = 2/3$의 이길 가능성이 나오므로, 게임 1과 승률이 같다고 봤다. 이것은 학생들도 흔히 저지르는 실수다. 왜 틀렸는지 보기 위해 다음을 생각해보라. 게임 1에서 12번 던진다면, 이길 가능성이 $12 \times 1/6 = 2$일까? 올바른 추론은 미주 1에 나온다.

** 메르센은 프랑스 신학자, 자연철학자이자 수학자로, 당대 수많은 과학자, 수학자와 교류했다. 메르센 살롱은 그렇게 형성된 일종의 커뮤니티다. (옮긴이)

다고 가정해야 한다(맛보기 전에 수프를 잘 저어야 한다는 갤럽의 비유를 기억하자). 그리고 미지의 세상에 관해 예측 등의 통계적 추론을 할 때, 결론은 항상 어느 정도의 불확실성을 가진다.

7장에서 표본 추출을 계속 반복하는 부트스트랩을 이용해 요약 통계량이 얼마나 많이 변화하는지 보았다. 그런 다음 이 변동성을 가지고서 모집단의 알려지지 않은 특징들에 관한 불확실성을 표현했다. 여기서 필요한 것은 오직 '무작위 추출'이라는 아이디어뿐인데, 이것은 공정한 선택을 나타내는 것으로 쉽게 이해될 수 있다.

전통적으로 통계학 강의는 확률에서 시작한다. 나 또한 케임브리지에서 학생들을 가르칠 때 항상 그랬다. 그러나 이런 수학적인 시작은 통계학의 중요한 아이디어들을 이해하는 데 걸림돌이 될 수 있다.

반대로 이 책에서 통계적 추론을 위한 기초로서의 확률은, 한참 지나서야 등장한다.[1] 지금까지 우리는 미래에 가능한 사건들을 탐구하고 데이터를 부트스트랩하는 데 컴퓨터 시뮬레이션을 사용했다. 하지만 그것은 통계적 분석을 수행하는 데 상당히 번잡스럽고 다소 무식한 방법이다. 우리는 확률을 직접 다루지 않고도 먼 길을 왔지만, 이제는 '불확실성의 언어'를 제공한 확률과 대면할 때다.

지난 350년 동안 발전해온 이 훌륭한 이론을 이 책은 왜 그토록 꺼렸을까? 지난 40년간 이 분야를 연구하고 가르쳤지만, 나는 확률이 어렵고 직관적이지 않은 아이디어라는 데 동의한다. 그리고 확률이 까다롭다고 생각하는 사람들에게 공감한다. 통계학자인 나조차 기본적인 확률 문제를 누가 물어보면, 어디론가 가서 조용히 앉아

연필과 종이를 꺼내 몇 가지 다른 방식으로 풀어본 뒤에 정답이기를 바라며 조마조마한 마음으로 결과를 말한다.

먼저 내가 가장 좋아하는 문제 해결 기법을 소개하겠다. 이걸 미리 알았더라면 정치인들은 다음과 같은 난처한 상황에 처하지 않았을 것이다.

통계적 분석을 조금 더 단순하게 만드는 확률 법칙

2012년, 런던에서 국회의원 97명이 다음과 같은 질문을 받았다. "동전을 두 번 던졌을 때, 앞면이 두 번 나올 확률은 얼마입니까?" 놀랍게도 97명 중 절반 이상인 60명이 정답을 말하지 못했다.* 그들은 더 잘할 수 있었을까?

그들이 확률 법칙을 알았더라면 결과는 달라졌을 것이다. 안타깝게도 대부분의 사람들은 확률 법칙을 모른다. 그 대신 더 직관적인 아이디어를 사용해볼 수 있다. 이 방법은 사람들의 통계적 추론을 향상시키기 위한 많은 심리학 실험에서 사용된다.

이것은 '기대빈도'라는 아이디어다. 동전 두 개짜리 문제를 맞닥뜨렸을 때 먼저 '내가 그 실험을 여러 번 시도했다면 무슨 일이 일어날까?'라고 스스로에게 물어보자. 그리고 동전 하나를 던진 다음 또 하나를 던지는 시행을 총 네 번 한다고 해보자. 잠시만 생각하면, 심

---

* 정답은 1/4, 25% 또는 0.25이다.

지어 정치인조차도 그림 8.2처럼 네 번에 한 번은 앞면이 두 번 나올 거라고 기대할 수 있다. 따라서 한 번의 시도에서 앞면이 두 번 나올 확률은 네 번 중 한 번이니까 1/4이 된다.

여기서 가지마다 각 면이 나올 경우를 비율로 써넣으면, 기대빈도 나무는 그림 8.3의 확률 나무로 바꿀 수 있다. 그러면 나무의 어떤 가지에 해당하는 사건의 전체 확률, 예를 들어 두 번 잇따라 앞면이 나올 확률은 그 가지를 따라가는 갈래에 놓인 분수들을 차례대로 곱해 얻어진다. 따라서 앞면이 두 번 나올 확률은 $1/2 \times 1/2 = 1/4$이다.

확률 나무는 학교에서 확률을 가르칠 때 널리 사용된다. 그것은 동전 두 개 던지기라는 이 단순한 예를 사용해 확률 법칙을 전부 보여준다.

1. 한 사건의 확률은 0과 1 사이의 수이다: 불가능한 사건(예를 들어 앞면도 뒷면도 안 나오는 경우)의 확률은 0이고, 확실한 사건(모든 가능한 네 가지 조합 중 아무거나)의 확률은 1이다.

2. 여사건 법칙: 어떤 사건이 일어날 확률은 '1 − 그 사건이 일어나지 않을 확률'이다. 예를 들어 '적어도 뒷면 하나'가 나올 확률은 '1 − 앞면이 두 개가 나올 확률'이므로 $1 - 1/4 = 3/4$이다.

3. 덧셈 법칙 혹은 '또는' 법칙: (두 사건이 동시에 일어날 수 없음을 뜻하는) 배반사건들의 전체 확률은 각 확률을 더해 구한다. 예를 들어 '적어도 앞면이 한 번' 나올 확률은 3/4인데, 왜냐하면 그것은 '앞면 두 번' 또는 '앞면 + 뒷면' 또는 '뒷면 + 앞

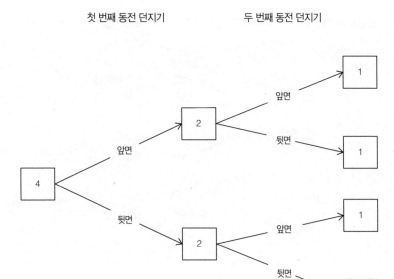

첫 번째 동전 던지기　　　　　　　두 번째 동전 던지기

그림 8.2
동전 두 개 던지기를 네 번 반복할 때 기대빈도 나무. 예를 들어 당신은 첫 번째 동전을 던질 때 네 번 중 두 번 앞면이 나오고, 그다음 두 번째 동전을 던질 때 이 두 번 중 앞면과 뒷면이 각각 한 번씩 나올 거라고 예상한다.

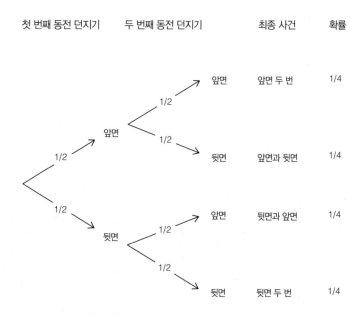

| 첫 번째 동전 던지기 | 두 번째 동전 던지기 | 최종 사건 | 확률 |

첫 번째 동전 던지기 두 번째 동전 던지기 최종 사건 확률

1/2 → 앞면

1/2 → 앞면 → 앞면 두 번 1/4

1/2 → 뒷면 → 앞면과 뒷면 1/4

1/2 → 뒷면

1/2 → 앞면 → 뒷면과 앞면 1/4

1/2 → 뒷면 → 뒷면 두 번 1/4

그림 8.3
동전 두 개 던지기에 관한 확률 나무. 각 가지마다 그것이 나올 경우의 수를 비율로 나타냈다.
그 나무의 어떤 가지에 대한 확률은 그 가지를 따라가는 갈래에 놓인 분수들을 곱해 얻는다.

면'으로 구성되어 있고, 각각의 확률이 1/4이기 때문이다.

4. 곱셈 법칙 혹은 '그리고' 법칙: 일련의 (한 사건이 다른 사건에 영향을 미치지 않음을 뜻하는) 독립사건independent event*들이 일어날 전체 확률은 각 확률을 곱해 구한다. 예를 들어 앞면 그리고 앞면이 나올 확률은 1/2×1/2 = 1/4이다.

이 기본 법칙들은 슈발리에가 게임 1에서 이길 확률이 52%이고, 게임 2에서 이길 확률이 49%임을 보여준다.[2]

이 단순한 동전 던지기의 예에서조차 엄격한 가정이 전제되어 있다. 예를 들어 우리는 동전이 공정하고 균형 잡혀 있고, 그것은 적절하게 던져지므로 그 결과는 예측 가능하지 않고, 동전은 모서리로 서지 않고, 처음 던진 후에 혜성이 날아와 부딪치지 않음 등을 가정한다. (혜성을 제외하고) 이런 가정들은 매우 중요하다. 가정이 전제되어 있다는 것은 우리가 사용하는 모든 확률이 조건부확률conditional probability이라는 뜻이다. 어떤 사건의 '무조건적인 확률'은 없으며, 항상 확률에 영향을 미칠 수 있는 가정과 요인이 존재한다. 따라서 조건을 규정할 때 우리는 항상 조심스러워야 한다.

---

* 동전 두 개를 던지는 경우, 첫 번째 동전 던지기의 결과가 두 번째 동전 던지기에서 무엇이 나올지에 영향을 미치지 않으므로 각 사건은 독립적이다. 이와 달리 한 사건의 확률이 다른 사건의 결과에 따라 달라지는 경우도 있다. 이를테면 서랍에서 차례대로 다른 색 양말들을 꺼낼 때 특정 색 양말이 나올 확률은 전에 어떤 색 양말을 꺼냈는지에 따라 달라진다. 이런 사건은 **종속사건**dependent event이라고 한다.

조건부 확률: 확률이 다른 사건들에 따라 달라질 때

유방암 검사를 할 때, 유방 촬영은 대략 90% 정확하다. 이것은 유방암이 있는 여성의 90%와 유방암이 없는 여성의 90%가 올바르게 분류된다는 의미이다. 검사를 받은 여성 중 1%에게 실제 암이 있다고 가정하자. 한 여성의 촬영 결과가 양성이 나올 확률은 얼마인가? 이때 그가 정말로 암에 걸렸을 가능성은 얼마나 되는가?

이런 문제는 지능 검사에 나오는 전형적인 문제로, 상당히 높은 난이도를 자랑한다. 하지만 기대빈도를 사용해, 이를테면 그림 8.4처럼 1000명의 여성에게 일어날 일을 예상하면, 그 문제는 정말 쉬워진다.

1000명의 여성 중 10명(1%)에게 실제로 유방암이 있다. 그 10명 중 9명(90%)은 양성 판정을 받을 것이다. 그러나 유방암이 없는 여성 990명 중 99명(10%)은 잘못된 양성 판정을 받는다. 이들을 전부 다 합하면 총 108명이 양성 판정을 받는다. 따라서 임의로 선택한 어떤 여성의 검사 결과가 양성일 확률은 108/1,000, 약 11%이다. 그러나 이 108명 중 9명만 실제로 유방암이 있으므로, 그녀가 실제로 유방암에 걸렸을 확률은 9/108, 약 8%에 불과하다.

조건부확률에 관한 이 연습문제는 직관에 반하는 결과를 보여준다. 유방 촬영의 정확도가 90%임에도 불구하고, 검사 결과가 양성인 여성 대다수는 사실 유방암에 걸리지 않았다. 암에 걸렸을 때 검

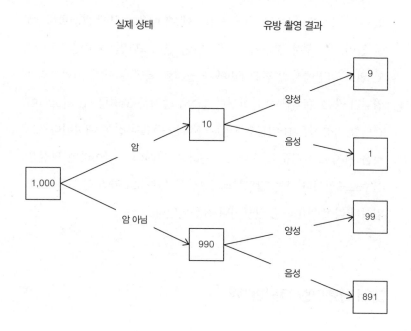

실제 상태 유방 촬영 결과

양성 → 9

암 → 10

음성 → 1

1,000

양성 → 99

암 아님 → 990

음성 → 891

그림 8.4
유방 촬영 검사를 받은 1000명의 여성들에게 예상되는 일을 보여주는 기대빈도 나무. 전체 여성 중 1%에게 실제 유방암이 있고, 유방 촬영은 암에 걸린 여성 중 90%와 암에 걸리지 않은 여성 중 90%를 제대로 분류한다고 가정한다. 그 결과 전체적으로 108명에게 양성 결과가 나오며, 그중 9명이 정말로 암에 걸렸다.

사 결과가 양성일 확률과 양성 검사 결과가 나왔을 때 암에 걸렸을 확률은 다르다.

이런 유형의 혼동은 **검사의 오류**prosecutor's fallacy라고 널리 알려져 있으며, 법정에서 DNA 증거를 평가할 때 매우 흔하게 발생한다. 예를 들어 과학수사 전문가가 '피고인이 결백하다면, 피고인의 DNA와 범죄 현장에서 발견된 DNA가 일치할 확률은 단지 10억분의 1입니다'라고 주장했는데, 이것이 'DNA 증거를 고려할 때, 피고인이 결백할 가능성은 10억분의 1입니다'라는 뜻으로 잘못 해석된다.* 이것은 저지르기 쉬운 실수다. 그 논리는 '당신이 교황이라면 당신은 천주교도입니다'라는 말로부터 '당신이 천주교도라면 당신은 교황입니다'라고 말하는 것만큼이나 잘못되었다.

대체 확률이란 무엇인가?

거리, 무게, 시간은 자, 저울, 시계를 가지고 측정할 수 있다. 하지만 확률은 어떻게 측정하는가? 세상에 확률 측정기는 없다. 어떤 가상의 양인 것처럼 확률에 수를 부여할 수는 있지만, 그것은 결코 직접 측정된 것이 아니다.

그럼 아주 당연한 질문을 던져보자. 대체 확률은 무엇을 뜻하는

---

* '뒤바뀐 조건부 법칙law of the transposed conditional'이라고도 알려져 있다. B일 때 A의 확률을 A일 때 B의 확률과 혼동한다는 뜻이다.

가? 무엇이 확률의 좋은 정의인가? 이것은 그 자체로 매력적인 주제다. 확률에 관한 철학은 다소 현학적으로 들릴지 몰라도, 통계학을 실제 응용할 때 중요한 역할을 한다.

다만 이 질문에 대한 전문가들의 깔끔한 합의를 기대하면 곤란하다. 철학자들과 통계학자들은 수학적 확률론에 대해서는 의견을 같이할지 몰라도, 이 규정하기 어려운 수가 실제로 무엇을 의미하는지에 대해서는 격렬하게 논쟁해왔기 때문이다. 그중 유명한 아이디어 몇 개를 소개하면 다음과 같다.

- 고전적 확률: 이것은 우리가 학교에서 배우는 것으로, 동전, 주사위, 카드 등의 대칭성에 기반한다. 여기서 확률은 '결과들이 모두 똑같이 가능할 때, 특정 사건을 지지하는 결과의 수를 가능한 모든 결과의 수로 나눈 비'라고 정의된다. 예를 들어 주사위를 던졌을 때 1이 나올 확률은, 주사위에 여섯 면이 있으므로, 1/6이다. 그러나 이 정의는 다소 순환적인데, '똑같이 가능하다'의 정의가 필요하기 때문이다.
- 열거enumerative 확률*: 하얀 양말 세 개, 까만 양말 네 개가 서랍에 있는데 임의로 양말을 하나 꺼낸다고 가정해보자. 하얀 양말을 꺼낼 확률은 얼마인가? 그것은 3/7로, 기회들을 열거함으로써 얻어진다. 이것은 객체들의 집합에서 '무작위로 선택한다'는 생각이 확장된 것이다. 앞서 표본을 모집

---

* 이 용어를 발명한 필립 다비드Philip Dawid에게 감사한다.

단에서 무작위로 뽑는 것을 서술할 때, 이 아이디어를 이용했다.

- 장기 빈도long-run frequency 확률: 이것은 동일한 실험을 한없이 계속할 때 어떤 사건이 발생하는 횟수에 기초한다. 슈발리에의 게임들을 아주 긴 시간 동안 시뮬레이션할 때처럼 말이다. 이것은 무한히 반복될 수 있는 사건들에 대해 (적어도 이론적으로) 타당할 수 있다. 그러나 경마 결과나 내일의 날씨처럼 고유한 사건에 대해서는 어떤가? 사실 실제 상황 대부분은 이론상으로도 무한히 반복될 수 없다.

- 성향propensity 또는 가능성chance: 이것은 어떤 사건을 만드는 상황의 객관적 성향이 있다는 생각이다. 겉보기에 이 아이디어는 매력적이다. 만일 당신이 전지전능한 존재라면, 버스가 곧 도착할 특정 확률 또는 오늘 차에 치일 특정 확률이 있다고 말할 수 있을지 모른다. 그러나 그것은 우리 같은 유한한 존재가 형이상학적인 이 진짜 가능성을 추정하는 데 어떤 근거도 제공하지 못한다.

- 주관적subjective 또는 개인적personal 확률: 이것은 현재 지식을 토대로 특정 경우에 대해 특정 사람이 내린 판단이다. 또는 그들이 타당하다고 생각하는 내기의 승산이라고 대충 해석할 수 있다. 만약 5분 동안 공 세 개를 저글링하면 1파운드를 받는 내기가 있다고 하자. 내가 기꺼이 그 내기에 (돌려받을 수 없는) 60펜스를 냈다면, 그 사건에 대해 내가 생각하는 확률은 0.6이다.

전문가들마다 선호하는 게 다르지만, 개인적으로 나는 마지막에 나온 주관적 확률을 좋아한다. 이것은 확률이 본질적으로 현재 상황에서 알려진 것에 따라 '구성된다'는 견해다. 사실 확률은 (어쩌면 아원자 수준에서는 제외하고) 실제로 존재하지 않는다. 이런 접근법은 베이즈 추론Bayesian statistical inference의 기초가 된다(11장 참조).

하지만 확률은 객관적으로 존재하지 않는다는 내 입장에 당신이 동의할 필요는 없다. (사실 이는 상당한 논쟁거리다.) 동전이나 다른 무작위 기기들이 객관적으로 무작위적이라고 가정해도 좋다. 즉 그것들이 너무도 예측 불가능해서 '객관적인' 확률로부터 나온다고 예상되는 것들과 구별할 수 없는 데이터를 생기게 한다고 말이다. 사실 우리는 그렇지 않다는 걸 알고 있으면서도 일반적으로 관측이 무작위적인 것처럼 행동한다. 가장 극단적인 예가 유사 난수 생성기 pseudo-random-number generator다. 이것은 논리적이고 완전히 예측 가능한 계산 알고리즘에 기초하므로, 무작위성을 전혀 포함하지 않는다. 하지만 그 작동 원리가 너무 복잡해서 아원자 입자들로부터 얻어지는 진정한 난수열과 유사 난수열을 실질적으로 구별하기란 불가능하다.*

참이 아니라는 걸 아는데 마치 그것이 참인 것처럼 행동하는 이 다소 괴상한 능력은 평소 같으면 위험하고 비이성적이라고 간주될 것이다. 그러나 데이터의 통계적 분석을 위해 확률을 사용할 때는

---

* 여기서 유사 난수 생성기는 잘 설계되었으며, 이 수들의 계획된 이용은 통계적 모형화 또는 그 비슷한 것을 위한 것이라고 가정했다. 그 수들은 암호에 응용할 만큼 충분히 좋지는 않은데, 예측 가능성 때문에 암호가 깨질 수 있기 때문이다.

도움이 된다.

●

이제 목표 모집단이 무엇이든 간에 그것에 대한 확률론, 데이터 그리고 학습 사이의 일반적 관계를 설계하는 중요하지만 어려운 단계에 진입했다.

확률론은 상황 1에서 자연스럽게 등장한다.

1. 데이터 점이 어떤 무작위 기기에 의해 생성된다고 간주할 수 있을 때. 예를 들면 주사위를 던지거나, 동전을 던지거나 유사 난수 생성기를 사용하여 개개인에게 무작위로 의학 치료법을 할당한 다음 치료 결과를 기록할 때.

그러나 실제로는 상황 2를 마주할지 모른다.

2. 이미 존재하는 데이터 점을 무작위 기기에 의해 선택할 때. 예를 들면 설문조사에 참여할 사람들을 선택할 때.

그리고 대부분의 경우 데이터는 상황 3에서 나온다.

3. 무작위성이 전혀 없지만, 마치 데이터 점이 어떤 무작위 과정에 의해 생성된 것처럼 우리가 행동할 때. 예를 들어 친구 아기의 출생체중을 해석할 때.

대부분의 설명은 이 구분을 명확하게 하지 않는다. 확률론은 일반적으로 무작위 기기를 사용해서 가르치고(상황 1), 통계학은 무작위 추출(상황 2)이라는 아이디어를 통해 가르치지만, 사실 통계학의 응용 다수는 어떤 무작위 기기나 무작위 추출을 전혀 수반하지 않는다(상황 3).

하지만 우선은 상황 1과 상황 2를 고려해보자. 무작위 기기를 작동하기 직전에, 관측될 수 있는 가능한 결과들과 각각의 확률이 주어져 있다고 가정한다. 예를 들어 어떤 동전은 앞면 또는 뒷면이 나올 수 있고, 그 확률은 각각 1/2이다. 만약 이 가능한 결과 각각에 어떤 수를 연관시키면(예를 들어 동전의 앞면에 1, 뒷면에 0을 연관시킨다면), 그것은 특정 확률분포를 갖는 **확률변수**random variable가 된다. 상황 1에서 무작위 기기는 관측값이 이 확률분포로부터 무작위로 생성됨을 보장한다. 그리고 무작위 기기가 작동한 뒤에는 모든 잠재적 미래가 붕괴하면서 실제 관측값이 구해진다.* 비슷하게 상황 2에서 한 개인을 무작위로 뽑아서 소득을 측정한다면, 그것은 소득의 모집단 분포로부터 무작위로 관측값을 하나 뽑은 것과 본질적으로 같다.

무작위 기기를 가지고 있을 때 확률은 분명 관련이 있다. 그러나 대부분의 경우에 우리는 당시 사용할 수 있는 모든 측정값들을 고려하는데, 그것들은 비공식적으로 수집되었을 수도 있고 모든 가능한 관측값들을 나타낼 수도 있다. 앞서 본 병원별 어린이 심장 수술에

---

* 이는 양자역학에서의 상황과 비슷하게 간주될 수 있다. 예를 들어 전자의 현재 상태는 파동 함수로 정의되지만 실제로 관측할 때 그것은 단 하나의 상태로 존재한다.

대한 생존율 조사 결과를 생각해보면, 그것은 이용할 수 있는 모든 데이터로 구성되어 있었고, 무작위 표본 추출은 없었다.

3장에서 우리는 일어났을지도 모르지만 대개는 일어나지 않았던, 만일의 사태들로 구성된 '비유적 모집단'이라는 아이디어에 대해 논의했다. 이제 명백히 비논리적인 단계를 위해 단단히 대비할 필요가 있다. 다시 말해, 우리는 데이터가 이 비유적 모집단으로부터 무작위적 메커니즘에 의해 생성된 것처럼 행동해야 한다. 실제로는 그렇지 않다는 걸 알고 있을지라도 말이다.

모든 것을 관측할 수 있다면, 확률은 어디서 나오는가?

> 영국과 웨일즈에서 살인 사건을 하루에 일곱 번 이상 볼 일이 있기는 할까?

비행기 충돌 사고나 자연재해 같은 극단적인 사건들이 여러 번 일어날 때, 우리에게는 그것들이 어떤 의미에서 서로 연관되었다고 느끼는 자연스러운 경향이 있다. 그런 경우가 얼마나 흔치 않은 일인지 어떻게 판단할 수 있을까? 하루에 적어도 7건의 살인 사건이 '무더기'로 일어나는 것이 얼마나 드문 일인지 한번 살펴보자.

2013년 4월부터 2016년 3월까지 3년까지 1095일 동안의 데이터를 조사해본 결과, 영국과 웨일즈에서 1545건의 살인 사건이 있었다. 하루 평균 1.41건의 살인 사건이 발생한 꼴이다.* 이 기간 동안 하루 7건 이상의 살인 사건이 발생한 날은 없었지만, 그렇다고 그런 일이 일어나는 게 불가능하다고 단정하는 것은 너무 순진하다. 우리는 매일 일어나는 살인 사건의 횟수에 대한 합리적인 확률분포를 만듦으로써, 제기된 문제에 답할 수 있다.

확률분포를 만드는 정당한 사유는 무엇인가? 어떤 나라에서 매일 기록되는 살인 사건의 횟수는 단순 사실이다. 그 불행한 사건 각각을 생성하는 어떤 무작위 기기도 없었고 표본 추출도 없었다. 그저 엄청나게 복잡하고 예측 불가능한 세상이 있을 따름이다. 그러나 우연이나 행운에 관한 개인적인 철학이 뭐든 간에, 이런 사건들이 어떤 무작위적 메커니즘에 의해 생성된 것처럼 행동하는 것은 유용하다.

매일 하루가 시작할 때, 매우 많은 사람들로 구성된 거대한 모집단이 있고, 그들 각각이 살인 사건의 희생양이 될 수 있는 아주 작은 가능성을 가진다고 상상해보자. 이런 종류의 데이터는 **푸아송분포**Poisson distribution로 나타낼 수 있다. 1830년대 프랑스에서 시메옹 드니 푸아송Simeon Denis Poisson이 매년 잘못된 유죄 판결의 패턴을 나타내기 위해 이 분포를 개발했다. 그 후로 이 분포는 어떤 축구팀이 한 경기에서 넣는 골의 개수나 매주 당첨되는 복권의 개수부터 매년 말에 채여 사망하는 프러시아 장교의 수에 이르기까지 온갖 것

---

* 살인 사건은 같은 사람(또는 집단)이 한 번 이상의 관련 살인을 저질렀다고 의심되는 사건이다. 따라서 총기 난사나 테러리스트 공격은 하나의 사건으로 셀 것이다.

을 모형화하는 데 사용되었다. 어떤 사건이 일어날 기회는 엄청나게 많이 있지만 각 사건이 일어날 가능성은 아주 적은 상황을 푸아송분포로 나타낼 수 있다.

3장에 나온 정규분포(또는 가우스분포)는 모집단의 평균과 표준편차를 모두 필요로 하지만, 푸아송분포는 평균에만 의존한다. 현재 든 예에서 우리는 매일 예상되는 살인 사건의 평균 횟수를 (앞서 3년간의 평균 횟수였던) 1.41이라고 가정했다. 여기서 매일 벌어지는 살인 사건의 수가 평균이 1.41인 푸아송분포로부터 무작위로 나온 관측값인 것처럼 간주하는 게 타당하려면, 푸아송분포가 합리적인 가정인지부터 확인해야 한다(공식적인 테스트 방법은 10장 참조).

푸아송분포 관련 공식 또는 소프트웨어를 사용해 계산해보니, 이 평균을 갖는 푸아송분포에서 하루에 5건의 살인 사건이 일어날 확률은 0.01134가 나왔다. 이것은 1095일 동안 정확히 5건의 살인 사건이 일어나는 날이 1,095 × 0.01134 = 12.4일이라고 예상한다는 의미다. 놀랍게도, 실제로 3년 동안 다섯 건의 살인 사건이 일어났던 날은 13일이었다.

그림 8.5는 일일 살인 사건의 횟수에 대해 푸아송분포에 기반한 예상 분포와 1095일 동안의 실제 데이터 분포를 비교한다. 이 둘은 아주 비슷하다.

푸아송분포로부터 하루에 7건 이상 살인 사건이 일어날 확률을 계산하면, 0.07%가 나온다. 이것은 평균 1535일마다 또는 대충 4년마다 한 번씩 그런 일이 발생할 수 있음을 의미한다. 따라서 이런 일은 보통 거의 일어나지 않겠지만 불가능하지는 않다고 결론 내릴 수

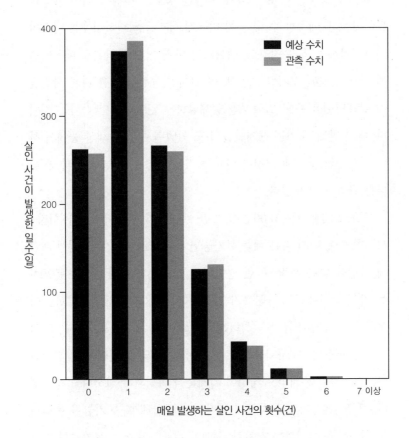

그림 8.5
2013년부터 2016년까지 영국과 웨일즈에서 기록된 일일 살인 사건의 횟수와 푸아송분포를 가정할 때 예상되는 횟수.[3]

있다.

이 수학적 확률분포는 거의 불안할 정도로 경험적 데이터에 딱 들어맞는다. 예측할 수 없는 이 비극적 사건들 하나하나에는 나름의 이야기가 숨어 있을지라도, 데이터는 마치 어떤 무작위적 메커니즘에 의해 생성된 것처럼 보인다. 한 가지 가능한 관점은 다른 사람들이 살해당했을 수도 있었지만 살해당하지 않았다고 생각하는 것이다. 다시 말해, 우리는 생겨났을 수도 있었던 수많은 세상 중에서 하나를 관측한 것이다. 그것은 마치 동전을 던질 때 가능한 결과 중 하나를 관측한 것과 같다.

아돌프 케틀레는 1800년대 중반 벨기에의 천문학자·통계학자·사회학자로, 각기 다른 예측 불가능한 사건들로 이루어진 전체 패턴에 관심을 쏟은 사람 중 한 명이었다. 3장에 나온 출생체중 분포처럼 자연 현상에서 정규분포가 발생하는 것에 자극을 받은 그는, 이 모든 특징들의 평균값을 취하는 '평균인l'homme moyen'이라는 아이디어를 떠올렸고 '사회물리학social physics'이라는 분야를 발전시켰다. 그는 사회 통계의 규칙성이 기계론적 과정과 유사하다고 생각했다. 예를 들어 기체 분자들이 무작위로 결합해 예측 가능한 물리적인 성질들을 형성하는 것처럼, 수백만 개개인의 예측 불가능한 작동들이 한데 모여 매년 거의 동일한 국가 자살률을 만드는 식이다.

●

다행스럽게도 (그것이 무엇이든) 사건들이 실제로 순수한 무작위성에 의해 일어난다고 믿을 필요는 없다. '우연'이라는 가정은 세상의 모든 불가피한 예측 불가능성, 때때로 자연적 변동성natural variability 이라고 불리는 것을 함축할 따름이다. 확률은 아원자 입자·동전·주사위 등에서 발생하는 순수한 무작위성, 그리고 출생체중·수술 후 생존율·암 검사 결과·살인 사건·그 밖에 전혀 예측할 수 없는 모든 현상들에서 나타나는 불가피한 자연적 변동성 둘 다에 적절한 수학적 기반을 제공한다.

다음 장에서 우리는 역사상 진실로 놀라운 발전을 살펴볼 것이다. 확률의 이 두 가지 측면이 결합해 어떻게 통계적 추론을 위한 엄밀한 기초를 제공했는지 말이다.

요약

- 확률은 우연을 다루기 위한 언어와 수학을 제공한다.
- 확률은 직관적이지 않지만, 기대빈도를 이용하면 이해하기 쉽다.
- 확률은 무작위적 메커니즘이 사용되지 않거나 무작위성이 없는 경우에도 유용하다.
- 개별 사건들은 전적으로 예측 불가능한 반면, 많은 사회 현상들은 그 전반적인 패턴에서 놀라운 규칙성을 보여준다.

9장

확률과 통계가 만났을 때

확률 모형에 기초한 통계적 추론

경고: 이 장은 아마도 이 책에서 가장 도전적인 장일 것이다. 하지만 이 중요한 주제를 버텨내면 당신은 통계적 추론에 대하여 귀중한 통찰력을 갖게 될 것이다.

100명의 무작위표본에서 20명이 왼손잡이임을 알았다. 모집단에서 왼손잡이의 비율은?

8장에서 우리는 확률변수라는 개념을 논의했다. 그것은 어떤 확률분포를 갖는 단일한 데이터 점이었다. 그러나 그저 하나의 데이터 점에 관심이 있는 경우는 거의 없다. 일반적으로 우리는 평균, 중앙값 등의 통계량으로 요약되는 대량의 데이터를 가진다. 이 장에서 우리는 그런 통계량들이 확률분포를 갖는 확률변수라고 간주할 것이다.

이것은 엄청난 진전이며, 여러 세대에 걸쳐 통계학과 학생들뿐 아니라 이 통계량들이 어떤 분포로부터 나왔다고 가정해야 하는지 알아내려고 애썼던 통계학자들을 괴롭힌 문제기도 하다. 이쯤 해서 수학 없이 컴퓨터 시뮬레이션으로 불확실성 구간을 알아낸 부트스트랩 방법을 떠올리며 왜 그 모든 수학이 필요한지 질문할 법도 하다. 예를 들어 앞에 제시된 질문에 답하기 위해 우리는 전체 데이터에서 크기가 100인 표본을 반복해서 복원 추출한 뒤, 왼손잡이 비율을 확률분포로 만들 수 있다.

그러나 이런 시뮬레이션은 골치 아프고 시간이 많이 걸린다. 특히 데이터가 크다면 더욱 그러하다. 더 복잡한 상황에서는 무엇을 시뮬레이션해야 하는지 알아내기도 쉽지 않다. 반면 확률론의 공식들은 통찰과 편리함을 모두 제공한다. 그것들은 특정 시뮬레이션에 의존하지 않기 때문에 항상 같은 답을 내놓는다. 하지만 이런 이론들은 어떤 가정들에 기반하고 있으므로, 우리는 수학에 현혹되어 타당하지 않은 결론을 받아들이지 않도록 주의를 기울여야 한다. 이 문제에 대해서는 나중에 더 자세히 탐구할 것이다. 여기서는 먼저 정규분포와 푸아송분포에 이어, 또 다른 중요한 확률분포를 소개하고자 한다.

●

정확히 왼손잡이가 20%고 오른손잡이가 80%인 모집단에서 크기가 서로 다른 표본들을 뽑았을 때 관측되는 왼손잡이 비율에 대한 확률을 구해보자. 물론 이것은 순서가 뒤바뀌었다. 현실에서 우리는 이미 알려진 표본을 사용해 미지의 모집단에 관해 뭔가를 알고자 한다. 그러나 여기서는 이해를 위해 이미 알려진 모집단이 어떻게 다른 표본들을 생기게 하는지를 먼저 탐구하겠다.

가장 간단한 경우는 한 명으로 이루어진 표본이다. 이때 왼손잡이 비율은 0(오른손잡이) 아니면 1(왼손잡이)이 된다. 각 사건들은 각각 0.8과 0.2의 확률로 일어나며, 그 확률분포는 그림 9.1(a)에 나온다. 두 명을 무작위로 고른다면, 왼손잡이 비율은 0(둘 다 오른손잡이), 0.5(각각 한 명씩) 또는 1(둘 다 왼손잡이) 중 하나다. 각 사건들은 각각 0.64, 0.32, 0.04의 확률로 발생하며,* 그 확률분포는 그림 9.1(b)에 나온다. 마찬가지로 5명, 10명, 100명, 1000명으로 이루어진 표

---

* 왼손잡이가 두 명일 확률은 0.2×0.2=0.04, 오른손잡이가 두 명일 확률은 0.8× 0.8=0.64이므로 각각 한 명씩 나올 확률은 1−0.04−0.64=0.32이다.

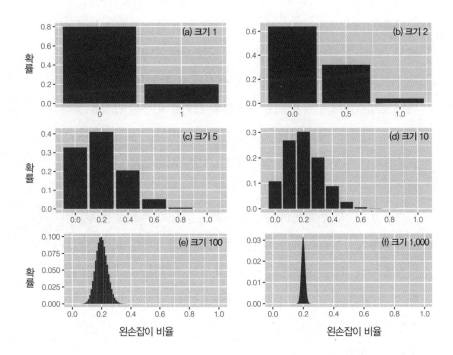

그림 9.1

1명, 2명, 5명, 10명, 100명, 1000명으로 이루어진 무작위 표본에서 관측된 왼손잡이 비율의 확률분포. 모집단에서 왼손잡이의 실제 비율은 20%다. 표본에서 왼손잡이가 적어도 30%일 확률은 0.3부터 오른쪽 막대기에 해당하는 확률을 전부 더하면 된다.

본에서 관측된 왼손잡이 비율에 대한 확률분포가 그림 9.1에 실려 있다. 이런 분포는 **이항분포**binomial distribution라고 알려져 있다. 그리고 만약 당신이 100명짜리 표본에서 왼손잡이가 최소 30%일 확률을 구하고 싶다면, 확률분포의 꼬리넓이tail-area를 계산하면 된다.

확률변수의 평균은 기댓값이라고 한다. 여기 나온 모든 표본에 대해 우리는 0.2 또는 20%의 비율을 예상할 텐데, 그림 9.1에 나온 모든 분포의 평균 또한 0.2다. 각 표본에서의 표준편차는, 이 경우 0.2라는 모집단에서의 실제 비율과 표본의 크기를 이용한 공식을 통해 구할 수 있다. 그리고 어떤 표본 분포의 표준편차는, 모집단 분포의 표준편차와 구분하기 위해 일반적으로 **표준오차**standard error라고 불린다.

그림 9.1은 몇몇 확연히 구분되는 특징들을 지닌다. 우선 부트스트랩 시뮬레이션을 사용할 때 관측한 것과 마찬가지로, 표본 크기가 커짐에 따라 확률분포는 규칙적이고 대칭적인 정규분포에 가까워진다. 둘째, 표본의 크기가 커짐에 따라 분포는 더 집중된다. 다음 예는 어떻게 이 아이디어들을 응용해 통계적 주장의 타당성을 확인할 수 있는지 보여준다.

영국에서 장암으로 인한 사망률이 지역에 따라 정말로 세 배나 차이가 날까?

2011년 9월 BBC 뉴스 웹사이트에 "영국 장암 사망률에서 세 배 차이"라고 경고하는 기사가 실렸다. 그 기사는 장암 사망률이 놀라울 정도로 지역마다 다르다고 설명했고, 한 해설자는 "이 기사를 접한 국가보건서비스 지역 기관들이 자기 지역에 대한 정보를 조사해서 서비스를 다르게 제공할 것"이라고 말했다.

블로거 폴 바든Paul Barden은 처음 그 기사를 접했을 때, 사람들이 사는 지역에 따라 장암으로 인한 사망 위험이 어떻게 그렇게나 다를 수 있으며 그 차이는 무엇 때문인지 궁금했다. 다행히도 데이터는 온라인에서 이용 가능한 상태로 공개되어 있었다. 곧 폴은 BBC 기사의 주장을 입증하는 데이터를 발견했다. 2008년 연간 장암 사망률은 지역별로 세 배 이상 차이가 났다. 랭커셔의 로슨데일은 10만 명당 9명을, 글래스고는 10만 명당 31명을 기록하고 있었다.[1]

그러나 그의 조사는 이것으로 끝이 아니었다. 그는 각 지역마다 인구 대비 사망률을 점으로 찍어 그림 9.2처럼 나타냈다. 글래스고를 제외하면 데이터 점들은 누운 깔때기 모양을 이뤘다. 이것은 인구가 적을수록 지역 간 차이가 더 크다는 것을 보여줬다. 폴은 지역별 사망률의 차이가 기저 위험의 구조적 차이 때문이 아니라 그저 자연적이고 불가피한 변동성 때문일 때 점들이 놓일 곳을 보여주는 **관리한계선**control limit을 추가했다. 이 관리한계선은 지역별 장암 사망자 수가 그 지역의 성인 인구를 표본으로 갖는 이항분포로부터 관측된 것이며, 매년 어떤 사람이 장암으로 사망할 기본 확률을 0.000176(전국의 평균적 개인의 위험률)이라고 가정했다. 확률분포에서 각각 95%와 99.8%를 포함하도록 관리한계선 두 쌍을 만들었다. 이런 유형의 그래프를 **깔때기 그림**funnel plot이라고 하는데, 겉으로만 그럴싸한 실적 일람표를 만들지 않으면서도 특이점들을 발견하게 해주기 때문에 보건 조직이나 진료 기관을 조사할 때 주로 쓰인다.

데이터가 관리한계선 내에 잘 들어간다는 건, 지역별 차이가 본질적으로 우연에 의한 것이라는 뜻이다. 인구가 더 적은 지역일수록 사례는 더 적어지므로 우연의 영향에 더 취약해져 더 극단적 결과가 나오는 경향이 있다. 예컨대 로슨데일에서의 사망률은 단지 7명의 사망자 수에 기반하기 때문에, 그 수치는 몇 사례만 추가되어도 크게 변할 수 있다. 따라서 BBC의 자극적인 기사 제목에도 불구하고, 여기에 대단한 뉴스거리는 없다. 우리는 관측된 사망률 차이가 세 배나 됨을 충분히 예상할 수 있다. 비록 지역들의 기본 위험률이 정확히 같을지라도 말이다.

이 단순한 예는 중요한 교훈을 준다. 데이터가 공개되고 데이터과학이 활발하게 연구되며 데이터 저널리즘이 부각되는 시대라지만, 우리는 각종 숫자들이 보여주는 패턴에 의해 오도되지 않기 위해 기본적인 통계 원칙들을 정확하게 숙지해야 한다.

그림 9.2에서 특히 주목할 만한 유일한 관측값은 관리한계선 밖에 있는 글래스고다. 장암이 특별히 스코틀랜드적인 현상인 걸까? 이 데이터 점은 실제로 맞는가? 2009~2011년 데이터는 글래스고에서 장암 사망률이 10만 명당 20.5명인 반면, 스코틀랜드 전역에서는 19.6명, 영국에서는 16.4명임을 보여준다. 이것은 글래스고의 사망률에 의구심을 갖게 만드는 동시에 스코틀랜드가 영국보다 더 높은 사망률을 가짐을 보여준다. 이렇게 한 번의 PPDAC에서 나온 결론이 새로운 질문을 낳으면 또 다른 PPDAC가 시작된다.

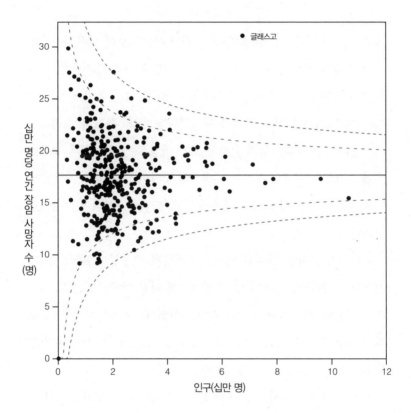

그림 9.2

(웨일즈를 제외한) 영국의 380개 지역에서 인구 10만 명당 연간 장암 사망률을 인구에 대비해 점으로 찍어놓은 깔때기 그림. 지역별 기저 위험 간에 진정한 차이가 없으며, 그 위험이 우리가 가정한 이항분포로부터 나온다면, 전체 지역 중 95%와 99.8%가 놓여 있으리라 기대되는 영역이 두 쌍의 점선으로 표시되어 있다. 오직 글래스고만 평균과 다른 기저 위험을 가졌다.

중심극한정리

개별 데이터 점은 굉장히 다양한 모집단 분포로부터 나올 수 있다. 어떤 모집단 분포는 소득이나 성관계 상대 수의 분포같이 긴 꼬리를 가지면서 한쪽으로 굉장히 치우칠 수 있다. 그러나 이 장에서 우리는 개별 데이터 점이 아니라 통계량(평균 등)의 분포를 고려하기 시작했다. 7장은 데이터의 원래 분포가 어떻게 생겼든 간에 부트스트랩 재표본의 평균의 분포가 대칭적인 모양이 되는 걸 보여주었다. 이제 300여 년 전에 확립된 더 심오하고 놀라운 아이디어로 넘어갈 차례다.

윈손잡이 문제는 관측된 윈손잡이 비율의 변동성이 표본 크기가 커질수록 작아짐을 보여줬다. 그림 9.2에 나온 깔때기 그림도 인구가 증가함에 따라 평균 근처로 점차 좁아졌다. 그 이유는 18세기 초반 스위스 수학자 야코프 베르누이Jacob Bernoulli가 확립한 **큰 수의 법칙**Law of Large Numbers으로 설명된다.

동전 하나를 던져서 앞면이 나오면 1을, 뒷면이 나오면 0을 그 값으로 취하는 것을 베르누이 시행Bernoulli Trial이라고 하며, 이 시행은 **베르누이 분포**Bernoulli distribution를 갖는다. 만약 당신이 베르누이 시행을 계속 반복하면, 각 결과의 비율은 50%에 가까워질 것이다. 이때 우리는 관측 비율이 앞면의 기저 확률로 수렴한다고 말한다. 물론 시행의 초기에 비율은 50 대 50과 다소 거리가 있을지 모른다. 이를테면 앞면이 연속해서 나올 수 있다. 그런 경우에 당신은 비율이 균형을 이룰 수 있도록 이제 뒷면이 나올 때가 되었다고 믿고 싶은 유혹에 빠질 수 있다. 이것은 '도박사의 오류gambler's fallacy'라고 알려져 있는데, (내 경험상) 극복하기 상당히 어려운 심리적 편견이다. 그러나 동전은 기억하지 못한다. 여기서 중요한 통찰이 나온다. 동전은 지나간 불균형을 '보상'할 수 없다. 하지만 동전 던지기의 반복이 불균형을 '제압'한다.

3장에서 미국 신생아의 출생체중 분포는 정규분포(또는 가우스분포)의 종 모양 곡선을 취했다. 그런 모양을 띠는 이유는 아주 작은 영향을 미치는 굉장히 많은 요인에 의해 신생아 체중이 달라지기 때문이었다. 이 작은 영향들을 모두 합치면, 우리는 정규분포를 얻는다.

이것이 중심극한정리 배후에 있는 추론으로, 이항분포에 있어서 프랑스 수학자 아브라함 드 무아브르Abraham de Moivre가 1733년에 처음 증명했다. 그러나 표본 크기가 커질수록 정규곡선에 가까워지는 경향은 비단 이항분포만의 이야기가 아니며, 모집단 분포가 어떤 모양이든 간에 표본 크기가 크면 그 평균을 정규 곡선으로부터 추출한 것으로 간주할 수 있다.* 이것은 원래 모집단 분포와 같은 평균과, 원래 모집단 분포의 표준편차와 간단한 관계에 있는 표준편차(표준오차)를 가질 것이다.**

대중의 지혜, 상관관계, 회귀 등에 관한 연구 외에도 골턴은 정규분포(그는 오차의 빈도에 관한 법칙Law of Frequency of Error이라고 불렀다)

---

* 중요한 예외가 있다. 어떤 분포는 아주 길고 두꺼운 꼬리를 가지고 있어서 그 기댓값과 표준편차가 존재하지 않고, 평균은 어디로도 수렴하지 않는다.
** 관측값들이 모두 독립적이며 같은 모집단 분포로부터 나온 것이라면, 표본의 표준오차는 모집단 분포의 표준편차를 표본 크기의 제곱근으로 나눈 것이다.

가 혼돈으로부터 질서정연하게 생겨나는 것을 진정한 경이라고 보았다.

> 나는 '오차의 빈도에 관한 법칙'에 의해 표현되는 놀라운 형태의 우주적 질서만큼이나 상상력에 깊은 감동을 주기에 적절한 것은 거의 알지 못한다. 그리스인들이 그 법칙에 관해 알았더라면, 그들은 그것을 구체화하고 신으로 받들었을 것이다. 그것은 가장 거친 혼란 가운데서 전혀 표면에 나서지 않으면서 고요하게 지배한다. 무리가 더 클수록 그리고 명백한 난장판이 더 클수록 그것의 지배는 더 완벽하다. 그것은 무질서의 최고의 법이다. 무질서한 원소들의 커다란 표본을 가지고서 그 크기 순서대로 정리할 때마다 생각지도 못한 가장 아름다운 형태의 규칙성이 내내 그 속에 숨어 있었음이 밝혀진다.

그는 옳았다. 그것은 진정 범상치 않은 자연의 법칙이다.

확률 이론으로 추정값의 정확도 계산하기

이 모든 이론은 알려진 모집단에서 뽑은 데이터의 통계량 분포에 대해 뭔가를 증명하는 데 유용하다. 그러나 우리의 진정한 관심사는 그 과정을 거꾸로 하는 것이다. 다시 말해, 우리는 알려진 모집단으로부터 표본에 대해 무언가를 이야기하는 대신, 표본을 가지고서 모집단에 대해 무언가를 이야기하고자 한다. 이것은 3장에서 설명한 귀납적 추론의 과정이다.

내가 동전 하나를 갖고서 당신에게 동전의 앞면이 나올 확률을 묻는다고 가정하자. 당신은 '50 대 50' 또는 그와 비슷하게 대답할 것이다. 그런 다음 내가 동전을 던진 뒤 우리 중 누구도 보지 못하게 결과를 가린다. 이제 다시 한번 당신에게 앞면이 나올 확률을 묻는다면? 내 경험상 아마도 당신은 약간 머뭇거리다 마지못해 '50 대 50'이라고 말할 것이다. 그런 다음 내가 동전을 재빨리 보고서 당신에게 보여주지 않은 채 그 질문을 반복하면 대부분의 사람들과 비슷하게 당신은 '50 대 50'이라고 소심하게 웅얼거릴 것이다.

이 간단한 연습은 두 유형의 불확실성 간 차이를 드러낸다. 하나는 동전을 던지기 전의 **우연적 불확실성**aleatory uncertainty, 즉 예측 불가능한 사건의 가능성이다. 다른 하나는 동전을 던진 후의 **인식론적 불확실성**epistemic uncertainty, 즉 정해졌지만 우리가 알지 못하는 사건에 대한 무지의 표현이다. 각각은 결과가 우연에 달려 있는 추첨 복권과, 결과는 이미 결정되어 있지만 그것이 무엇인지 당신은 알지 못하는 스크래치 복권에 대응된다.

세상의 어떤 양에 대하여 인식론적 불확실성을 가지고 있을 때 우리는 통계를 사용한다. 예를 들어 모집단에서 스스로 종교적인 사람으로 간주하는 이들의 실제 비율을 모를 때 설문조사를 수행하거나, 어떤 약의 실제 효과를 모를 때 임상 시험을 하는 식이다. 이 정해진 그러나 알지 못하는 양을 우리는 모수라고 부르며 종종 그리스 문자로 나타낸다. 마치 동전 던지기 예처럼, 실험을 하기 전에 어떤 결과가 나올지는 우연적 불확실성을 가진다. 개개인의 무작위 표본 추출 혹은 환자들에 대한 약 혹은 위약의 무작위적 할당 때문이다. 그런 다음 연구를 수행하고 데이터를 얻은 후에, 우리는 확률 모형을 이용하여 현재의 인식론적 불확실성을 파악한다. 마치 동전을 손으로 가린 상태에서 당신이 결국 '50 대 50'이라고 말하는 것처럼 말이다. 이처럼 미래에 예상되는 것을 말해주는 확률론은 과거에 관측했던 것으로부터 무엇을 배울 수 있는지 말해준다. 이것이 기초적인 통계적 추론이다.

추정값 근방의 불확실성 구간 혹은 오차범위를 이끌어내기 위한 과정은 이 아이디어에서 나왔으며, 다음과 같이 이뤄진다.

1. 임의의 모집단 모수에 대하여 95% 확률로 관측 통계량이 그 안에 놓여 있기를 기대하는 구간을 확률론을 이용해 판단한다. 예를 들어 그림 9.2의 안쪽 깔때기는 95% 예측 구간이다.
2. 그런 다음 통계량을 관측한다.
3. 마지막으로 (이것이 어려운 부분인데) 통계량이 95% 예측 구간 안에 놓일 수 있는 모수의 범위를 산출한다. 이 범위를 '95% **신뢰구간**confidence interval'이라고 부른다.
4. 반복 적용할 때 그런 구간들의 95%가 참값을 포함해야 하기 때문에, 결과로 나오는 이 신뢰구간에 '95%'라는 이름표가 붙는다.*

* 95% 신뢰구간은 이 특정한 구간이 참값을 포함할 확률이 95%라는 뜻이 아니다.

이해하기 어렵더라도 그저 어리둥절한 학생들 사이에 합류한 셈이니 안심해도 좋다. 구체적인 공식은 용어집에서 제공될 테지만, 근본 원리가 세부 사항보다 더 중요하다. 신뢰구간은 관측 통계량이 그럴듯한 결과가 되는 모집단의 모수가 위치할 수 있는 범위이다.

신뢰구간

신뢰구간의 원리는 1930년대 유니버시티 칼리지 런던에 있었던 뛰어난 폴란드 수학자이자 통계학자인 예르지 네이만Jerzy Neyman과 칼 피어슨의 아들인 이건 피어슨Egon Pearson에 의해 공식화되었다. 추정된 상관계수와 회귀계수에 대해 확률분포를 이끌어내는 연구는 그전부터 수십 년 동안 계속되었다. 일반적인 대학 통계학 강의는 이 분포들의 수학적 세부 사항과 유도 과정을 제공한다. 다행히 이 모든 노력의 결과가 이제는 통계 분석 프로그램에 내장되어 있어서 실행자들은 복잡한 공식에 주의를 뺏기지 않고 핵심 이슈만 공략할 수 있다.

　7장에서 우리는 골턴의 어머니-딸 키에 대한 회귀직선 기울기의 95% 신뢰구간을 얻기 위해 부트스트랩을 사용했는데, 대신 확률론에 기반한 통계 프로그램을 사용하면 그 구간을 더 쉽고 정확하게 구할 수 있다. 이때 부트스트랩 기법보다 더 많은 가정이 요구된다. 엄격히 말해서 모집단 분포가 정규분포여야 그 구간을 인정할 수 있는데, 다행히 중심극한정리에 따라 표본 크기가 크면 추정값들이 정

어머니-딸 키에 대한 회귀직선 기울기			
	추정값	표준오차	95% 신뢰구간
정확한 값	0.33	0.05	0.23~0.42
부트스트랩	0.33	0.06	0.22~0.44

표 9.1
어머니-딸 키 관계에 대한 회귀계수 추정값, 표준오차, 95% 신뢰구간. 프로그램에서 구한 정확한 값과 부트스트랩 값을 함께 나타냈다. 부트스트랩은 1000명 재표본에 기반한다.

규분포를 가진다고 가정해도 된다.

　관례적으로 95% 신뢰구간을 가장 많이 사용하는 편인데, 그 구간은 일반적으로 '평균±2표준오차'에 해당한다.* 그러나 때때로 더 좁거나(예를 들어 80%) 더 넓은(예를 들어 99%) 구간도 채택되니, 어느 것이 사용되고 있는지 반드시 확인해야 한다. 예를 들어 미국 노동통계국은 실업에 대하여 90% 구간을 사용하는 반면, 영국 통계청은 95% 구간을 사용한다.

설문조사에서의 오차범위

어떤 주장이 여론조사 같은 설문조사에 기초할 때는 오차범위를 보고하는 것이 표준 관행이다. 오차범위는 숫자의 해석에 중대한 영향을 미치기 때문이다. 예를 들어 7장에서 본 실업 통계는 3000명 감소라는 추정값 변화가 놀랍게도 ±77,000이라는 큰 오차범위를 가졌다. 이 경우에 우리는 실업이 증가했는지 감소했는지 확신할 수 없다.

　당신이 아침 식사에 차보다 커피를 선호하는 사람들의 백분율을 추정하고 있다고 가정하자. 모집단에서 표본을 무작위 추출했다면, 일반적으로 오차범위(%)는 최대 $\pm100/\sqrt{\text{표본 크기}}$ 다.[2] 따라서

---

* 더 정확히 말하면, 표본 통계량에 대한 표집 분포가 정규분포라고 가정할 때 95% 신뢰구간은 '평균±1.96표준오차'가 된다.

1000명(산업 표준)을 대상으로 한 설문조사의 경우, 일반적으로 오차범위로 ±3%가 제시된다.* 만약 그들 중 400명이 커피를 더 좋아한다고 말했고 600명이 차를 더 좋아한다고 말했다면, 그 모집단에서 커피를 더 좋아하는 비율은 대충 40±3% 또는 37~43%로 추정된다.

물론 이것은 여론조사 회사가 정말로 무작위표본을 추출했고 모든 사람이 대답했으며 그들 모두가 둘 중 하나로 의견을 가졌고 진실을 말했을 때에만 정확하다. 따라서 오차범위를 계산할 수 있을지라도, 가정들이 옳은 경우에만 그것이 유효함을 기억해야 한다. 그렇다면 우리는 이 가정들을 신뢰할 수 있는가?

오차범위를 믿어도 될까?

2017년 6월 영국 총선 전에 약 1000명의 응답자에게 투표 의향을 물은 여론조사들이 발표되었다. 만약 이것들이 완벽한 무작위 조사였고 참가자들이 진실만 말했다면, 오차범위는 최대 ±3%이었어야 하고, 따라서 현재 평균에서의 여론조사의 변동성은 그 범위 안에 있어야 했다. 왜냐하면 그것들 모두가 같은 모집단을 측정하고 있기 때문이다. 그러나 BBC가 사용한 그림 9.3은 변동성이 기대보다 훨

---

* 1000명의 참가자가 있을 때 오차범위(%)는 최대 $\pm 100/\sqrt{1{,}000} \approx 3\%$이다. 설문조사는 모집단으로부터 무작위 추출된 표본을 택하는 것보다 더 복잡하게 설계되었을지 모른다. 그러나 오차범위는 크게 영향을 받지 않는다.

씬 더 컸음을 보여준다. 이것은 오차범위가 틀렸음을 의미한다.

무작위적 변동성에 기인한 불가피한 오차범위(정량화할 수 있다) 외에 여론조사가 부정확할 수 있는 이유는 여러 가지가 있다. 이 경우에는 표본 추출 방식, 특히나 응답률이 10~20%에 불과한 것과 주로 집 전화를 사용한 것이 이유일지 모른다. 내 경험상 여론조사에서 인용하는 오차범위는 그 과정에서 만들어지는 체계적인 오차를 고려하면 두 배는 커져야 한다.

그렇다면 광속 같은 물리적 사실을 측정하려는 과학자들에게는 사전 선거 여론조사보다 더 많은 것을 기대해도 될까? 안타깝게도 과학 실험에서 주장된 오차범위가 나중에서야 부적절했다고 밝혀진 역사는 참으로 길다. 20세기 초반에 추정한 광속의 불확실성 구간은 현재 받아들여진 값을 포함하지 않았다.

이것은 측정의 과학에 애쓰는 조직들이 오차범위가 항상 두 가지 성분에 기초하도록 명시하게 만들었다.

- A 유형: 이 장에서 논의된 표준적 통계적 측정. 이것은 관측을 더 많이 할수록 축소된다.
- B 유형: 관측을 더 많이 하더라도 감소되지 않고, 전문가의 판단이나 외부 증거처럼 비통계적 수단으로 처리되어야 하는 체계적 오차.

우리는 통계적 방법들을 맹신하면 안 된다. 데이터를 수집한 방식 자체에 문제가 있으면, 어떤 현명한 방법을 아무리 많이 동원하더라

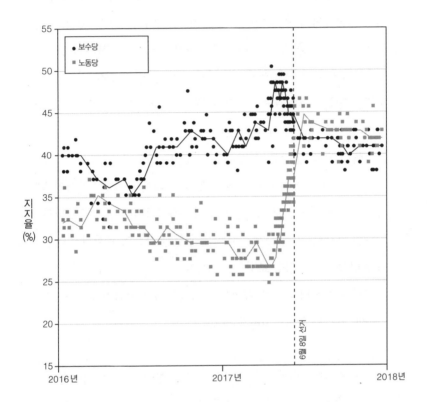

그림 9.3

2017년 6월 8일 영국 총선 전 BBC가 사용한 여론조사 데이터.[3] 동향선은 이전 일곱 번 조사의 중앙값이다. 각 여론조사는 보통 1000명의 응답자에 기반하였으므로 오차범위는 최대 ±3%라고 주장되었다. 그러나 여론조사들 간 변동성은 이 범위를 훨씬 넘어섰다. 노동당과 보수당 이외의 다른 당들은 나타내지 않았다.

도 이 편향을 제거할 수 없으며 우리는 배경지식과 경험을 사용해 결론을 완화시켜야 한다.

존재하는 데이터를 전부 가지고 있을 때

설문조사 결과에 대해 오차범위를 설정하고자 확률을 사용하는 것은 자연스러워 보인다. 모집단에서 개개인이 무작위로 추출되는 과정에서 우연이 끼어들기 때문이다. 그러나 인용된 통계량이 모든 것을 망라하는 총계라면 어떠한가? 예를 들어 매년 한 나라에서 발생한 살인 사건의 전체 수를 정확하게 셀 수 있고 '살인'이 무엇을 뜻하는지 모두가 동의한다면, 그 수는 오차범위가 없는 단순히 서술적인 통계량이다.

그런데 만약 우리가 어떤 근본적 추세, 예를 들어 '영국에서 살인율이 올라가고 있다'는 주장을 하고 싶다면 어떨까? 영국 통계청은 2014년 4월부터 2015년 3월까지 497건의 살인 사건을, 이듬해 같은 기간에는 557건의 살인 사건을 보고했다. 분명 살인 사건의 수는 증가했지만, 그 수는 해마다 명백한 이유 없이 변동할 수 있다. 이 증가는 연간 기저 살인율의 진정한 변화를 나타내는가? 이 미지의 양에 관해 추론을 하려면, 관측된 살인 사건 수에 대한 확률 모형이 필요하다.

다행히 8장에서 날마다 일어나는 살인 사건의 수는 마치 그것이 다른 가능한 역사들의 비유적 모집단으로부터 추출되어 푸아송분포를 이루는 임의의 관측값처럼 행동함을 보았다. 이것은 한 해 동안의 전체 살인 사건 수가 (오히려 가상적인) '실제' 기저 연간 비율과 같은 평균 m을 갖는 푸아송분포에서 나온 단일 관측값으로 간주할 수 있음을 의미한다. 우리의 관심사는 이 m이 매년 변하는가다.

이 푸아송분포의 표준편차는 평균 m의 제곱근인 $\sqrt{m}$인데, 이것은 우리 추정값의 표준오차기도 하다. 따라서 m만 알아내면, 신뢰구간을 만들 수 있다. 문제는 우리가 m을 모른다는 것이다. 497건의 살인이 있었던 2014~2015년을 고려하자. 497은 그 해의 기저 살인율 m을 위한 추정값이다. m에 대한 이 추정값을 이용해 표준오차 $\sqrt{m}$을 구하면 $\sqrt{497}$ = 22.3이 나온다. 따라서 오차범위는 $\pm 1.96 \times 22.3$ = ± 43.7이 된다. 우리는 마침내 m에 대한 95% 신뢰구간으로서 497$\pm$43.7(453.3부터 540.7까지)을 얻는다. 95% 신뢰구간은 종종 평균에서 표준오차의 1.96배를 더한 값과 뺀 값 사이로 가정한다. 따라서 이 기간 동안 실제 살인율은 연간 453건과 541건 사이에 놓인다고 95% 확신할 수 있다.

그림 9.4는 살인율에 대한 95% 신뢰구간을 가지고서 1998년과 2016년 사이 영국과 웨일즈에서 발생한 살인 사건 수를 보여준다. 비록 연간 살인 사건 수들 사이에 불가피한 변동성이 존재할지라도, 신뢰구간은 시간에 따른 변화에 관해 어떤 결론을 도출하는 데 조심성을 더해준다. 예를 들어 2015~2016년 살인 사건 수인 557에 대한 95% 신뢰구간은 511부터 603으로, 전년도 신뢰구간과 상당히 많이 겹친다.

살인의 희생자가 될 위험이 진정 변한 것인지 또는 그저 우연

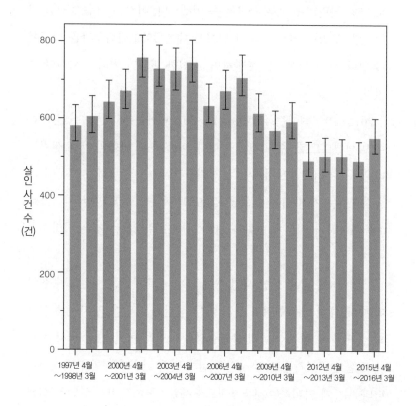

그림 9.4

1998년부터 2016년까지 영국과 웨일즈에서 발생한 살인 사건 수와 각각에 대한 95% 신뢰 구간.[4]

에 의한 불가피한 변동성에 불과한지 어떻게 결정할 수 있을까? 신뢰구간이 전혀 겹치지 않으면 우리는 진정한 변화가 있다고 적어도 95% 신뢰 수준으로 확신할 수 있겠으나, 이것은 매우 엄격한 기준이다. 우리는 기저 비율의 변화에 대한 95% 신뢰구간을 만들어야 한다. 그 구간이 0을 포함하면, 진정한 변화가 있다고 확신할 수 없다.

2014~2015년에는 497건, 2015~2016년에는 557건의 살인 사건이 발생했으므로, 총 60건 증가했다. 이 관측된 변화의 95% 신뢰구간은 −4부터 +124까지였다. 신뢰구간이 0을 포함하기 때문에 기술적으로는 기저 비율이 변했다고 95% 확신할 수 없지만, 가까스로 0을 포함하기 때문에 변화가 전혀 없다고 주장하는 것은 타당하지 않다.

그림 9.4에 나온 살인 사건 수에 대한 신뢰구간은 이를테면 실업자 수에 대한 오차범위와 전혀 다른 성질을 가진다. 후자는 실업자의 실제 수에 대한 경험적 불확실성을 표현하는 반면, 살인 사건 수에 대한 신뢰구간은 살인 사건의 실제 발생 건수에 대한 불확실성을 나타내는 게 아니라(이것을 올바르게 세었음을 가정한다) 살인의 희생자가 될 기저 위험을 나타낸다. 이 두 구간은 비슷하게 보일 수 있고심지어 비슷한 수학을 사용하기도 하지만, 의미하는 바는 근본적으로 다르다.

●

이 장은 확률 모형에 기초한 통계적 추론 과정을 소개했다. 여기 내용은 다소 어렵긴 하지만 이해하려고 노력할 만한 가치가 있다. 왜 나하면 세상의 특징을 기술하고 추정하는 단계를 넘어 세상의 작동 원리에 관한 질문에 답하고 과학적 발견을 지원하는 방법을 배울 수 있기 때문이다.

요약

- 확률론은 표본의 통계량 분포를 이끌어내고, 그 신뢰구간을 구하는 공식들을 도출하는 데 사용된다.
- 95% 신뢰구간은 가정이 맞는 사례들 중 95%가 모수의 참값을 포함하는 과정의 결과이다. 그것이 참값을 포함할 확률이 95%라는 뜻은 아니다.
- 중심극한정리에 따라 표본 크기가 커지면 표본 평균 등의 요약 통계량들이 정규분포를 가진다고 가정할 수 있다.
- 오차범위는 무작위적이지 않은 원인에서 비롯한 체계적 오차까지 다루지 못한다. 그런 오차는 외부 지식과 판단에 의해 평가된다.
- 모든 데이터를 관측할 수 있을 때에도 신뢰구간을 계산할 수 있다. 이때 신뢰구간은 비유적 모집단의 모수들에 대한 불확실성을 나타낸다.

10장

질문에 대답하기와 발견을 주장하기

가설 검정과 통계적 유의성

1705년 앤 여왕의 주치의가 된 의사 존 아버스넛John Arbuthnot은 이 질문의 답을 구하는 일에 착수했다. 그는 1629~1710년 런던에서 치러진 세례식을 조사했다. 그 결과를 여자아이 100명당 태어난 남자아이의 수(오늘날 '성비')로 나타낸 것이 그림 10.1이다.

그는 매년 여자아이들보다 더 많은 남자아이들이 세례를 받았음을 알아냈다. 82년 동안의 전체 성비는 107이었고, 매년 성비는 101과 116 사이에서 변동했다. 그러나 아버스넛은 더 일반적인 법칙을 주장하고 싶었다. 그는 태어나는 남자아이와 여자아이의 기저 비율에 실제 차이가 없다면, 마치 동전 던지기처럼 남자아이가 더 많이 태어날 가능성과 여자아이가 더 많이 태어날 가능성은 각각 50 대 50일 거라고 생각했다.

그렇다면 매년 더 많은 남자아이들이 태어나는 것은 마치 공정한 동전을 82번 잇따라 던질 때 매번 앞면이 나오는 경우와 같다. 이런 일이 일어날 확률은 $1/2^{82}$인데, 이것은 소수점 아래 0이 24개나 나올 정도로 아주아주 작은 수다. 이것이 진짜 실험이었다면, 우리는 동전이 공정하지 않다고 주장했을 것이다.

아버스넛도 비슷하게 생각했다. 그는 어떤 힘이 작동해서 더 많은 남자아이가 태어난다고 결론 내렸다. 그는 이런 결과가 더 높은 남성 사망률을 극복하기 위한 것이라고 확신했다. "손실을 복구하기 위해서, 앞날을 대비하는 자연은 현명한 창조주의 뜻에 따라 여자보

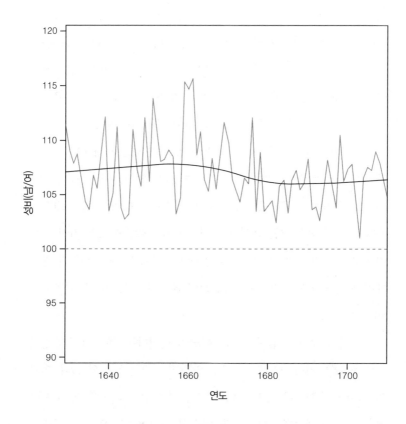

그림 10.1

1710년 존 아버스넛이 발표한 1629∼1710년 성비(여자아이 100명당 남자아이 수). 점선은 남자아이와 여자아이 수가 같음을, 곡선은 실제 데이터를 의미한다. 매년 여자아이들보다 더 많은 남자아이들이 세례를 받았다.

다 많은 남자를 낳는다. 그리고 그것은 거의 일정한 비율을 유지한
다."[1]

아버스넛의 데이터는 반복해서 분석되었다. 물론 수를 셀 때 오
류를 범할 가능성과 영국 성공회 세례만 포함했다는 한계가 있지만,
그의 결론은 여전히 유효하다. 오늘날 자연스러운 성비는 대략 105
다. 즉 여자아이 20명당 남자아이가 21명씩 태어난다. 그는 이 데이
터를 초자연적인 존재에 대한 직접적인 통계적 증거로 사용해 「두
성별의 출생에서 관측되는 일정한 규칙성을 근거로 한, 신의 섭리에
대한 주장」이라는 제목의 논문으로 발표했다. 그리고 그 내용의 타
당성과 별개로 아버스넛은 역사상 세계 최초로 통계적 유의성을 검
정한 사람이 되었다.

●

드디어 우리는 PPDAC에서 가장 중요한 부분, 바로 다음 같은 질
문들에 답을 구하는 '분석' 단계에 도달했다.

1. 영국에서 매일 일어나는 살인 사건 수는 푸아송분포를 따르
   는가?
2. 영국에서 실업률이 지난 4분기에 변했는가?
3. 스타틴 복용이 나 같은 사람들의 심장마비나 뇌졸중 위험을
   감소시키는가?
4. 일단 아버지의 키를 고려하고 나면, 어머니의 키는 아들의
   키와 연관성이 있는가?

5. 힉스 입자가 존재하는가?

이 목록은 순간적인 것부터 영원한 것에 이르기까지 아주 다양한 질문이 통계과학에서 가능함을 보여준다.

1. 살인 사건과 푸아송분포: 기저 살인율에 변화가 있는지 답하게 도와주는 일반적인 규칙.
2. 실업의 변화: 특정 시간과 장소에 관한 질문.
3. 스타틴: 특정 그룹에 국한된 과학적 명제.
4. 어머니의 키: 일반적인 과학적 관심사.
5. 힉스 입자: 우주의 물리 법칙에 대한 기본적 생각을 바꿀 명제.

앞서 우리는 1번부터 4번까지의 질문들에 관해 데이터와 통계 모형을 사용해 몇몇 비공식적인 결론을 이끌어냈다. 그러나 이 장에서는 **가설 검정**hypothesis testing이라는 공식적인 분석 방법을 사용할 것이다.

가설이란 무엇인가?

가설hypothesis은 어떤 현상에 관한 설명이라 정의할 수 있다. 그것은 절대적 진실이 아니라 잠정적인 가정이다. 마치 범죄 사건에서의 잠재적 용의자 같은 거라고 보면 된다.

5장에서 회귀를 논할 때, 우리는 다음과 같이 표현했다.

관측값 = 결정론적 모형 + 잔차오차

다시 말해 통계 모형은, 우리가 관찰한 것을 결정론적 요소와 확률적 요소를 결합하여 수학적으로 표현한 것이다. 확률적 요소는 예측 불가능성 또는 임의 오차로, 일반적으로 확률분포로 표현된다. 통계 과학에서 가설은 통계 모형의 이 두 요소 중 하나에 대한 특별한 가정, '진실'이라기보다 잠정적 의미의 가정이라 간주된다.

영가설을 왜 검정해야 할까?

발견을 귀중히 여기는 것은 비단 과학자뿐만이 아니다. 무언가 새로운 것의 발견에서 느끼는 기쁨은 공통적이다. 발견을 너무 바라다 보니, 무언가를 발견하지 않았을 때에도 발견했다고 느끼는 경향이 있다. 이것은 진화상 이점이었기 때문에 생겨났는지도 모른다. 예를 들어, 덤불이 바스락거리는 걸 보고서 그것이 호랑이인지 확인될 때까지 기다리는 대신 서둘러 달아난 수렵채집인 선조들이 비교적 더 많이 살아남았을 것이다.

하지만 이런 태도는 과학에서 작동할 수 없다. 과학적 주장이 그저 상상으로 꾸며낸 것에 불과하다면, 과학 연구의 기반은 약화된다. 가설 검정은 그런 거짓 발견으로부터 우리를 보호하는 방법이 될 수 있다.

이제부터 **영가설**null hypothesis, 귀무가설이라는 아주 중요한 개념이 나온다. 영가설이란 그에 반하는 충분한 증거가 나올 때까지 우리가 사용하는 단순한 통계 모형이다. 예를 들어 앞의 질문에 대해 영가설은 다음과 같다.

1. 영국에서 매일 일어나는 살인 사건 수는 푸아송분포를 따른다.
2. 영국에서 실업률은 지난 4분기 동안 변하지 않고 그대로였다.
3. 스타틴은 나 같은 사람의 심장마비나 뇌졸중 위험을 감소시키지 않는다.
4. 일단 아버지의 키를 고려하고 나면, 어머니의 키는 아들의 키에 영향을 미치지 않는다.
5. 힉스 입자는 존재하지 않는다.

영가설은 그렇지 않다고 증명될 때까지 우리가 참이라고 가정한 것이다. 그것은 언제나 부정적이며, 모든 진전과 변화를 거부한다. 그렇다고 우리가 영가설을 참이라고 믿는다는 뜻은 아니다 (힉스 입자를 제외하고) 앞서 제시한 가정들 중 어느 것도 참이라고 확실하게 말할 수 없다. 따라서 우리는 결코 영가설이 실제로 증명되었다고 주장할 수 없다. 피셔의 말을 빌리면, "영가설은 절대 증명되거나 확립되지 않는다. 그러나 실험 과정에서 반박될 수 있다. 모든 실험은 영가설을 반박할 기회를 주기 위해서 존재한다고 말할 수 있다."[2]

이것은 형사재판과 유사하다. 피고인은 유죄판결을 받을 수 있지만 누구도 결백하다는 판결을 받을 수는 없다. 그저 유죄임이 증명되지 않은 것일 뿐이다. 마찬가지로 우리는 영가설을 기각한다고 선고할 것이다. 하지만 그렇게 하기 위한 충분한 증거가 없다고 해서 영가설을 진실로 수용한다는 뜻은 아니다. 그것은 더 나은 무언가가 나타나기 전까지 받아들이는 하나의 잠정적인 가정일 뿐이다.

팔짱을 껴보자. 왼팔이 위로 올라오는가, 오른팔이 위로 올라오는가? 기존 연구들은 절반 정도의 사람들이 오른팔을 위에 놓고, 나머지 절반 정도가 왼팔을 위에 놓는다고 말한다. 그렇다면 어느 팔을 위에 올려놓는지와 성별은 관계가 있을까?

이것은 중요한 과학적 질문은 아니지만, 내가 2013년 아프리카 수리과학연구소에 있을 때 썼던 강의용 연습문제였고, 나는 정말로 답이 궁금했다.* 나는 대학원생 54명으로부터 데이터를 얻었다. 표 10.1은 성별과 팔짱 낄 때 올라가는 팔에 대한 응답을 보여준다. 이런 유형의 표를 교차표 또는 분할표라고 한다.

전체적으로 과반수가 팔짱 낄 때 오른팔을 위에 놓았다(32/54, 59%). 그러나 '오른팔이 위로 오는 사람'의 비율은 남성(23/40, 57%)보다 여성(9/14, 64%)에서 더 높았다. 비율에서 남녀 간 차이는 7%였다.

---

* 더 많은 자연스러운 질문은 팔짱 끼기와 오른손/왼손잡이 간의 관계를 묻는 것일 테지만, 이 문제를 조사하기에는 왼손잡이가 너무 적다.

	여성	남성	총합
왼팔이 위로	5	17	22
오른팔이 위로	9	23	32
총합	14	40	54

(단위: 명)

표 10.1
대학원생 54명의 성별과 팔짱 끼기 양상에 관한 교차표.

여기서 영가설은 '팔짱 끼기와 성별 사이에 전혀 연관이 없음'이다. 그리고 영가설이 참이라면, 우리는 성별 간 비율의 차이가 0%이기를 바랄 것이다. 그러나 불가피한 변동성이 존재하기 때문에, 영가설 하에서도 관측된 차이가 정확히 0%는 아닐 것이다. 따라서 '7%라는 관측된 차이가 영가설에 반하는 증거로서 충분한가?'라는 질문이 나온다. 더 엄밀하게는 '이 7%라는 차이가 영가설과 양립할 수 있는가?'라고 물을 수 있다.*

이 질문에 답하기 위해 우리는 관측된 차이가 단순히 무작위적 변동성 때문에 생긴 것인지, 다시 말해 영가설이 정말로 참이고 팔짱 끼기가 전적으로 성별과 무관한지 알아내야 한다. 이것은 검증하기 어렵지만 중요하다. 아버스넛이 남자아이와 여자아이가 같은 확률로 나온다는 영가설을 검증하고 있었을 때, 그는 자신의 관측 데이터가 영가설과 절대 양립할 수 없다고 쉽게 결론 내릴 수 있었다. 오직 우연만 작동한다면, 82년 동안 계속 남자아이가 여자아이보다 더 많이 태어날 가능성은 정말로 희박하기 때문이다. 하지만 더 복잡한 상황에서는 데이터가 영가설과 양립할 수 있는지 알아내기가 그리 쉽지 않다. 다행히 우리에게는 복잡한 수학을 피하면서도 검증에 용이한 **순열 검정**permutation test이라는 강력한 방법이 있다.

먼저 54명의 학생들이 전부 한 줄로 늘어선 것을 상상해보자. 처음 14명은 여학생이고 다음 40명은 남학생이다. 그리고 각 학생에

---

* 연관성을 요약하는 다른 통계량(예를 들어 승산비)을 선택할 수도 있지만, 본질적으로 같은 결과를 얻을 것이다.

게 1부터 54까지 번호를 부여한다. 각 학생은 자신이 팔짱 낄 때 왼팔이 위로 오는지 오른팔이 위로 오는지를 적은 표를 들고 있다. 이제 이 '팔짱 끼기' 표를 가져와서 모자에 넣고 섞은 다음 학생들에게 무작위로 나누어준다. 이것은 영가설이 참이라면 자연스러운 방식의 예다. 무작위 할당은 팔짱 끼기와 성별을 전적으로 무관하게 만들기 때문이다.

이렇게 했는데도 우연이 작동해 오른팔이 위로 오는 사람의 남녀 비율이 정확히 같지 않을 것이다. 이때 우리는 남녀 간 비율에서 관측된 차이를 계산할 수 있다. 그런 다음 팔짱 끼기 행동을 무작위로 할당하는 이 과정을 이를테면 1000번 반복하고서, 그 차이의 분포를 살펴볼 수 있다. 그 결과가 그림 10.2(a)에 나오는데, 오른팔이 위로 오는 사람의 비율이 남성에서 더 많은 경우와 여성에서 더 많은 경우가 섞여 있음을 알 수 있다. 차이가 0인 것은 중앙에 놓인다. 실제 관측된 차이인 7%는 분포의 중앙 근처에 있다.

시간이 아주 많다면 그저 1000번 시뮬레이션하는 것이 아니라, 팔짱 끼기 표의 가능한 모든 순열들을 체계적으로 검토할 수도 있다. 그렇게 하면 각 순열에서 오른팔이 위에 오는 사람의 남녀 비율 차이는 1000번 시뮬레이션했을 때보다 더 매끈한 분포를 이룬다.

불행히도 그런 순열들은 엄청나게 많다. 그것들을 전부 계산하는 데 걸리는 햇수는, 1초에 100만 번씩 계산한다 쳐도 0이 57개가 붙은 숫자가 나올 정도다.[3] 다행히 이 계산을 직접 할 필요는 없다. 우리는 **초기하분포**hypergeometric distribution를 사용해 차이에 대한 확률분포를 이론적으로 계산할 수 있다. 초기하분포는 무작위 순열 하에

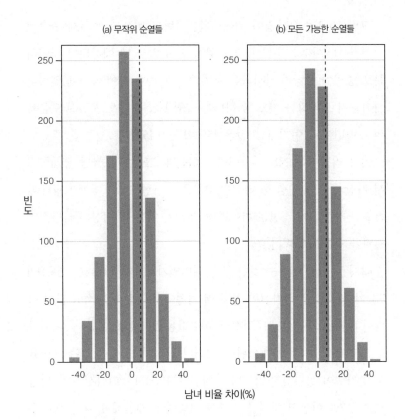

그림 10.2
팔짱 낄 때 오른팔이 위로 오는 남녀 비율의 차이 분포. (a) 팔짱 끼기의 1000번 무작위 순열
의 경우. (b) 팔짱 끼기 응답의 모든 가능한 순열의 경우. 실제 관측된 차이(7%)는 점선으로
표시했다.

서 각각의 가능한 값에 대한 확률을 주는데, 그것이 그림 10.2(b)에 나와 있다.

그림 10.2는 오른팔이 위에 오는 사람의 비율에서 실제 관측된 차이가(여성이 7% 더 많다) 연관성이 전혀 없을 때 예상되는 차이의 분포 중앙에 상당히 가까움을 보여준다. 관측한 값이 중앙에 얼마나 가까운지 요약하는 척도 중 하나는 그림 10.2에 나오는 점선 오른쪽의 꼬리넓이로, 여기서 그 값은 45% 또는 0.45이다.

이 꼬리넓이를 P값P-value이라고 하는데, 그것은 오늘날 통계학에서 가장 중요한 개념 중 하나다. P값은 영가설(그리고 통계 모형의 다른 모든 가정들)이 정말로 참이라면, 우리가 얻은 것 이상의 극단적인 결과를 얻을 확률이다.

대체 '극단적'이라는 것이 무슨 의미인가? 여기서 0.45는 **한쪽꼬리** P값이다. 그것은 영가설이 참일 때 여성에서 그런 극단적인 값이 더 많이 관측될 가능성만 측정한다. 이 P값은 **단측 검정**one-sided test이라고 알려져 있는 것에 대응된다. 그러나 남성이 더 많은 관측될 비율도 영가설이 성립하지 않는다고 의심하게 만든다. 따라서 어느 방향으로든 7% 이상의 차이를 관측할 가능성을 계산해야 한다. 이것은 **양쪽꼬리** P값이라고 알려져 있으며, **양측 검정**two-sided test에 대응된다. 이 전체 꼬리넓이가 0.89로 1에 가깝기 때문에 우리는 관측값이 분포의 중앙 근처에 있음을 알 수 있다. 물론 그림 10.2에서 이 사실을 바로 알 수 있지만, 그래프를 이용할 수 없는 경우에는 이런 식으로 데이터의 극단성을 나타내는 수가 필요하다.

아버스넛은 이 검정 과정의 최초 기록 사례를 제공한다. 남자아이와 여자아이가 같은 확률로 태어난다는 영가설이 참이라면, 82년 동안 내내 남자아이가 여자아이보다 더 많을 확률은 $1/2^{82}$이다. 그 수는 남자아이가 더 많은 경우가 그만큼 드물다는 것을 보여준다. 마찬가지로 매년 여자아이가 더 많은 경우에도 영가설은 의심된다. 그러므로 어느 쪽으로든 그런 극단적인 결과가 나올 확률은 이 수를 두 배한 $1/2^{81}$이 된다. 따라서 $1/2^{81}$은 최초로 기록된 양쪽꼬리 P값인 셈이다(비록 그 용어는 250년 후에야 등장하지만 말이다).

그건 그렇고, 내 작은 표본은 성별과 팔짱 끼기 사이에서 어떤 연관성도 보여주지 않았다. 다른 과학 연구들도 팔짱 끼기와 성별, 왼손/오른손잡이, 기타 특징들 간의 특별한 관계를 발견하지 못했다.

통계적 유의성

통계적 유의성statistical significance이라는 개념은 간단명료하다. P값이 충분히 작으면, 그 결과는 통계적으로 유의하다. 이 용어는 피셔에 의해 1920년대에 유명해진 이래로 비판을 받기도 했지만 여전히 통계학에서 중요한 역할을 담당하고 있다.

피셔는 비범하지만 어려운 사람이었다. 그는 유전학과 통계학이라는 전혀 다른 두 분야에서 선구적인 업적을 쌓은 비범한 인물이었다. 한편으로는 불같은 성질로 악명 높았다. 그는 자신의 아이디어에 의문을 제기하는 것처럼 보이는 사람에게 매우 적대적이었다. 또한 그는 우생학을 공개적으로 지지하고, 담배와 폐암 간 연관성을 보여주는 증거를 공개적으로 비판했다. 담배 회사와의 재정적 연줄이 드러나자 그의 평판은 더욱 나빠졌다. 하지만 그의 과학적 명성은 무너지지 않았다. 그의 아이디어들은 데이터 분석에서 계속 활용되었다.

4장에서 보았듯, 피셔는 로섬스테드 연구소에서 일하는 동안 농업 실험에서 '무작위 배정'라는 아이디어를 개발했다. 더 나아가 그는 차 감별 실험을 통해 무작위 비교 실험을 선보였다. 그것은 차를 마셔보면 차를 따르기 전에 우유를 먼저 부었는지 아니면 차를 따른 후에 우유를 부었는지 감별할 수 있다는 (뮤리얼 브리스틀로 추정되는) 한 여성의 주장을 검증하는 실험이었다.

우유를 먼저 부은 네 잔과 차를 먼저 부은 네 잔이 준비되었고, 그 여덟 잔이 무작위적 순서로 제공되었다. 뮤리얼에게는 각각이 네 잔씩 있다고 말해 주었다. 그녀는 우유를 먼저 넣은 네 잔을 알아맞혀야 했다. 실험 결과, 그녀가 전부 제대로 맞추었다고 전해진다.

그녀가 그저 추측만 할 뿐이라는 영가설에서, 그녀가 전부 제대로 맞출 확률을 초기하분포를 이용해 계산하면 70분의 1이 나온다. 이 것이 P값이 되며, 통상적으로 작다고 간주될 수준이다. 따라서 뮤리얼이 정말로 우유를 먼저 부었는지 아닌지를 감별한다는 주장이 통계적으로 유의미하다고 말할 수 있다.

지금까지의 과정을 요약하면 다음과 같다.

1. 확인하고 싶은 질문에 대해 영가설을 만든다. 영가설은 일 반적으로 H_0라고 표기한다.

2. 검정 통계량test statistics을 선택한다. 그 값이 충분히 극단적이라고 드러나면, 영가설을 의심하게 될 것이다(그 통계량의 값이 크다면 영가설과 양립 불가능하다).

3. 영가설이 참이라 가정하고, 검정 통계량의 표집 분포를 만든다.

4. 관측된 통계량이 이 분포의 꼬리 어디쯤에 놓이는지를 확인하고 P값을 구한다. P값은 영가설이 참인 경우 그런 극단적인 통계량을 관측할 확률로, 특정한 꼬리넓이를 계산한 값이다.

5. '극단적'이라는 말은 조심스럽게 정의해야 한다. 만약 검정 통계량의 큰 양의 값과 큰 음의 값이 둘 다 영가설과 양립할 수 없는 것으로 간주된다면, P값이 이를 설명해야 한다.

6. P값이 어떤 임계값 아래에 있다면 그 결과는 통계적으로 유의하다.

피셔는 유의성을 표시하기 위한 임계값으로 $P < 0.05$와 $P < 0.01$을 사용했고, 이 유의성 수준을 달성하기 위해 필요한 검정 통계량의 임계값 표를 만들었다. 이제는 정확한 P값을 보고할 것이 권장됨에도, 이 표의 인기 때문에 0.05와 0.01은 일종의 관례가 되었다. 그리고 정확한 P값은 영가설이 참이라는 조건뿐 아니라, 구조적인 편향의 부재, 독립적인 관측 같은 통계 모형의 다른 근본적 가정들도 요구한다.

이 전체 과정은 영가설 유의성 검정Null Hypothesis Significance

Testing, NHST이라고 알려져 있으며, 나중에 보겠지만 커다란 논쟁의 원인을 제공했다. 그러나 우선은 피셔의 아이디어가 실제로 어떻게 사용되는지 살펴보자.

확률론 이용하기

영가설 유의성 검정에서 가장 힘든 부분은 3단계인 '영가설에서 검정 통계량의 분포 구하기'일 것이다. 팔짱 끼기 데이터에 대한 순열 검정에서 그랬듯 컴퓨터를 사용해 시뮬레이션을 돌려 볼 수도 있지만, 확률론을 이용해 검정 통계량의 꼬리넓이를 직접 계산할 수도 있다. 마치 아버스넛이나 피셔가 했던 것처럼 말이다.

통계적 추론의 선구자들은 그 값을 근사하는 방법을 우리에게 남겼다. 예를 들어 1900년쯤 칼 피어슨은 교차표에서 연관성을 검증할 때 쓸 통계량을 개발했다. 그로부터 고전적인 **카이제곱 연관성 검정** chi-squared test of association이 발전했다(카이는 그리스 문자 x이다).

여기서 검정 통계량은 카이제곱 통계량으로, 연관성이 없다는 영가설이 참일 때의 기댓값과 실제 관측값 간의 총체적 차이를 측정한 것이다. 표 10.2의 괄호 안 값은 영가설을 가정할 때 각 사건이 일어날 기댓값이다. 예를 들어 여성의 경우에 왼팔이 위로 가는 사건의 기댓값은 '여성의 전체 수(14)×왼팔이 위로 가는 사람 전체의 비율 (22/54)'로, 5.7이 된다.

표 10.2를 보면 관측값과 기댓값이 상당히 비슷함을 알 수 있다.

	여성	남성	총합
왼팔이 위로	5(5.7)	17(16.3)	22
오른팔이 위로	9(8.3)	23(23.7)	32
총합	14	40	54

(단위: 명)

표 10.2
성별에 따른 팔짱 끼기 관련 실제 관측값과 기댓값. 기댓값은 팔짱 끼기가 성별과 연관이 없
다는 영가설이 참일 때를 전제하고 계산했다.

다시 말해, 실제 데이터는 영가설이 참일 때 기대하는 수준이다. 여기서 카이제곱 통계량은 0.02다(공식은 용어집 참조). 이 통계량에 대응되는 P값을 구하려고 일반적인 소프트웨어를 이용해 계산해보니 0.90이 나왔다. 결국 우리는 영가설에 반하는 어떤 증거도 얻지 못했다. 그나마 다행인 것은 이 P값이 초기하분포에 기반한 '정확한' 검정과 같다는 사실이다.

검정 통계량과 P값의 개발 및 사용은 통계학 수업에서 상당 부분을 차지한다. 그 결과, 불행히도 통계학은 알맞은 공식을 고르고 알맞는 표를 사용하는 것이라고 알려지고 말았다. 비록 이 책이 그 주제에 관하여 더 폭넓은 관점을 택하려고 노력했지만, 그럼에도 통계적 유의성의 관점에서 책 전반에서 논의했던 예들을 다시 살펴보는 것은 가치가 있다.

1. 영국에서 매일 일어나는 살인 사건 수는 푸아송분포를 따르는가?

8장에서 영국과 웨일즈에서 2013년부터 2016년까지 1095일 동안 총 1545건의 살인 사건이 있었고, 하루 평균 일어난 살인 사건의 수는 1.41건임을 보았다. 살인 사건의 수가 이 평균을 갖는 푸아송분포라는 영가설이 참일 때 기대되는 일일 살인 사건의 수는, 표 10.3의 마지막 열에 나와 있다. 표 10.2에서 사용했던 방법을 적용하면, 관측값과 기댓값 사이의 차이는 **카이제곱 적합도 검정**chi-squared goodness-of-fit test 통계량에 의해 요약될 수 있다(용어집 참조).

관측된 P값 0.96은 유의하지 않고, 따라서 영가설을 기각할 증거는 없다(사실 적합성이 너무 좋아서 의심스러울 정도다). 물론 그렇다고 영가설이 참이라는 이야기는 아니다. 하지만 9장에서 보았던 살인율에서 변화를 가늠할 때, 그것을 하나의 가정으로 사용하는 것은 타당하다.

2. 영국에서 실업률이 지난 4분기에 변했는가?

7장에서 '실업자 수 3000명 감소'라는 변화가, ±2표준오차에 기반한 오차범위 ±77,000을 가짐을 보았다. 따라서 95% 신뢰구간은 −80,000부터 +74,000까지이며, '변화 없음'을 뜻하는 0을 포함한다. 그러나 이 95% 구간이 0을 포함한다는 사실은 추정값 −3,000이 '0±2표준오차' 안에 있음과 논리적으로 동치이므로, 통계적 유의성 측면에서 이 변화는 0과 다르지 않다.

이것은 가설 검정과 신뢰구간 사이의 근본적인 동질성을 드러낸다.

- 신뢰구간이 영가설(일반적으로 0)을 포함하지 않으면, 양쪽 꼬리 P값은 0.05보다 작다.
- 신뢰구간은 P < 0.05에 기각되지 않는 영가설들의 집합이다.

가설 검정과 신뢰구간 사이의 이 내밀한 연관은 사람들이 통계적 유의성 측면에서 0과 다르지 않은 결과들을 잘못 해석하지 않도록 할 것이다. 이것은 영가설이 참이라는 뜻이 아니라 참값에 대한 신뢰구

일일 살인 사건 수	실제 관측 일수	영가설이 참일 때 기대 일수
0	259	267.1
1	387	376.8
2	261	265.9
3	131	125.0
4	40	44.1
5	13	12.4
6 이상	3	3.6
총계	1,095	1,095

표 10.3
영국과 웨일즈에서 2013년 4월부터 2016년 3월까지 발생한 살인 사건의 실제 관측 일수와 기대 일수. 카이제곱 적합도 검정 결과, P값은 0.96이었다. 이는 살인 사건의 수가 푸아송분포라는 영가설에 반하는 증거가 되지 않는다.

간이 0을 포함한다는 뜻이다. 불행히도 이 교훈은 종종 무시된다.

3. 스타틴 복용이 나 같은 사람의 심장마비나 뇌졸중 위험을 감소시키는가?

표 10.4는 표 4.1에 그 효과를 확립시킨 신뢰구간을 보여주는 열을 추가한 것이다. 표준오차, 신뢰구간, P값은 서로 밀접하게 연관되어 있다. 위험 감소율에 대한 신뢰구간은 대충 '추정값±2표준오차'이다(HPS가 상대적 감소를 정수가 되게 어림했다). 신뢰구간은 '효과 없음'이라는 영가설에 상응하는 0%를 포함하지 않으므로, P값은 아주 작다. 사실 심장마비에서 26% 감소에 대한 P값은 약 300만분의 1이다.

물론 다른 요약 통계량, 가령 절대위험도에서의 차이 같은 걸 사용할 수도 있다. 하지만 모두 비슷한 P값을 주어야 한다. HPS 연구자들은 상대적 감소에 초점을 두었다. 그것은 하위 그룹에서 상당히 일정하기 때문에, 좋은 요약 척도가 된다. 신뢰구간을 계산하는 방법은 그 밖에도 여러 가지가 있지만, 별다른 차이를 만들지 않는다.

4. 일단 아버지의 키를 고려하고 나면, 어머니의 키는 아들의 키와 연관 있는가?

5장에서 우리는 아들의 키를 반응(종속)변수로, 어머니와 아버지의 키를 설명(독립)변수로 하는 다중선형회귀를 보았다. 표 10.5는 표

사망 원인	위약 그룹 내 백분율	스타틴 그룹 내 백분율	상대적 위험 감소율	위험 감소율의 표준오차	위험 감소율에 대한 신뢰구간	P값
심장마비	11.8	8.7	26%	4%	21%~33%	P < 0.0001
뇌졸중	5.7	4.3	25%	5%	15%~34%	P < 0.0001
다른 모든 원인	14.7	12.9	12%	4%	6%~19%	P = 0.0003

표 10.4
HPS 결과를 가지고 추정된 스타틴의 상대적 효과와 그 표준오차, '효과 없음'이라는 영가설을 검정하는 신뢰구간과 P값을 보여준다. 참고로 스타틴을 배정받은 사람 수는 1만 269명이고, 위약을 배정받은 사람 수는 1만 267명이다.

5.3에 나온 계수들이 0과 유의미하게 다르다고 할 수 있는지 살펴보기 위해 골턴의 데이터를 무료 R 프로그램에 넣은 결과다.

표 5.3에서처럼, 절편은 아들의 평균 키고, '추정값'이라 이름 붙인 계수들은 어머니와 아버지의 키가 1인치 달라질 때마다 기대되는 아들 키의 변화를 나타낸다. 표준오차는 계수들의 크기에 비해 분명 작다.

t **값** 또는 *t* **통계량**t-statistic은 설명변수와 반응변수 간 연관성이 통계적으로 유의미한지를 말해주는 연결고리로, 우리의 주된 관심사이다. *t*값은 '학생의 *t*통계량'이라 알려진 것의 특별한 사례이다. 여기서 '학생'은 윌리엄 고셋William Gosset의 필명이다. 그는 더블린에 있는 기네스 사에서 유니버시티 칼리지 런던으로 임시 파견 근무 중이던 1908년에 그 방법을 개발했는데, 기네스 사는 직원의 익명성을 유지하기 원했기 때문에 그는 필명으로 논문을 발표했다.

*t*값은 단순히 '추정값/표준오차'로, 추정값이 0에서 얼마나 멀리 떨어져 있는지를 표준오차의 몇 배만큼 떨어져 있는지로 측정한 것이다. 소프트웨어는 *t*값과 표본 크기를 가지고 정확한 P값을 산출해낸다. 표본이 클 때, 2보다 크거나 −2보다 작은 *t*값들은 $P < 0.05$에 대응된다. 이 문턱값은 표본 크기가 더 작으면 더 커진다. R 프로그램은 P값에 대해 별 체계를 사용한다. $P < 0.05$를 나타내는 별 한 개(*)부터 $P < 0.001$을 나타내는 별 세 개(***)까지 있다. 표 10.5에서 *t*값들이 너무 커서 P값들은 거의 사라질 정도로 작다.

6장에서 알고리즘이 아주아주 작은 차이로 예측 경진 대회에서 우승할 수 있음을 보았다. 타이태닉 시험 세트에서 생존 여부를 예

	추정값	표준오차	t값	$\Pr(>|t|)$
(절편)	69.22882	0.10664	649.168	<2 e-16 ***
어머니의 키	0.33355	0.04600	7.252	1.74 e-12 ***
아버지의 키	0.41175	0.04668	8.820	<2 e-16 ***

유효 코드: ***=0.001 **=0.01 *=0.05

표 10.5
골턴의 데이터를 사용한 다중 회귀의 R에서의 출력값. t값은 표준오차로 나눈 추정값이다. $\Pr(>|t|)$는 양쪽꼬리 P값으로, 실제 관계가 없다는 영가설이 참일 때 양수든 음수든 간에 그런 큰 t값을 얻을 확률을 뜻한다. '2 e-16'이라는 표기는 P값이 (0이 15개 나오는) 0.0000000000000002보다 작다는 말이다. 별표(*)의 해석에 대해선 별도 표기했다.

측할 때, 단순한 분류 나무가 가장 좋은 브라이어 지수(예측 오차의 제곱의 평균) 0.139를 가졌다. 이것은 평균 신경망의 지수인 0.142보다 아주 약간 낮을 뿐이었다(표 6.4 참조). 우승하게 만든 이 작은 오차 −0.003이 우연에 의한 것인지 확인하기 위해 통계적 유의성을 살펴봤다.

확인 결과, t통계량은 −0.54였고, 양쪽꼬리 P값이 0.59였다.* 따라서 분류 나무가 진정한 최고의 알고리즘이라는 증거는 없다! 이런 분석은 캐글 같은 경진 대회에서 일상적인 일이 아니지만, 우승 여부가 테스트 세트의 사례들의 우연한 선택에 달려 있음을 아는 것은 중요하다.

연구자들은 표 10.5에 나오는 컴퓨터 출력값들을 면밀히 조사하면서 생애를 보낸다. 그들의 다음 논문에 포함시킬 수 있는 유의미한 결과들을 기다리면서 말이다. 그러나 이런 종류의 통계적 유의성에 지나치게 집착하다 보면, 발견했다는 착각에 쉽사리 빠질 수 있다.

---

* 이 값을 구하기 위해 테스트 세트에 속한 412명 각각을 대상으로 두 알고리즘에 대한 예측 오차의 제곱의 차이를 계산한다. 412개의 차이로 이루어진 이 세트는 평균 −0.0027과 표준편차 0.1028을 가진다. 따라서 '진짜' 차이의 추정값의 표준오차는 $0.1028/\sqrt{412}$ = 0.0050이고, t통계량은 '추정값/표준오차'이므로 −0.0027/0.0050 = −0.54이다. 이는 수들의 순서쌍 간 차이들의 집합에 기반하고 있기 때문에 대응표본 t검정paired t-test이라고 알려져 있다.

다중 검정의 문제

유의성을 말하기 위한 표준적 임계값 P<0.05와 P<0.01은 고성능 계산기를 가지고서 정확한 P값을 구하는 것이 불가능했던 당시 상황에서 피셔가 임의로 선택한 것이었다. 그러나 수많은 유의성 검정을 수행해서 매번 P값이 0.05보다 작은지를 살펴보면, 무슨 일이 일어날까?

어떤 약이 정말로 효과가 없다고, 즉 영가설이 참이라고 가정하자. 그런데 임상 시험을 한 번 했을 때 P값이 0.05보다 작게 나왔다면? P값의 정의에 따르면 그 약이 정말로 효과가 없을 때 이런 일이 일어날 확률이 5%이기 때문에 우리는 실험 결과가 통계적으로 유의미하다고 말할 것이다. 이때 우리는 약이 효과적이라고 '잘못' 믿게 되기 때문에, 이것은 **거짓양성**false-positive 결과로 간주된다. 두 번 실험을 하는 경우 적어도 한 번은 유의미한 거짓양성 결과를 얻을 가능성은 10%에 가깝다.* 적어도 한 번의 거짓양성 결과를 얻을 확률은 실험을 더 많이 할수록 빠르게 증가한다. 만약 이 쓸모없는 약들에 관한 실험을 10번 하면, P<0.05 기준으로 적어도 한 번 유의미한 결과를 얻을 가능성은 40%나 된다. 이 **다중 검정**multiple testing의 문제는 유의성 검정을 많이 시행한 뒤 가장 유의미한 결과를 발표할 때마다 발생한다.

---

* 적어도 한 번의 실험이 유의미할 가능성은 1 − (두 번 다 무의미할 확률) = 1 − 0.95 × 0.95 = 0.0975로, 어림하면 0.10이다.

특히 연구자들이 데이터를 부분 집합으로 쪼개서 각각에 대해 가설 검정을 한 뒤 가장 유의미한 것을 살펴볼 때, 이런 문제가 발생한다. 고전적인 예시가 2009년 수행된 뇌 스캔 실험이다. 연구자들은 피실험자에게 뇌 영상fMRI을 찍으면서 감정이 드러난 사람들 사진을 보여주었다. 그리고 피실험자의 뇌에서 어떤 영역이 P＜0.001을 기준으로 유의미한 반응을 보이는지를 알아봤다.

놀랍게도 그 피실험자는 4파운드짜리 대서양 연어였다. 그것도 '스캔 당시 살아 있지 않은' 연어였다. 이 죽은 생선의 뇌 속 8064개의 지점 중 16개가 사진에 대해 통계적으로 유의미한 반응을 보였다. 다행히 그 팀은 죽은 연어가 기적적인 기술을 가졌다고 결론짓는 대신, 이런 결과가 다중 검정의 문제 때문이라고 봤다. 8000번 이상의 유의성 검정은 거짓양성 결과들을 가져올 가능성이 그만큼 크다.[4] P＜0.001이라는 엄격한 기준을 사용하더라도, 8번의 유의미한 결과가 오로지 우연에 의해 나올 수 있다.

이 문제를 피하는 한 방법은 매우 낮은 P값을 유의성 판단 기준으로 삼는 것이다. 가장 간단한 방법 중 하나인 **본페로니 교정** Bonferroni correction은 문턱값으로 0.05/n을 사용한다. 여기서 n은 검정 횟수다. 따라서 연어의 뇌 속 각 지점에서 검정을 수행할 때는 0.05/8,000=0.00000625, 즉 16만분의 1이라는 P값이 요구된다. 이 방법은 인간 게놈에서 질병과의 연관성을 찾을 때 표준적 관행으로 자리 잡았다. 유전자에는 대략 100만 개의 지점이 있으므로, 어떤 발견을 주장하려면 0.05/1,000,000, 즉 2000만분의 1보다 작은 P값이 관례적으로 요구된다.

따라서 뇌 영상법이나 유전학에서처럼 많은 수의 가정들을 동시에 검정하고 있을 때, 본페로니 교정을 사용해 가장 극단적인 결과들이 유의미한지 판단할 수 있다. 또한 두 번째로 극단적인 결과, 세 번째로 극단적인 결과 등의 유의성을 살펴보기 위해 본페로니 교정을 약간 완화시킨 기법들도 개발되었다. 그것들은 거짓 주장이라고 드러난 발견들의 전체 비율, 소위 **거짓 발견율**false discovery rate을 통제하고자 설계되었다.

거짓양성을 피하기 위한 다른 방법은, 전적으로 다른 환경에서 같은 실험 지침을 가지고 실험을 반복해 원래 연구를 재현하는 것이다. 한 예로, 신약이 미국 식품의약청FDA의 승인을 받으려면, 두 개의 독립적인 임상 시험이 수행되어야 하며, 각각 $P < 0.05$로 유의미한 효과를 보여주어야 한다. 이 말인즉슨, 전혀 효과가 없는 약이 승인받을 확률이 $0.05 \times 0.05 = 0.0025$, 즉 400분의 1이라는 뜻이다.

5. 힉스 입자는 존재하는가?

20세기에 물리학자들은 아원자 세계에서 작용하는 힘들을 설명하기 위해 '표준모형'을 발전시켰지만, 그 모형의 일부는 증명되지 않은 채 이론으로만 남아 있었다. 그것은 우주에 골고루 퍼져 있으며 전자 같은 입자에 힉스 입자를 통해 질량을 주는 에너지 장, 바로 '힉스 장'이었다. 유럽입자물리연구소CERN에 있는 연구자들이 2012년 힉스 입자의 발견을 발표할 때, 그것은 '5시그마' 결과로 발표되었다.[5] 이것이 통계적 유의성의 한 표현이었음을 안 사람은 거의 없었을 것이다.

연구자들이 서로 다른 에너지 수준에 대하여 특정한 사건들이 발생하는 비율을 그래프로 나타낼 때, 그 곡선이 힉스 입자가 존재한다면 기대되는 바로 그 장소에서 뚜렷한 '혹'을 가진다는 것이 밝혀졌다. 결정적으로, 힉스 입자가 존재하지 않으며 그 혹은 단순히 우연의 결과라는 영가설에서 카이제곱 적합도 검정은 350만분의 1보다 작은 P값을 보였다. 그런데 왜 이것이 '5시그마' 발견으로 발표된 걸까?

이론 물리학에서 '시그마'를 가지고서 발견의 주장을 발표하는 것은 일반적이다. 여기서 '2시그마' 결과는 영가설로부터 표준오차의 두 배만큼 떨어진 관측이란 뜻이다(그리스 문자 시그마(σ)를 모집단 표준편차를 나타내기 위해 사용했음을 기억하자). 이론 물리학에서 '시그마' 값들은 앞서 다중회귀 예에 대한 표 10.5에 나온 t값에 정확히 대응된다. 350만분의 1이라는 양쪽꼬리 P값을 주었던 관측값(카이제곱 검정으로부터 관측된 P값)은 영가설로부터 표준오차의 다섯 배만큼 떨어져 있기 때문에, 연구자들이 힉스 입자를 5시그마 결과라고 말한 것이다.

CERN팀은 분명 P값이 굉장히 작아질 때까지 그들 '발견'을 발표하고 싶지 않았다. 우선 그들의 유의성 검정은 단지 하나의 에너지 수준에서가 아니라 모든 에너지 수준에서 수행되었다. 다중 검정에 대한 이 조정은 물리학에서 '다른 데 보기 효과look elsewhere effect'라고 알려져 있다. 그들은 실험을 반복해도 같은 결론에 도달한다는 확신을 얻고 싶었다. 물리학 법칙에 관해 자칫 잘못된 주장을 했다간 너무나도 창피한 일이 될 것이기 때문이다.

이 절을 시작할 때 던진 질문에 답을 하자면, 이제 힉스 입자가 존재한다고 가정하는 건 타당해 보인다. 그리고 어쩌면 더 심오한 이론이 제안될 때까지 그 가정은 새로운 영가설이 된다.

네이만-피어슨 이론

왜 HPS는 2만 명 이상의 참가자들이 필요했는가?

HPS는 그 연구 규모가 엄청났다. 하지만 그 규모는 어떤 임의적 선택이 아니었다. 실험을 계획할 때, 연구자들은 스타틴을 임의 배정하는 데 얼마나 많은 사람이 필요한지 알아내고, 그 비용을 정당화하는 강한 통계적 근거를 마련해야 했다. 여기서 네이만과 이건 피어슨의 아이디어를 사용했다.

P값을 사용한 유의성 검정법은 가설의 타당성을 확인하기 위해 1920년대에 피셔가 개발했다. 작은 P값이 관측되면, 그것은 매우 놀라운 무언가가 일어났거나 영가설이 거짓이라는 뜻으로 해석된다. P값이 작을수록 영가설이 부적절한 가정일지 모른다는 확신은 더 타당해진다. 그런데 1930년대에 네이만과 피어슨은 이보다 더 엄밀한 수학적 기반을 가진 가설 검정법을 개발했는데, 이것을 '귀납적 행위inductive behaviour 이론'이라고도 한다.

그들의 가설 검정법에는 영가설뿐만 아니라 데이터에 대한 다른 설명, 즉 대립가설alternative hypothesis이 나온다. 그리고 검정 이후에는 대립가설을 지지하여 영가설을 기각할지 아니면 영가설을 기각하지 않을지 선택해야 한다.* 따라서 두 종류의 실수가 발생할 수 있다. **1종 오류**Type I error는 영가설이 참인데 그것을 기각할 때 생긴다. **2종 오류**Type II error는 사실은 대립가설이 참인데 영가설을 기각하지 않을 때 생긴다. 표 10.6에 나온 법률적 비유를 참고하자. 1종 오류는 무죄인 사람에게 잘못된 유죄 판결을 내리는 것이다. 2종 오류는 범죄를 저지른 사람에게 유죄가 아니라고 판결을 내리는 것이다.

네이만과 피어슨에 따르면, 계획 단계에서 실험의 크기는 사전에 선택된 두 값에 의해 결정된다. 먼저 영가설이 참일 때 발생하는 1종 오류의 확률을, 이를테면 0.05와 같이 미리 고정시킨다. 이것은 **검정의 크기**size of a test라고 하며, 대개 α(알파)로 표기한다. 또한 대립가설이 참일 때 발생하는 2종 오류의 확률을 미리 특정해서 이것을 β(베타)로 표기한다. 사실 일반적으로 연구자들은 $1 - \beta$에 관해 연구하는데, 이것을 **검정력**power of a test이라 한다. 검정력은 대립가설이 참일 때 대립가설을 지지하고 영가설을 기각할 확률, 즉 실험의 실제 효과를 제대로 알아낼 가능성이다.

검정의 크기 α와 피셔의 P값 사이에는 밀접한 연관성이 있다. 우리가 α를 결과가 유의미하다고 간주하는 임계값으로 택한다면, 영가설을 기각하게 만드는 결과의 P값은 α보다 작을 것이다. 따라서 α

---

* 네이만과 피어슨의 원래 이론은 영가설을 '채택한다'라는 생각을 포함했지만, 지금은 이 부분은 무시된다.

진실	가설 검정 결과	
	영가설을 기각하지 않음 (용의자 무죄 판결)	영가설을 기각하고 대립가설을 지지함(용의자 유죄 판결)
영가설(결백)이 진실일 때	영가설을 기각하지 않아서 맞다. 무죄인 사람에게 제대로 무죄 판결을 했다.	1종 오류: 영가설 기각은 잘못되었다. 무죄인 사람에게 잘못하여 유죄 판결을 했다.
대립가설(유죄)이 진실일 때	2종 오류: 영가설을 기각하지 않음은 잘못되었다. 유죄인 사람에게 유죄 판결을 하지 못했다.	영가설을 기각하므로 맞다. 유죄인 사람에게 제대로 유죄 판결을 했다.

표 10.6
가설 검정의 가능한 결과들을 형사재판 결과에 빗대 나타냈다.

는 유의수준의 임계값으로 간주할 수 있다. α가 0.05라는 것은 P값이 0.05보다 작을 때 영가설을 기각한다는 뜻이다.

실험 형태에 따른 검정의 크기와 검정력에 관한 공식들이 존재하는데, 결정적으로 표본 크기에 따라 달라진다. 그러나 표본 크기가 고정된 상태에서는 불가피한 맞교환이 있다. 검정력을 높이려면 유의수준의 임계값을 완화시켜야 한다. 그 결과 진짜 효과를 제대로 알아낼 가능성이 높아지지만, 1종 오류를 범할 가능성은 커진다. 법률적 비유를 들자면, 합리적 의심을 넘어서는 증거에 대한 요구 조건을 약화시켜, 유죄 판단의 기준을 완화시킬 수 있다. 그 결과 더 많은 범죄자들이 제대로 유죄 판결을 받는 대신, 결백한 사람들이 유죄라고 잘못 판결받는 경우도 늘어난다.

네이만-피어슨 이론은 산업 품질 관리에 그 뿌리를 두고 있으나, 오늘날 의학적 치료 효과를 시험하는 데도 광범위하게 이용된다. 먼저 임상 시험을 시작하기 전에 그 치료가 효과가 없다는 영가설과 그럴듯한 중요한 효과가 있다는 대립가설을 세운다. 그런 다음 연구자들은 검정의 크기와 검정력을 정하는데, 종종 α는 0.05, $1 - \beta$는 0.80으로 놓는다. 이것은 치료 효과가 유의미하다고 결론 내리기 위해 P값이 0.05보다 작아야 하며, 치료가 진짜로 효과적일 때 치료 효과가 유의미하다고 할 확률이 80%라는 뜻이다. 두 수를 모두 고려해 실험에 필요한 참가자 수가 도출된다.

확정적인 임상 시험 결과를 원한다면, 연구자들은 더 엄격해질 필요가 있다. 예를 들어 HPS는 다음과 같이 결론을 내렸다.

만약 콜레스테롤 저하 치료법이 실제로 5년간 관상동맥 심장병 사
망률을 약 25%, 모든 원인으로 인한 사망률을 약 15% 감소시키
는 효과를 가졌다면, 더 엄격한 통계적 유의성 수준을 가진 같은
크기의 연구에서도 그런 효과를 보일 것이다(즉 90% 검정력에서
$P < 0.01$을 만족한다).

다시 말해서, 만약 심장병 사망률에서 25% 감소, 모든 종류의 사망
률에서 15% 감소를 기준으로 진정한 치료 효과를 가늠한다면, 그
연구는 대략 검정력 $1 - \beta = 90\%$, 검정의 크기 $\alpha = 1\%$를 가진다. 이
조건에 따르면 2만 건 이상의 표본이 필요했다. 표 10.4를 보면 실제
로 모든 원인으로 인한 사망률이 12% 감소했음을 볼 수 있다. 이것
은 계획한 바와 매우 근접한 수치다.

타당한 대립가설을 감지하기에 충분한 검정력을 가질 만큼 큰 표
본을 가진다는 아이디어는 의학 연구에서 확고하게 자리 잡았다. 그
러나 심리학이나 신경과학의 연구들은 종종 편의에 의해 또는 전통
에 기반하여 표본 크기를 선택하는데, 연구 중인 조건당 실험 대상
이 20개 정도에 불과할 때도 있다. 이렇게 되면 대립가설이 아무리
흥미롭고 참일지언정 단지 표본 크기가 너무 작다는 이유로 관심을
받지 못할 수 있다. 이제는 이런 분야도 실험의 검정력에 대해 생각
해볼 필요가 있음을 깨닫고 있다.

11장에서 보겠지만, 네이만과 피어슨 대 피셔 간에 가설 검정 방
법에 관해 서로 독설이 오가는 격렬한 논쟁이 공개적으로 벌어졌다.
그러나 이 갈등이 하나의 올바른 연구 방법으로 이어지지는 못했다.

HPS는 임상 시험이 네이만-피어슨 방법으로 설계되는 경향이 있음을 보여주지만, 일단 실험이 수행되면 검정의 크기와 검정력은 무관해진다. 이 시점에서는 치료 효과에 대한 신뢰구간과, 영가설에 반하는 정도를 나타낸 피셔의 P값이 등장한다. 놀랍게도 두 아이디어의 괴상한 혼합은 놀랍도록 효과적이다.

해럴드 시프먼은 더 빨리 잡힐 수 있었을까?

시프먼은 잡히기 전까지 20년 동안 200명 넘는 환자들을 살해했다. 당연히 유가족들은 그가 그렇게 오랫동안 아무 의심도 받지 않고 범죄를 저지를 수 있었음에 경악했다. 이후 공개 조사팀은 그가 더 빨리 잡힐 수 있었는지 조사했다. 먼저 1977년 이래로 자택 또는 진료 중 사망한 사람들 가운데 시프먼이 사망 진단서에 서명한 경우를 모두 모았다. 그리고 그의 돌봄 아래 있던 모든 환자들의 나이 구성과 주변 지역의 다른 가정의들에 대한 사망률을 고려할 때 기대되는 수와 비교했다. 이때 온도 변화와 독감 발생 같은 지역적 조건은 조정되었다. 그림 10.3은 1977년부터 시프먼이 체포된 1998년까지, 사망 증명서의 관측값에서 기댓값을 빼서 얻은 결과들을 보여준다. 이 차이에는 '과잉' 사망자 수라고 이름 붙였다.

1998년까지 65세 이상 환자들 가운데 추정된 과잉 사망자 수는 여성 174명, 남성 49명이었다. 이것은 거의 정확하게 나중에 조사단에 의해 희생자라고 확정된 노인들의 수였다. 개별적 사례에 대한 정보를 전혀 고려하지 않은 채 순수하게 통계적 분석만 했을 뿐인데

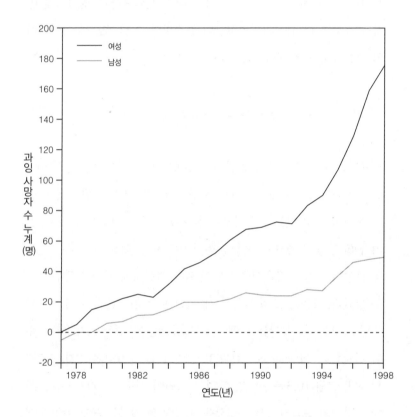

그림 10.3

시프먼에 의한 과잉 사망자 수. 자택 또는 진료 중 사망한 65세 이상 환자들 가운데 시프먼이 서명한 사망 증명서의 누계에서 그의 진료 일람표의 구성 요소들을 고려해 얻은 기대 사망자 수를 뺐다.

도 추정값은 놀라울 정도로 정확했다.[6]

만약 누군가 시프먼에 의한 사망자 수를 해마다 모니터링하면서 그림 10.3을 만드는 데 필요한 계산을 하고 있었다면, 어느 시점에서 이상을 감지했을까? 예를 들어 연말마다 유의성 검정을 수행했다고 생각해보자. 사망자 수는 살인처럼 그 사건의 작은 확률을 가지는 많은 개인들의 결과이므로, 푸아송분포를 가진다고 가정할 수 있다. 따라서 '관측된 사망자 수 누계가 기대 사망자 수 누계를 기댓값으로 가지는 푸아송분포를 따른다'가 영가설이 된다.

그림 10.3에 볼 수 있는 남성과 여성의 전체 사망자 수를 사용해 이런 검정을 실시했더라면, 모니터링을 한 지 3년 만인 1979년에 25.3명의 기대 사망자에 대해 40명의 관측 사망자가 나왔을 때 0.004라는 한쪽꼬리 P값이 나왔을 것이다.* 이 결과는 통계적으로 유의미하므로, 당시에 시프먼을 조사했다면 그의 범행을 감지할 수 있었을지도 모른다.

그러나 이런 통계적 과정은 가정의들의 사망률을 모니터링하는 방식으로 굉장히 부적절하다. 그 이유에는 두 가지가 있다. 첫째, 시프먼이 의심스러워서 그만을 위한 모니터링 절차를 따로 만들 이유가 있는 게 아니라면, 우리는 영국에 있는 모든 가정의(당시 대략 2만 5000명)에 대해 P값을 계산해야 할 것이다. 이렇게 유의성 검정을 많이 수행하게 되면, 죽은 연어에서 보았듯 잘못된 신호를 감지할

---

* 우리는 기댓값보다 감소한 것이 아닌, 오직 증가한 사망자 수를 알아차리는 데만 관심 있기 때문에 한쪽꼬리 P값을 쓴다. 그러므로 P값은 평균이 22.5인 푸아송 확률변수가 적어도 40일 확률로, 프로그램을 사용하면 0.004가 나온다.

수 있다. 2만 5000명의 의사들을 0.05라는 임계값을 가지고 검정하면, 완전히 결백한 의사 20명마다 1명꼴로, 무려 1300명 정도에 대해 매우 유의미한 검정 결과가 나올 것이다. 이들을 전부 조사하는 것은 부적절할뿐더러 다수의 거짓양성 결과 속에서 시프먼을 놓쳤을 수도 있다.

그 대안으로 본페로니 교정을 적용해 가장 극단적인 가정에 대해 0.05/25,000 또는 50만 명 중 1명이라는 P값을 요구할 수도 있다. 시프먼에 대해 이 조건이 충족되는 해는 1984년으로, 당시 기댓값 59.2명에 비해 그의 사망자 수는 46명 더 많은 105명이었다.

그러나 이조차도 한 나라에 있는 모든 가정의에게 적용할 만한 신뢰할 만한 절차는 아니다. 두 번째 문제는 반복 유의성 검정을 수행한다는 점, 즉 매년 새로운 데이터가 추가로 수집되고 검정이 반복 수행된다는 점이다. 반복 로그의 법칙the Law of the Iterated Logarithm은 우리가 그런 반복 검정을 수행하면 비록 영가설이 참일지라도 선택한 임의의 유의성 수준에서 영가설을 결국 기각함을 보여준다.

이것은 상당히 걱정스러운데, 어떤 의사를 오랫동안 검정하다 보면 실제로는 그렇지 않더라도 결국에 과잉 사망의 증거를 발견했다고 확신하게 된다는 뜻이다. 다행히 이 **순차 검정**sequential testing의 문제를 다루기 위한 통계적 방법들이 있다. 그것은 2차 세계대전 동안 통계학자들이 무기 등 전쟁 물품의 품질 관리를 개선하는 중에 개발되었다.

그 물품이 표준에 적합한지를 검사하는 과정은, 표준으로부터의 총 누적 분산에 의해 모니터링되었다. 과학자들은 이런 유의성 검정을 반복하다 보면 반복 로그의 법칙에 따라 모든 것이 잘 작동하고 있을지라도 결국에는 생산라인이 엄격한 관리를 벗어났다는 경고를 받게 될 것임을 알고 있었다. 그 결과, 미국과 영국의 통계학자들이 독자적으로 순차 확률비 검정Sequential Probability Ratio Test, SPRT을 개발했다.* 그것은 누적된 분산을 감시하는 통계량으로, 언제든 간단한 문턱값들과 비교될 수 있다. 이 문턱값들 중 하나만 넘어도, 경보가 울리고 생산라인이 조사된다. SPRT는 생산라인을 더 효율적으로 만들었을 뿐만 아니라 나중에 순차적 임상 시험에도 사용되었다. 누적된 실험 결과는, 유익한 치료임을 가리키는 문턱값을 넘었는지 반복적으로 모니터링된다.

나는 시프먼 데이터에 적용할 수 있는 SPRT를 개발하는 팀의 일원이었다. 그의 환자 사망률이 동료 의사들의 환자 사망률의 두 배라는 대립가설을 설정한 뒤 남성과 여성에 대해 SPRT를 실시한 결과가 그림 10.4에 나온다. 그 검정법은 1종 오류(α)와 2종 오류(β)의 확률을 1/100, 1/10,000, 1/1,000,000까지 통제하는 문턱값들을 가진다. 1종 오류는 시프먼이 기대 사망률을 가질 때 검정 통계량이 문턱값을 넘을 확률이다. 2종 오류는 시프먼이 기대 사망률의 두 배를 가질 때 검정 통계량이 문턱값을 넘지 않을 확률이다.[7]

* 미국에서는 아브러험 벌드Abraham Wald가, 영국에서는 조지 바너드George Barnard가 통계학자들을 이끌었다. 바너드는 유쾌한 사람으로, 전쟁 전에는 순수 수학자(그리고 공산주의자)였는데, 전쟁 중에는 많은 다른 이들처럼 그의 기술을 통계학 관련 전쟁 업무에 적용했다. 그는 나중에 콘돔에 대한 공인된 영국 표준(BS 3704)을 개발했다.

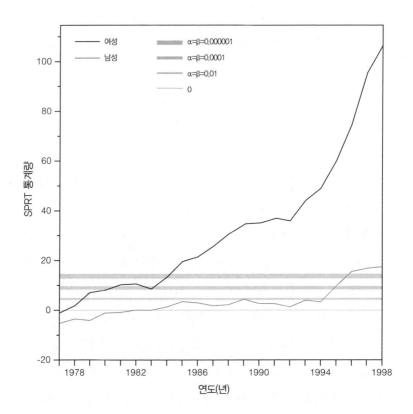

그림 10.4

사망 위험률이 두 배가 됨을 감지하기 위한 SPRT 통계량. 직선들은 이상을 감지하게 되는 문턱값을 표시한다. 여기서 1종 오류(α)와 2종 오류(β) 비율은 같다고 가정한다. 여성을 가리키는 선을 보면, 시프먼은 1985년에 제일 바깥쪽 문턱값을 넘어섰다.

대략 2만 5000명의 가정의가 있음을 고려할 때, 0.05/25,000 또는 50만분의 1이라는 P값이 문턱값으로 타당할지 모른다. 시프먼 환자의 사망 위험율은, 여성에 대해서만 보면 $\alpha = 0.000001$, 즉 100만분의 1이라는 문턱값을 1985년에 넘어섰고, 남성과 여성을 합하면 1984년에 넘어섰다. 따라서 이 경우에는 올바른 순차 검정이 반복 유의성 검정과 같은 시기에 경보를 울렸을 것이다.

우리의 공개 조사는 만약 누군가 시프먼을 모니터링하다가 1984년에 기소했더라면, 약 175명을 구할 수 있었을 것이라고 결론 내렸다. 간단한 통계적 모니터링을 일상적으로 적용하기만 해도 말이다.

이 모니터링 시스템을 그 후에도 시험해보았는데, 즉시 시프먼보다 훨씬 더 높은 사망률을 가진 일반의 한 명을 발견했다! 조사해 보니 이 의사는 노인들이 많이 사는 남해안의 한 마을에서 진료를 하고 있었고, 많은 환자들이 병원 밖에서 죽음을 맞이하도록 성심껏 도왔음이 밝혀졌다. 단순히 이 의사의 사망 진단서 서명 비율이 높다는 이유로, 그가 언론의 부적절한 관심을 조금이라도 받아서는 안 된다.

여기서 교훈은 통계 시스템이 정상 범위를 벗어난 결과들을 감지해낼 수는 있어도 그런 일이 일어난 이유를 제공할 수는 없다는 점이다. 따라서 잘못 비난하는 일이 없도록 검정은 조심스럽게 실행되어야 한다. 이것은 알고리즘에 대해 신중해야 하는 또 다른 이유이다.

피셔는 어떤 가설과 데이터의 양립 가능성 척도로서 P값이라는 개념을 개발했다. 따라서 P값이 작다면, 영가설이 참일 때 관측 데이터가 그렇게 극단적인 경우는 매우 드물다는 소리이므로, 매우 놀라운 일이 있어났거나 원래 가설이 거짓이라는 뜻이다. 이 논리는 복잡해 보이지만 지금까지 아주 유용했다. 그렇다면 대체 무엇이 잘못될 수 있는가?

사실은 꽤 많은 것들이 잘못될 수 있다. 피셔는 이 장 앞쪽에 나온, 단일한 데이터 집합을 가지고서 단일한 요약 결과 측정과 단일한 양립 가능성 검정을 하는 상황을 예상했다. 그러나 지난 몇십 년 동안 P값 검정은 과학 저널에 자주 보일 정도로 연구의 대세가 되었다. 어떤 연구는 18개의 심리학과 신경과학 저널에서 3년 동안 나온 논문들을 검토해서 무려 3만여 개의 t통계량과 그에 수반하는 P값들을 모을 수 있었다.[8]

검정의 크기(α)가 5%이고 검정력($1 - \beta$)이 80%인 1000개의 연구가 있다고 가정해보자. 실제로 대부분의 연구들은 80%보다 훨씬 작은 검정력을 갖는다. 그리고 발견이 있기를 바라는 연구자의 소망과는 별개로, 실제 연구에서 대부분의 영가설이 (적어도 근사적으로) 참으로 밝혀진다. 따라서 영가설 중 10%만 실제 거짓이라고 가정하자. 매우 낮기로 악명이 높은 신약 성공률을 고려하면, 이 수치는 굉장히 너그러운 수준이다. 그림 10.5는 8장에 나온 유방암 검사의 예

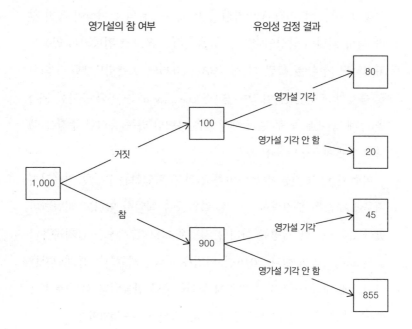

영가설의 참 여부   유의성 검정 결과

```
                                              ┌──────┐
                                              │  80  │
                                              └──────┘
                                    영가설 기각
                          ┌──────┐
                          │ 100  │
                          └──────┘
                                    영가설 기각 안 함
                 거짓                          ┌──────┐
                                              │  20  │
                                              └──────┘
┌────────┐
│ 1,000  │
└────────┘
                                              ┌──────┐
                 참                            │  45  │
                                              └──────┘
                                    영가설 기각
                          ┌──────┐
                          │ 900  │
                          └──────┘
                                    영가설 기각 안 함
                                              ┌──────┐
                                              │ 855  │
                                              └──────┘
```

그림 10.5

검정 크기 α = 5%, 검정력 1 − β = 80%인 가설 검정 연구 1000개에 대한 기대빈도 나무. 거짓인 영가설 100개 중 80개(80%)가 거짓으로 밝혀져 제대로 기각되고, 참인 영가설 900개 중 45개는 잘못 기각된다. 전체적으로 새로운 발견 125개 중 45개, 즉 36%가 가짜 발견이다.

와 비슷한 방식으로, 이 1000개의 연구에 대한 기대빈도를 보여준다.

그림 10.5는 125개의 새로운 발견 중 45개가 거짓양성이라고 말한다. 다시 말해 기각된 영가설의 36%, 즉 3분의 1 이상이 옳지 않다. 과학 저널이 양성인 결과들을 출판하는 쪽으로 편향되어 있음을 고려하면, 상황은 훨씬 더 심각하다. 2005년 스탠퍼드대학교 의학 및 통계학 교수인 존 이오아니디스John Ioannidis는 이와 유사한 분석을 통해 "출판된 연구 결과 대부분은 틀렸다"라는 유명한 주장을 했다(자세한 이유는 12장 참조).[9]

이런 틀린 발견들이 유의미한 결과를 확인하는 P값에 기초하기 때문에, P값은 부정확한 과학적 결론들에 책임이 있다고 비난받아 왔다. 2015년 한 저명한 심리학 저널은 NHST 사용을 금지하겠다고 공표하기까지 했다. 2016년, 마침내 미국통계학회는 통계학자들이 P값에 대한 여섯 가지 원칙에 동의하도록 만들었다. (참고로 통계학자들이 이 정도의 의견 일치를 보았다는 점은 놀라운 성과이다.)

그중 첫 번째는 단순히 P값이 할 수 있는 것을 지적한다.

1. P값은 데이터가 명시된 통계 모형과 얼마나 양립할 수 없는 지를 나타낸다.

여러 번 보았듯이 P값은 무언가 존재하지 않는다는 영가설을 가정할 때 데이터가 얼마나 놀라운지 측정한다. '실험 데이터는 약의 효과 없음과 양립할 수 있는가, 없는가?'라고 묻는 식이다. 그 논리는 까다롭지만 꽤 유용하다.

두 번째 원칙은 P값을 해석할 때 오류를 바로잡고자 한다.

2. P값은 가설이 참일 확률 또는 그 데이터가 오로지 무작위적 우연에 의해 만들어졌을 확률을 측정하지 않는다.

8장에서 우리는 '유방암이 없는 여성 중 오직 10%만이 양성 촬영 결과를 얻을 것이다' 같은 조건부확률 명제를 '양성인 촬영 결과를 가진 여성 중 오직 10%만이 유방암이 없다'는 잘못된 서술과 구분하려고 매우 애썼다. 그리고 검사를 받은 1000명의 여성에게 기대되는 일을 생각해봄으로써 '검사의 오류'라고 알려진 이 실수를 바로잡는 방법들을 보았다.

P값 검정에서도 비슷한 문제가 일어날 수 있다. P값은 영가설이 참일 때 그런 극단적인 데이터가 생길 가능성을 측정하는 것이지, 그런 극단적인 데이터가 발생했을 때 영가설이 참일 가능성을 측정하지 않는다.

CERN 연구팀이 힉스 입자에 대하여 약 350만분의 1이라는 P값에 대응하는 5시그마 결과를 발표했을 때, BBC는 "만약 힉스 입자가 존재하지 않는다면 그들이 본 신호가 나타날 확률이 약 350만분의 1"이라고 말하면서 결론을 정확하게 발표했다. 그러나 다른 대부분의 매체들은 이 P값의 의미를 잘못 이해했다. 예를 들어《포브스 The Forbes》는 "그것이 힉스 입자가 아닐 가능성은 100만분의 1보다 작다"라고 서술했는데, 이것은 전형적인 검사의 오류에 해당한다.

한편 《인디펜던트The Independent》는 "그들의 결과가 통계적 요행일 가능성은 100만분의 1보다 작다"라고 보도했는데, '그들의 결과가 통계적 요행'이라는 말은 논리적으로 '영가설이 검증될 확률'이라는 말과 같다. 그래서 미국통계학회가 P값을 '그 데이터가 오로지 무작위적 우연에 의해 만들어졌을 확률'이 아니라고 강조한 것이다.

세 번째 원칙은 통계적 유의성에 대한 집착에 대응하고자 한다.

3. 과학적 결론과 사업·정책 결정들은 P값이 특정 문턱값을 넘는지 여부에만 기반해서는 안 된다.

피셔는 $P < 0.05$ 또는 $P < 0.01$이라는 결과를 만들기만 하는 통계량 표를 발표했을 때, 임의로 선택한 이 문턱값들이 모든 과학적 발표를 '유의미한 것'과 '유의미하지 않은 것'으로 나누는 지배적인 경향을 가져올지 몰랐다. 그로부터 얼마 지나지 않아 '유의미한 것'이 증명된 발견으로 간주되기 시작했다. 그것은 도중에 잠시 멈춰 생각하는 일 없이 데이터에서 곧장 결론으로 가는, 지나치게 단순화되고 위험한 선례를 낳았다.

이 단순한 이분법은 '유의미하지 않다'를 잘못 해석할 수 있다. 유의미하지 않은 P값은 데이터가 영가설과 양립할 수 있다는 뜻이지 영가설이 참이라는 뜻은 아니다. 어떤 범죄자가 범죄 현장에 있었다는 직접적 증거가 없다고 해서 그가 결백하다는 뜻은 아닌 것처럼 말이다.

이를테면 '하루 한 잔의 술이 유익한가?'라는 문제를 생각해보자.

어떤 연구는 나이가 많은 여성에서만 적당한 음주의 혜택이 나타났다고 주장했다. 하지만 면밀하게 조사한 결과, 다른 그룹에서도 혜택이 나타났지만 이들 그룹에서 추정된 혜택을 포함하는 신뢰구간이 매우 넓었기 때문에, 그것은 통계적으로 유의미하지 않았다. 신뢰구간이 0을 포함하고 그 효과가 통계적으로 유의미하지 않을지라도, 그 데이터는 이전에 제안되었던 '사망 위험률의 10~20% 감소'와 양립할 수 있었다. 그러나《타임스The Times》는 "어쨌든 술은 건강상 유익함이 전혀 없다"라고 크게 보도했다.[10]

'0과 유의미하게 다르지 않다'를 '진짜 효과가 실제로 0이었다'로 해석하는 것은 잘못된 것이다. 검정력이 작고 신뢰구간이 넓은 소규모 연구에서 특히 그러하다.

네 번째 원칙은 지루할 정도로 당연하게 들린다.

4. 적절한 추론은 완전한 발표와 투명성을 요구한다.

실제로 얼마나 많은 검증을 했는지 발표하는 것은 당연하다. 물론 가장 유의미한 결과가 유독 강조되고 있다면, 본페로니 교정 등을 적용할 수 있다. 하지만 선별적 발표가 가지는 문제는 훨씬 더 미묘할 수 있다(11장 참조). 연구의 목적 그리고 실제로 무엇을 했는지 알아야 P값이 가지는 문제들을 피할 수 있다.

당신은 연구를 계획했고, 데이터를 수집했고, 분석을 했고, 유의미한 결과를 얻었다. 그렇다면 이것은 '중요한' 발견일까? 미국통계학회의 다섯 번째 원칙은 당신에게 너무 자만하지 말라고 충고한다.

5. P값이나 통계적 유의성은 어떤 영향의 크기나 결과의 중요성을 측정하지 않는다.

다음 예는 큰 표본을 가졌을 때 연관성을 확신할 수는 있어도 여전히 그 중요성은 인상적이지 않을 수 있음을 보여준다.

왜 대학에 가면 뇌종양에 걸릴 위험이 커지는가?

우리는 4장에서 이 기사를 보았다. 스웨덴 연구자들은 결혼 상태와 소득을 조정한 뒤에 최저 교육 수준(오직 초등교육)과 최고 교육 수준(대학 졸업 이상) 간 뇌종양 발생률을 비교했다. 그 결과, 상대위험도는 19%로 나왔고 이때 95% 신뢰구간은 7~33%였다. 그 논문은 어떤 P값도 발표하지 않았지만, 상대위험도에 대한 95% 신뢰구간이 1을 제외했으므로, 우리는 $P < 0.05$라고 결론 내릴 수 있다. 그 논문의 저자들은 연구 결과와 함께 다음 사실을 인정했다.

- 인과관계 여부를 해석할 수 없다.
- 알코올 섭취 같은 잠재적 혼동요인에 대해 어떤 조정도 하지 않았다.
- 경제적 수준이 높을수록 더 많은 건강관리를 추구하는 경향이 있으므로, 보고 편향reporting bias이 있을 수 있다.

그러나 한 가지 중요한 특징, 바로 명백한 연관성의 크기가 작다는 건 언급되지 않았다. 19%라는 상대적 증가는 다른 암에서 발견된 상대적 증가보다 훨씬 낮았다. 그 논문은 18년 동안 200만 명 이상의 사람들 중에서 3715명이 뇌종양 진단을 받았다(600명당 1명꼴)고 보고했다. 따라서 다음과 같이 상대위험도를 절대위험도로 전환할 수 있다.

- 최저 교육 수준에 해당하는 3000명 중 5명이 암 진단을 받을 것이다(기저 위험은 600분의 1).
- 최고 교육 수준에 해당하는 3000명 중 6명이 암 진단을 받을 것이다(상대적 증가는 19%).

이제 당신은 결과에 대해 안심하게 된다. 이처럼 아주 많은 수의 사람들(여기서는 200만 명 이상)을 대상으로 연구할 때, 희귀 종양 발생률의 아주 작은 증가마저 통계적으로 유의미한 것으로 발견될 수 있다. 여기서 주된 교훈은 빅데이터는 통계적 유의성은 갖지만 **실질적 유의성**practical significance을 갖지 않는 결과로 쉽게 이어질 수 있다는 점, 그리고 당신은 대학 공부 때문에 뇌종양이 생길 거라고 걱정할 필요가 없다는 점이다.

마지막 원칙은 훨씬 더 미묘하다.

6. P값 자체는 어떤 모형이나 가설에 관한 좋은 증거의 척도를 제공하지 못한다. 예를 들어 0.05에 가까운 P값은 그것만으로는 영가설에 반하는 약한 증거만 제공할 뿐이다.

이 주장은 11장에서 설명할 베이즈 추론에 부분적으로 기반한다. 이에 따라 통계학자들은 새로운 발견의 표준 문턱값을 $P < 0.005$로 바꾸자고 주장하고 있다.[11] 예를 들어 그림 10.5에서 유의성의 기준을 0.05(20분의 1)에서 0.005(200분의 1)로 바꾸면, 가짜 양성 발견은 45개가 아니라 4.5개가 된다. 전체 발견의 수는 84.5개로 감소하지만 그중 오직 4.5개(5%)만 잘못된 발견이므로, 36%보다는 엄청 향상된 결과다.

●

가설 검정에 관한 피셔의 아이디어는 통계학의 실행과 타당하지 않은 과학적 주장의 방지에 큰 도움을 주었다. 그러나 몇몇 연구자들이 형편없이 설계된 연구의 P값을 가지고 일반화된 추론으로 거리낌 없이 건너뛰는 것에 대해 통계학자들은 불평했다. 그것은 통계적 검정을 기계적으로 적용해 모든 결과들을 '유의미한 것'과 '유의미하지 않은 것'으로 나누어버리는, 불확실성을 확실성으로 바꾸는 일종의 연금술이었다.

그런 행위의 나쁜 결과 중 몇 가지가 12장에 나온다. 그러나 우선 영가설 유의성 검정과는 전적으로 다른 통계적 추론을 하나 더 살펴보겠다. 잠시 이전 장들에서 배운 것들을 잊어도 좋다.

요약

- 영가설(통계 모형에 대한 디폴트 가정) 검정은 통계 실행에서 주된 부분을 이룬다.
- P값은 관측된 데이터와 영가설 간 양립 불가능성의 척도이다. 공식적으로 그것은, 영가설이 참일 때 그런 극단적 결과를 관측할 가능성이다.
- 전통적으로 0.05와 0.01이라는 P값은 통계적 유의성을 판단하기 위해 정해진 문턱값이다.
- 만약 다중 검정이 수행된다면 이 문턱값들을 조정할 필요가 있다.
- 신뢰구간과 P값 사이에 정확한 대응 관계가 있다. 이를테면 95% 신뢰구간에 0이 포함되지 않는다면, 0이라는 영가설을 $P < 0.05$에서 기각할 수 있다.
- 네이만–피어슨 이론은 대립가설을 구체적으로 명시하고, 가설 검정에서 1종 오류와 2종 오류의 비율을 명시한다.
- 순차 검정의 문제를 해결하기 위해 다양한 형태의 가설 검정이 개발되었다.
- P값은 종종 잘못 해석된다. 그것은 영가설이 참일 확률을 전달하지 않는다. 또한 유의미하지 않은 결과가 영가설이 참이라는 의미를 포함하지 않는다.

11장

경험으로부터 배우기

베이즈 방법

나는 '신뢰'가 '사기'가 아니라고 전혀 확신할 수 없다.

— 아서 볼리, 1934년

통계학자로서 솔직히 고백하면, 데이터로부터 배우기는 약간 지저분하다. 통계적 추론에 대해 단일한 이론을 만들려는 수많은 시도가 있었지만, 그 어느 것도 완전하게 받아들여지지 못했기 때문이다. 수학자들이 통계학을 가르치는 걸 싫어하는 게 이상한 일은 아니다.

앞서 우리는 피셔와 네이만-피어슨의 아이디어들을 살펴봤다. 이제 세 번째 방법인 베이즈 방법을 탐구할 차례다. 이것은 최근 50년 사이에 두각을 나타냈지만, 그 기본 원칙은 토머스 베이즈Thomas Bayes 목사까지 거슬러 올라갈 정도로 훨씬 오래되었다. 그는 턴브리지웰스 출신의 비국교도 목사이자 통계학자이고 또 철학자였다.*

베이즈 방법은 복잡한 데이터를 가장 잘 이용할 수 있는 새로운 방법이다. 단 베이즈 방법을 배우기 위해 당신은 추정, 신뢰구간, P값, 가설 검정 등 지금까지 배운 거의 모든 것을 잠시 잊어야 한다.

무엇이 베이즈 방법인가?

베이즈는 세상에 대한 우리 지식의 부족 또는 현재 무슨 일이 벌어

---

* 그는 자신이 길이 남을 유산을 남겼음을 전혀 모른 채 1761년에 사망했다. 그의 중대한 논문은 그가 사망한 후인 1763년 출판되었고, 이 방법에 그의 이름이 붙어 함께 회자되기 시작한 것은 20세기 들어서였다.

지고 있는지에 대한 무지의 표현으로서 확률을 사용했다. 그는 미래 사건들(8장의 용어를 빌리면 우연적 불확실성)에서뿐 아니라 우리는 전혀 들은 바가 없는 사건들(소위 인식론적 불확실성)에서도 확률을 사용할 수 있음을 보여주었다.

우리는 이미 정해져 있지만 우리에게는 알려지지 않은 것들에 둘러싸여 있다. 우리는 다음에 받을 카드에 내기를 건다. 또는 스크래치 복권을 산다. 또는 아이의 가능한 성별에 대해 이야기한다. 그 밖에 추리소설을 두고 골머리를 쥐어짜고, 야생에 남은 호랑이의 수에 관해 논쟁하고, 이민자나 실업자 추정값을 듣는다. 이 모든 것은 세상 어딘가에 존재하는 사실이나 수이다. 다만 우리는 그것들이 무엇인지 알지 못한다. 베이즈 방법은, 이런 사실이나 수에 대한 개인적 무지를 나타내기 위해 확률을 사용한다. (더 나아가 심지어 대안적 과학 이론에 확률을 부여하는 것까지도 생각해볼 수 있겠으나, 이것은 더 심한 논쟁을 불러일으킨다.)

이런 확률은 우리의 '현재' 지식에 의존한다. 8장에서 동전을 던질 때 앞면이 나오는지 뒷면이 나오는지에 대한 확률이 어떻게 우리가 그것을 보았는지 아닌지에 달려 있는지 기억하라! 따라서 베이즈 확률은 필연적으로 주관적이다. 그것은 외부 세계와 우리의 관계에 따라 달라지며, 세상 그 자체의 것이 아니다. 이 확률은 우리가 새로운 정보를 받아들일 때마다 변한다.

이처럼 새로운 증거에 비추어 현재의 확률을 구하는 이론을 **베이즈 정리**Bayes' theorem라고 한다. 이것은 경험으로부터 학습하기 위한 일종의 메커니즘을 제공한다. 베이즈는 데이터는 그 스스로 말하지 않으며 우리의 지식, 심지어 판단이 중요한 역할을 한다는 통찰을 남겼다(영국의 작은 온천 마을 출신의 무명의 성직자로서 보기 드문 성취이다). 이것은 과학 연구와 양립할 수 없는 것처럼 보이기도 한다. 하지만 배경지식과 이해는 데이터로부터 학습하기에서 항상 중요한 요소였다. 다만 베이즈 방법에서는 배경지식과 이해가 공식적이고 수학적인 방법으로 다뤄진다.

베이즈 방법은 지금까지도 논쟁거리다. 많은 통계학자들과 철학자들은 주관적 판단이 통계학에서 어떤 역할을 한다는 생각에 반대한다. 하지만 나는 통계학자로서의 경력을 시작할 때부터 '주관주의자'인 베이즈학파에 속해 있었고, 통계적 분석과 추론을 할 때 여전히 베이즈 방법에 만족한다.

주머니에 동전 세 개가 있다. 하나는 앞면만 둘이고, 하나는 앞면과 뒷면이 각각 하나씩 있고, 하나는 뒷면만 둘이다. 당신이 임의로 동전을 하나 골라서 그것을 던졌는데 앞면이 나왔다면, 그 동전의 다른 면이 앞면일 확률은 얼마인가?

이것은 인식론적 불확실성에 대한 전형적인 문제 중 하나다. 동전 하나를 일단 골라 던졌다면, 그 동전에 남아 있는 무작위성은 없으며, 이때 확률은 보이지 않는 다른 면에 대한 현재 당신의 개인적인 무지를 표현할 따름이다.

이 문제에 대해 많은 사람들이 1/2이라고 답할 것이다. 그 동전은 공정한 것이거나 앞면만 둘인 것이어야 하는데, 각각이 선택될 확률

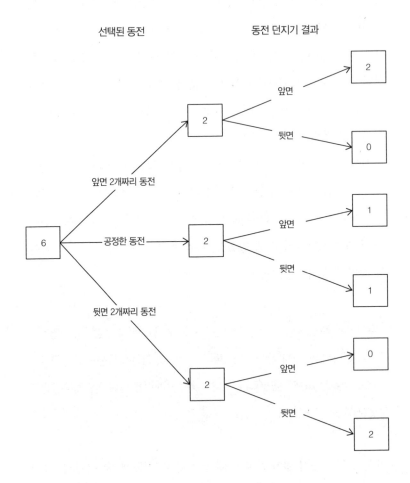

그림 11.1
세 종류의 동전을 던졌을 때 예상되는 결과에 대한 기대빈도 나무. 여섯 번 반복에서 일어나리라 기대하는 것을 보여준다.

은 같기 때문이다. 이것이 정답인지를 확인하기 위해, 가장 쉬운 방법 중 하나인 기대빈도(8장 참조)를 사용해보자.

그림 11.1은 당신이 이 시행을 여섯 번 했을 때 기대되는 결과를 보여준다. 평균적으로 각 동전은 두 번씩 선택될 것이며, 던질 때 각 동전의 양면이 한 번씩 나올 것이다. 동전 던지기 중 세 번은 앞면이 나올 텐데, 그중 두 번은 앞면만 둘인 동전이다. 따라서 선택된 동전이 앞면만 둘인 동전일 확률은 1/2이 아니라 2/3이다. 앞면이 나왔다는 것은 앞면만 둘인 동전을 선택했을 가능성을 더 크게 만든다. 앞면만 둘인 동전은 던졌을 때 앞면이 나올 기회를 두 번 제공하는 반면, 공정한 동전은 그럴 기회를 한 번만 제공하기 때문이다.

이 결과가 직관에 반하는 것처럼 느껴지는가? 그렇다면 다음 문제는 훨씬 더 놀라운 걸 보여줄 것이다.

스포츠 경기에서 실시되는 금지약물 복용 검사의 정확도가 95%라고 가정하자. 즉 약물 복용자의 95%와 비복용자의 95%를 정확하게 분류한다고 하자. 선수 50명당 1명꼴로 금지약물을 복용하고 있는데 한 선수의 검사 결과가 양성이라면, 그가 정말로 금지약물을 복용하고 있을 확률은 얼마인가?

이런 유형의 문제는 8장의 유방 검사 결과나 10장의 과학 문헌의 오류를 다룰 때처럼, 기대빈도를 사용하면 알기 쉽다. 그림 11.2의 기대빈도 나무는 1000명의 선수를 대상으로 하는데, 문제의 가정에 따르면 20명은 금지약물을 실제로 복용하고 있으며 980명은 복용하지 않는다. 검사 결과, 복용자 20명 중 95%인 19명이 양성 판정을 받는다. 비복용자 980명 중 95%인 931명은 제대로 분류되는 반면, 그만큼을 제외한 49명은 비복용자임에도 불구하고 양성 판정을 받는다.

전체 양성 반응자 68명 중 오직 19명만이 정말로 약물 복용 중이므로, 검사 결과가 양성인 선수가 정말로 약물을 복용하고 있을 확률은 28%(또는 19/68)에 불과하다. 나머지 72%의 양성 반응자는 무고한 혐의를 받은 셈이다. 약물 검사 정확도가 95%나 되지만, 양성 판정을 받은 선수 중 과반수가 사실은 결백하다. 약물 검사를 통과하지 못했다고 운동선수들이 무심코 비난받는 걸 떠올리면, 이 명백한 역설이 실제 삶에서 어떤 문제들을 야기할지 쉽게 상상할 수 있다.

한 가지 해결 방법은 그림 11.3의 나무처럼 검사 결과가 먼저 나오고 실제 복용 여부가 그다음에 나오게끔 순서를 뒤집는 것이다. 두 나무는 마지막 마디에서 정확히 같은 수에 도달하지만, 이 뒤집어진 나무는 인과적 시간 순서(약물 복용 후 약물 검사)보다 우리가 사실을 알게 되는 시간 순서(약물 검사 후 약물 복용에 대한 진실)를 존중한다. 이 '뒤집기'가 정확하게 베이즈 정리가 하는 것이다. 사실 이 방법은 1950년대까지 역확률inverse probability로 알려져 있었다.

이 예는 양성 검사 결과가 나왔을 때 약물을 복용했을 확률(28%)과 약물을 복용했을 때 양성 검사 결과가 나올 확률(95%)을 혼동하기가 얼마나 쉬운지 보여준다. 다음은 앞에서 본 'B일 때 A'의 확률과 'A일 때 B'의 확률을 혼동하는 상황들이다.

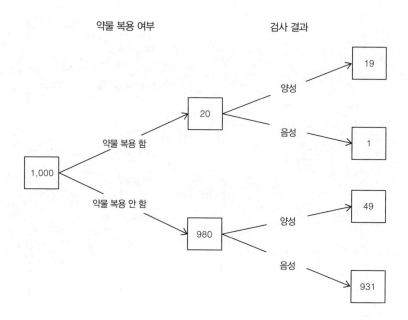

약물 복용 여부   검사 결과

그림 11.2
스포츠 금지약물 복용에 대한 기대빈도 나무. 50명 중 1명이 금지약물을 복용하고 있으며 약물 검사 정확도가 95%일 때, 1000명의 운동선수에게 일어나리라 기대하는 것을 보여준다.

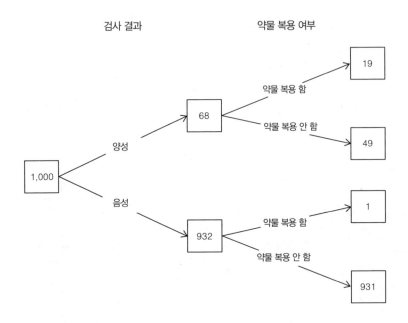

검사 결과   약물 복용 여부

1,000

양성

68

약물 복용 함 → 19

약물 복용 안 함 → 49

음성

932

약물 복용 함 → 1

약물 복용 안 함 → 931

그림 11.3
스포츠 금지약물 복용에 대한 뒤집어진 기대빈도 나무. 검사 결과가 먼저 나오고, 그다음에
운동선수의 약물 복용 여부가 드러나도록 재구성했다.

- P값의 잘못된 해석: 영가설을 가정할 때 증거의 확률을, 증거가 주어졌을 때 영가설의 확률과 혼동한다.
- 법정에서 검사의 오류: 결백을 가정할 때 증거의 확률을, 증거가 주어졌을 때 결백할 확률과 혼동한다.

합리적인 독자라면 베이즈 방법이 법정에서 증거를 다룰 때 엄밀성과 선명성을 개선해줄 거라 생각할 것이다. 하지만 놀랍게도 베이즈 정리는 영국 법정에서 금지되었다. 그 배후에 있는 논쟁을 다루기 위해 우리는 법정에서 허용된 통계량인 **가능도비**likelihood ratio, 우도비를 먼저 살펴봐야 한다.

승산과 가능도비

금지약물 검사의 예는 결론을 내릴 때 '양성인 사람 중 실제 약물 복용 비율(19/68)'에 도달하는 논리적 과정을 보여준다. 기대빈도 나무에서 볼 수 있듯이 이 수는 다음의 결정적인 세 수에 의존한다. 첫째는 전체에서 실제 약물 복용 선수의 비율(1/50 또는 나무에서 20/1,000)이다. 둘째는 제대로 양성으로 나온 약물 복용 선수의 비율(95% 또는 나무에서 19/20)이다. 셋째는 잘못해서 양성으로 나온 약물 비복용 선수의 비율(5% 또는 나무에서 49/980)이다.

기대빈도 나무는 상당히 직관적인 분석 방법을 제공한다. 하지만 우리는 확률을 이용해 베이즈 정리를 간편한 공식으로 표현할 수도 있다. 그러려면 우선 1장에서 소개한 승산이라는 개념을 다시 떠올려야 한다. 어떤 사건의 승산은 그것이 일어날 확률을 그것이 일어나지 않을 확률로 나눈 것이다. 따라서 동전을 하나 던져 앞면이 나올 승산은 1이다.* 주사위를 던질 때 6이 나올 승산은 1/5이다. 이것은 대중적으로 '1 대 5 내기'라고 알려져 있다.

다음으로는 '가능도비'라는 개념을 이해할 필요가 있다. 요즘에는 판사나 변호사도 이것을 공부하는데, 형사재판에서 과학수사 증거의 힘을 뒷받침하는 데 가능도비가 쓰이기 때문이다. 가능도비는 유죄 또는 무죄를 나타낼 두 경쟁 가설에 대해 한 조각의 증거가 제공하는 상대적 지지를 비교한다. 기술적으로 가능도비는 가설 A를 가정할 때 증거의 확률을 가설 B를 가정할 때 증거의 확률로 나눈 값이다.

약물 검사를 다시 예로 들어보자. 여기서 과학수사 증거는 양성 검사 결과이다. 가설 A는 그 선수가 약물 복용에 대해 유죄라는 것이고, 가설 B는 결백하다는 것이다. 우리는 약물 복용 선수의 95%가 양성이 나오므로, 증거의 확률은 가설 A를 가정할 때 0.95이다. 약물 비복용 선수의 5%도 양성이 나온다고 하니, 가설 B를 가정할 때 증거의 확률은 0.05이다. 그러므로 가능도비는 0.95/0.05 = 19이다. 즉 약물 비복용 선수보다 약물 복용 선수에서 양성 검사 결과가 19배 더 많이 일어난다는 뜻이다. 이 정도면 상당히 강력한 증거라고 생

---

* 1/2(앞면이 나올 확률)÷1/2(뒷면이 나올 확률)이기 때문이다. 1이라는 승산은 때로 '50 대 50 확률'로도 알려져 있다. 사건들이 모두 같은 확률로 일어나기 때문에, 즉 공평하게 균형 잡혀 있기 때문이다.

각할 수 있다. 나중에 보겠지만, 가능도비는 만이나 억 단위로도 나온다.

승산과 가능도비를 이용하면, 베이즈 정리는 다음과 같이 단순하게 정리된다.

어떤 가설에 대한 초기 승산 × 가능도비 = 가설에 대한 최종 승산

여기서 '그 선수가 금지 약물을 복용하고 있다'는 가설에 대한 초기 승산은 1/49이고 가능도비는 19이므로, 베이즈 정리는 최종 승산이 다음과 같다고 말한다.

$$1/49 \times 19 = 19/49$$

19/49라는 최종 승산은 $19/(19+49) = 19/68 = 28\%$라는 확률로 변환된다. 이 확률은 앞서 기대빈도 나무에서도 얻었던 값이기도 하다. 베이즈 정리에 대한 일반식에서도 같은 값이 유도된다.

더 전문적인 언어로 초기 승산은 사전 승산prior odds, 최종 승산은 사후 승산posterior odds이라고 알려져 있다. 새로운 증거가 추가될 때마다 사후 승산은 사전 승산이 되고, 이 공식이 다시 적용된다. 이 과정은 모든 증거를 결합할 때 각 증거에 대한 가능도비들을 전부 곱해 복합 가능도비를 얻는 것과 마찬가지다.

베이즈 정리는 믿을 수 없을 만큼 기초적인 것처럼 보이지만, 데이터로부터 뭔가를 학습하는 매우 강력한 방법이다.

가능도비와 과학수사

2012년 8월 25일 토요일, 고고학자들이 레스터에 있는 한 주차장에서 리처드 3세의 유해 발굴을 시작했다. 몇 시간 만에 첫 번째 해골을 발견했을 때, 이것이 리처드 3세라고 얼마만큼 확신할 수 있을까?

튜더 왕가의 옹호자인 셰익스피어의 작품에서 리처드 3세(요크 왕조의 마지막 왕)는 사악한 꼽추였다. 이것은 매우 논쟁거리지만, 그가 1485년 8월 22일 보즈워스필드 전투에서 32세로 사망했다는 것은 역사적 기록의 문제이다. 그의 죽음으로 장미전쟁이 사실상 끝났다. 그의 시신은 훼손되었고 매장을 위해 레스터에 있는 그레이프라이어스 수도원으로 옮겨졌다고 전해지는데, 나중에 그곳에는 주차장이 들어섰다.

제공된 정보만 고려하면, 다음이 모두 참인 경우에 이 해골이 리처드 3세의 유해라고 추정할 수 있다.

- 그가 정말로 그레이프라이어스에 매장되었다.
- 그의 시신은 지난 527년 동안 파헤쳐서 옮겨지거나 흩어지지 않았다.
- 발견된 첫 번째 해골이 우연히 그였다.

아주 비관적인 관점에서, 그의 매장에 관한 이야기가 사실일 확률이 단지 50%이고, 그의 해골이 여전히 원래 묻힌 장소에 그대로 있을 확률도 50%라고 가정하자. 그리고 최대한 100명의 다른 시신들이 같은 장소에 묻혔다고 가정하자(대신 리처드는 수도원의 성가대석에 묻혔다고 전해지기 때문에, 고고학자들은 어디를 파야 하는지 알고 있었다). 그러면 앞의 사건이 모두 참일 확률은 $1/2 \times 1/2 \times 1/100 = 1/400$이므로, 이 해골이 리처드 3세일 확률은 상당히 낮다. 실제 이 분석을 수행했던 연구자들은 $1/40$이라는 확률을 가정했다.[1]

고고학자들이 방사성 탄소 연대 측정을 실시한 결과, 그 해골은 95% 확률로 1456~1530년의 것으로 추정되었다. 또 그 해골의 주인은 30세가량의 남성이었고, 척추측만증(척추만곡)을 앓았으며, 사후에 훼손되었다는 사실 등이 밝혀졌다. 고고학자들은 유전자 분석도 실시했다. 알고 보니 그 해골은 리처드의 근친 후손들과 (그의 모계 쪽) 미토콘드리아 DNA를 공유하고 있었다(리처드는 자식이 없었다). 다만 남성 Y염색체는 친척 관계를 뒷받침하지 못했는데, 이것은 잘못 알고 있는 아버지 때문에 부계에서 단절된 것이라고 쉽게 설명 가능하다.

이 상황에서 증거의 각 항목이 가지는 가치는 다음과 같이 가능도비로 평가된다.

$$\text{가능도비} = \frac{\text{해골이 리처드 3세일 때, 증거의 확률}}{\text{해골이 리처드 3세가 아닐 때, 증거의 확률}}$$

표 11.1은 각각의 증거에 대한 가능도비를 보여주는데, 어느 것도 개별적으로는 아주 확실하지 않음을 알 수 있다. 연구자들이 조심스

러웠고 그 해골이 리처드 3세라는 것에 유리하지 않게 가능도비를 일부러 낮춰 잡았을지라도 말이다. 그러나 각 증거에 대해 독립적인 과학 연구가 진행되었다고 보면, 전체 증거의 힘을 평가하기 위해 가능도비들을 곱해도 무방하다. 그 결과 6,500,000이라는 '극히 강한' 값이 나온다. 참고로 언어적 표현은 표 11.2를 참고했는데, 이 등급표는 과학수사 증거를 법정에서 사용할 때 권장되는 것이다.[2]

그래서 이 증거들은 확실한가? 세부 결과를 고려하기 전에, 우리가 애초에 그 해골이 리처드 3세일 확률을 1/400로 계산했음을 기억하자. 즉 초기 승산이 대략 1 대 400이라는 말이다. 베이즈 정리에 따르면 최종 승산은 가능도비에 초기 승산을 곱해서 구해진다. 따라서 6,500,000/400=16,250이 된다. 따라서 정말로 사전 승산과 가능도비를 추정하는 데 극히 조심스러웠더라도, 그 해골이 리처드 3세일 승산은 약 16,000 대 1이라고 말할 수 있다.

한편 그 해골이 리처드 3세일 확률을 1/40로 가정한 연구자들은 162,500 대 1이라는 사후 승산 또는 0.999994라는 확률을 도출했다. 따라서 이 증거들은 레스터 성당에 그 해골을 명예롭게 안치하는 것을 충분히 정당화할 수 있다.

법정에서 가능도비는 용의자의 DNA와 범죄 현장에서 발견된 DNA 증거가 얼마나 일치하는지를 보여주는 데 사용된다. 이때 용의자가 DNA의 흔적을 남겼다는 가설과 다른 누군가가 그렇게 했다는 가설이 서로 경쟁하므로, 가능도비는 다음과 같다.

증거	가능도비(낮춰 잡은 추산)	언어적 표현
1456~1530년	1.8	약한 뒷받침
해골의 나이와 성별	5.3	약한 뒷받침
척추 만	212	적당히 강한 뒷받침
사후 상처들	42	적당한 뒷받침
mtDNA 일치	478	적당히 강한 뒷받침
Y염색체 불일치	0.16	약한 반대 증거
증거 종합	6,500,000	극히 강한 뒷받침 이상

표 11.1
레스터에서 발견한 해골에서 찾아낸 증거들에 대해, 그 해골이 리처드 3세라는 가정과 리처드 3세가 아니라는 가정을 비교했을 때의 가능도비. 6,500,000이라는 복합 가능도비는 각 가능도비를 모두 곱해 얻어진다.

가능도비	언어적 표현
1~10	약한 뒷받침
10~100	적당한 뒷받침
100~1,000	적당히 강한 뒷받침
1,000~10,000	강한 뒷받침
10,000~100,000	매우 강한 뒷받침
100,000~1,000,000	극히 강한 뒷받침

표 11.2
법정에서 과학수사 결과를 발표할 때 권장되는 가능도비에 대한 언어적 표현.

$$가능도비 = \frac{용의자가\ 흔적을\ 남겼다고\ 가정할\ 때,\ DNA가\ 일치할\ 확률}{다른\ 사람이\ 흔적을\ 남겼다고\ 가할\ 때,\ DNA가\ 일치할\ 확률}$$

이 식에서 분자는 일반적으로 1이 선택된다. 분모는 모집단에서 무작위로 뽑은 사람이 우연히 일치할 확률로 가정되는데, 이것을 **무작위 일치 확률**random match probability이라고 한다. DNA 증거에 대한 전형적인 가능도비는 만 또는 억 단위로 나온다. 여러 사람으로부터 나온 DNA가 뒤섞여 들어간 흔적 때문에 곤란한 문제가 생기는 경우에 그 값은 논쟁거리가 되기도 한다.

개별적 가능도비는 영국 법정에서 허용되지만, 리처드 3세의 경우에서처럼 서로 곱해질 수는 없는데, 서로 다른 증거들을 결합하는 과정은 배심원의 몫이라고 보기 때문이다.[3] 아직 법률 제도는 과학적 논리를 받아들일 준비가 되어 있지 않은 것 같다.

캔터베리 주교는 포커에서 속임수를 썼을까?

존 메이너드 케인스John Maynard Keynes는 유명한 경제학자지만, 그가 확률을 공부했으며 증거의 영향을 평가할 때 초기 승산의 중요성을 보여주는 사고실험을 생각해냈다는 사실은 잘 알려지지 않았다. 그가 낸 이 연습문제에서, 당신은 캔터베리 주교와 포커를 치고 있다. 첫 번째 카드는 주교가 돌렸다. 이때 최고 패인 로열 플러시가 주교에게 들어갔다면, 그가 속임수를 쓰고 있다고 의심해야 할까?

이 사건에 대한 가능도비는 다음과 같다.

$$\text{가능도비} = \frac{\text{주교가 속임수를 쓰고 있다고 가정할 때,}}{\text{주교가 단지 운이 좋다고 가정할 때,}}$$

$$\begin{array}{c} \text{주교가 속임수를 쓰고 있다고 가정할 때,} \\ \text{로열 플러시가 나올 확률} \\ \hline \text{주교가 단지 운이 좋다고 가정할 때,} \\ \text{로열 플러시가 나올 확률} \end{array}$$

이때 분자는 1이고, 분모는 1/72,000이라서, 가능도비는 72,000이 나온다. 표 11.2에 나온 기준을 사용하면, 로열 플러시가 나왔다는 건 주교가 속임수를 쓰고 있다는 '매우 강한' 증거가 된다. 그렇다면 그가 정말로 속임수를 쓰고 있다고 결론 내려야 할까? 베이즈 정리는 최종 승산이 이 가능도비와 초기 승산의 곱에 기반해야 한다고 말한다. 만약 카드놀이를 시작하기 전에 성직자로서 사회적으로 존경받을 만한 사람임을 고려해 주교가 속임수를 쓸 확률을 1/1,000,000쯤으로 가정했다면(이것은 꽤 타당해 보인다.), 최종 승산은 72,000/1,000,000, 대략 100분의 7이다. 그가 속임수를 쓸 확률은 약 7%이므로 이 단계에서 우리는 그를 믿어도 좋다. 하지만 맥줏집에서 막 만난 누군가에게는 그 정도로 관대하지 않을 것이다. 그러니 어쩌면 주교에게 의심스러운 눈초리를 계속 보내는 게 현명할지도 모르겠다.

베이즈 추론

비록 영국 법정에서는 허용되지 않고 있지만, 베이즈 정리는 새로운 증거에 기초하여 우리가 마음먹은 바를 바꾸는 올바른 과학적인 방법이다. 기대빈도는 단지 두 개의 가설만 관련된 단순한 상황, 이를테면 누군가 어떤 병에 걸렸는지 아닌지 혹은 범죄를 저질렀는지 아닌지에 대해 베이즈 분석을 간단하게 만든다. 그러나 통계 모형에 나오는 매개변수처럼 어떤 범위에 있는 미지의 값들을 베이즈 분석 방법을 써서 추론할 때, 일은 더 까다롭다.

베이즈 목사의 1763년 논문은 이런 종류의 질문에 답하고자 했다. 비슷한 경우에 몇 번이나 어떤 사건이 일어났는지 또는 일어나지 않았는지가 알려진 상태에서, 다음번에 그 사건이 일어날 확률은 얼마인가? 예를 들어 압정을 20번 던졌는데 15번은 핀이 위를 향하고 5번은 아래를 향했다면, 그다음번에 핀이 위를 향할 확률은? 당신은 너무 뻔하다고 생각하며 75%(또는 15/20)라고 답할 것이다. 그러나 목사는 73%(또는 16/22)라고 답할 것이다. 어떻게 이런 결과가 나왔을까?

베이즈 목사는 당신의 시야로부터 숨어 있는 당구대*의 비유를 이용했다. 흰 공을 당구대 위에 무작위로 던지고서 그 위치를 선으로 표시한 뒤, 흰 공을 치운다. 그런 다음 빨간 공 몇 개를 무작위로 당구대에 던진다. 당신은 그중 얼마나 많은 공이 선의 왼쪽에 있고 얼

---

* 장로교 목사였던 그는, 그것을 그냥 탁자라고만 불렀다.

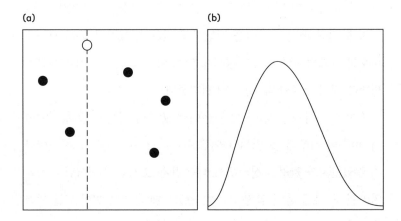

그림 11.4
베이즈의 '당구대.' (a) 하얀 공을 당구대 위로 던지고 그것이 멈춘 위치를 점선으로 나타낸다. 그다음 빨간 공 다섯 개를 당구대 위로 던졌더니 그림과 같이 떨어졌다. (b) 관찰자는 당구대 를 볼 수 없고, 빨간 공 두 개가 점선의 왼쪽에, 세 개는 오른쪽에 떨어졌다는 이야기만 듣는 다. 곡선은 하얀 공이 어디에 떨어졌는지에 대한 관측자의 확률분포로, 당구대 위에 그려졌 다. 그 곡선의 평균은 3/7로, 다음번 빨간 공이 선의 왼쪽에 떨어질 관측자의 현재 확률이다.

마나 많은 공이 선의 오른쪽에 있는지만 알 수 있다. 당신은 선이 어디에 있다고 생각하는가? 그리고 다음번 빨간 공이 선의 왼쪽에 떨어질 확률은 얼마인가?

예를 들어 당신은 그림 11.4(a)처럼 빨간 공 다섯 개 중 두 개는 하얀 공이 남긴 선의 왼쪽, 세 개는 오른쪽에 떨어졌다고 들었다. 베이즈는 선의 위치에 대한 우리의 믿음이 그림 11.4(b)에 나오는 확률 분포에 의해 기술되어야 함을 보였다(수학은 미주 참고).[4] 하얀 공이 떨어진 위치를 나타내는 점선의 위치는 당구대에서 3/7이라고 추정되며, 이것은 11.4(b) 분포의 평균(기댓값)이다.

이 3/7이라는 값은 이상해 보일 수 있는데, 직관적 추정값은 빨간 공이 선의 왼쪽에 떨어진 비율인 2/5이기 때문이다. 베이즈 목사는 이 상황에서 위치를 다음과 같이 추정했다.

$$\frac{\text{왼쪽에 놓인 빨간 공의 개수}+1}{\text{전체 빨간 공의 개수}+2}$$

이것은 어떤 빨간 공도 던지기 전에 흰 공의 위치를 $(0+1)/(0+2)=1/2$이라고 추정할 수 있다는 뜻이다. 반면 직관적 방법은 아직 어떤 데이터도 없기 때문에 아무 답도 주지 못할 것이다. 기본적으로 베이즈는 선의 위치가 하얀 공에 따라 무작위로 결정되었음을 고려했다. 이 초기 정보가 유방 촬영 검사에 사용된 발병률이나 금지약물 복용 검사에 사용된 복용률과 같은 역할을 한다. 그것은 사전 정보로 알려져 있으며 최종 결론에 영향을 미친다. 여기서 베이즈의 수식은 이미 '상상의' 빨간 공 두 개를 던져서 점선의 양쪽에 하나씩 떨어진 것과 마찬가지다.

　다섯 개의 빨간 공 중 어느 것도 점선의 왼쪽에 떨어지지 않았다면, 점선의 위치는 0/5가 아니라 1/7로 추정된다. 여기서 베이즈의 추정값은 결코 0이나 1이 될 수 없고, 항상 단순한 비율보다 1/2에 더 가깝다. 이처럼 추정값들이 항상 초기 분포의 중앙 쪽(이 경우에는 1/2 쪽)으로 당겨지는 것을 **축소**shrinkage라고 한다.

　베이즈 분석은 점선의 위치가 어떻게 결정되었는지에 대한 지식을 사용해 그 위치에 대한 **사전 분포**prior distribution를 도출하고, 그것을 가능도라 알려진 데이터와 결합해 **사후 분포**posterior distribution라는 최종 결론을 내놓는다. 이것은 미지의 양에 대해 현재 우리가 믿는 모든 것을 표현한다. 예를 들어 컴퓨터 소프트웨어를 써서 계산해보면, 0.12부터 0.78까지의 구간이 그림 11.4(b)에서 확률의 95%를 포함한다는 결론이 나온다. 따라서 우리는 95%의 확실성을 가지고 하얀 공이 표시하는 선이 이 구간 안에 있다고 주장할 수 있다. 그리고 점점 더 많은 빨간 공을 당구대로 떨어뜨려서 그 선의 위치 정보가 많아질수록 이 구간은 꾸준히 좁아져 결국 정확한 답으로 수렴한다.

●

베이즈 분석에서 주된 논쟁거리는 사전 분포의 근원이다. 베이즈의 당구대에서 하얀 공은 무작위로 떨어졌기 때문에, 사전 분포는 0과 1 사이에 균등하게 퍼져 있다. 만약 이런 종류의 물리적 지식을 이용할 수 없을 때는 주관적 판단, 과거 데이터로부터 학습, 그리고 주관적 판단을 배제한 **객관적 사전 조건**objective priors 등이 사전 분포를 얻기 위해 사용된다.

아마도 가장 중요한 통찰은 진정 참인 사전 분포는 없다는 점이다. 좋은 베이즈 분석은 다양한 의견들을 포괄하는 수많은 대안적 선택들에 대한 민감도 분석을 포함해야 한다.

어떻게 사전 선거 여론조사를 더 잘 분석할 수 있을까?

베이즈 분석은 어떤 문제에 대해 더 사실적인 추론을 하도록 배경 지식을 사용하는 공식적인 메커니즘을 제공한다. 그것은 동시에 여러 개별적인 양들을 분석하는 다수준 모형화multi-level modelling 또는 **계층적 모형화**hierarchical modelling에서도 쓰인다. 이 모형의 힘은 사전 선거 여론조사에서의 성공에서 볼 수 있다.

여론조사는 이상적으로 무작위적 대표성을 지닌 대규모 표본에 기반해야 한다. 하지만 그러려면 비용이 많이 든다. 게다가 점점 더 많은 사람들이 이런 여론조사에 대답하는 걸 꺼려한다. 그래서 많은 여론조사 회사들이 일반적으로 온라인 패널에 의존한다. 그들은 온라인 패널에 기반한 정교한 통계 모형을 이용해 적절한 무작위표본을 택할 수 있었더라면 얻었을 대답을 알아내려고 노력한다. 이때 우리는 비약이나 과장이 없도록 주의를 기울여야 한다.

사전 선거 여론조사에 관해서는 상황이 훨씬 나쁘다. 전국적으로 의향이 다 똑같지는 않기 때문에 각 주별 또는 각 선거구별 결과들을 종합해 결론을 내리는 게 이상적인데, 문제는 온라인 패널의 구성원들이 이 지역들에 무작위적으로 흩어져 있지 않다는 점이다. 따라서 지역적 분석을 하기에는 데이터가 매우 제한적이다.

이 문제에 대한 베이즈적 대응은 **다수준 회귀와 사후층화**multi-level regression and post-stratification, MRP라고 알려져 있다. 기본 아이디어는 모든 가능한 유권자들을 작은 '셀'들로 쪼개는 것이다. 이때 각 셀은 높은 동질성을 갖는 사람들, 말하자면 같은 지역에 살고, 나이, 성별, 이전 투표 행태 등 측정 가능한 특징들이 같은 사람들로 구성된다. 우리는 배경 인구 통계 데이터를 사용해 셀 각각에 속한 사람 수를 추정할 수 있고 각 셀에 속한 사람들은 특정 정당에 투표할 확률이 같다고 가정한다. 어떤 셀 안에는 단지 몇 명만 있거나 아무도 없을 수 있다. 우리는 이처럼 무작위적이지 않은 데이터에서 확률을 계산해내야 한다.

첫 번째 단계는 셀의 특징이 주어졌을 때 특정한 방식의 투표 행태의 확률에 대한 회귀 모형을 만드는 것이다. 그러려면 회귀방정식의 계수를 추정해야 하는데, 여전히 계수가 너무 많아서 표준적 방법을 사용하기 어렵다. 이때 베이즈의 아이디어가 들어와 다른 영역들에 대응되는 계수들이 '유사하다'고 가정한다. 즉 계수들이 정확히 같다는 가정과 계수들이 전혀 무관하다는 가정 사이의 일종의 중간 지점이라 할 수 있다.

수학적으로 이것은 모든 미지수들이 똑같은 사전 분포로부터 선택되었다고 가정하는 것과 같다. 그 결과 부정확한 개별적 추정값들이 서로서로를 향해 움직이고, 몇몇 괴상한 관측에 의해 너무 큰 영향을 받지 않는 매끄럽고 확실한 결론이 나온다. 이렇게 수천 개의 셀 각각에서 투표 행태에 대해 더 견고한 추정을 하고 나면, 그것들을 결합해 전국적인 투표 결과를 예측할 수 있다.

2016년 미국 대선에서 MRP에 기초한 여론조사들은 워싱턴 D. C를 포함한 51개 선거구 중 50개에서 승자를 제대로 맞혔다. 오직 미시간주에서만 틀렸다. 그것은 선거 몇 주 전에 실시한, 단지 9485명 대상의 인터뷰를 기반으로 했다. 2017년 영국 선거에서는 여론조사 기관 유고브YouGov가 일주일 동안 대표성을 염두에 두지 않고서 5만 명을 인터뷰한 뒤 MRP를 이용해 보수당이 총 투표수의 42%를 얻는 결과를 예측했고, 그것이 적중했다. 전통적인 방법을 사용한 여론조사는 보기 좋게 실패했다.[5]

하지만 MRP는 만병통치약이 아니다. 만약 다수의 응답자가 체계적으로 오해의 소지가 있는 답을 줌으로써 그들이 속한 셀을 대표하지 않는다면, 세심한 통계적 분석을 아무리 많이 한들 그 편향을 상쇄시키지 못한다. 그러나 모든 단일 투표 지역에서 베이즈 모형을 사용해 분석한 결과는 유용했다. 그리고 그것은 선거 당일에 실시된 출구 조사에서 놀라울 만큼 성공적이었다.

●

'베이즈의 매끄럽게 하기Bayesian smoothing'는 아주 성긴 데이터에 정확성을 가져올 수 있다. 그 기법들은 질병이 시간과 공간에 따라 어떻게 퍼져나가는지 등을 모형화하는 데 사용된다. 베이즈 학습 Bayesian learning은 환경에 대한 인간의 인식 과정과도 유사하다. 우리는 어떤 상황에서 무엇을 볼지에 대해 사전 기대를 가지고 있으며, 미리 예상하지 못한 특징들은 현재 인식에 새롭게 추가한다. 이 것이 소위 '베이즈의 뇌Bayesian Brain'에 숨어 있는 아이디어다.[6] 자율 주행 자동차의 학습도 같은 메커니즘으로 시행된다. 그것은 신호등, 사람, 다른 자동차 등을 인지하면서 주변에 관한 확률론적 '정신 지 도'를 계속 업데이트한다. "로봇 자동차는 자기 자신이 베이즈적 사 고를 하며 여행하는 확률 방울이라고 생각한다."[7]

이 문제들은 세상을 기술하는 양들을 추정하는 것과 관련이 있다. 그러나 과학적 가설을 평가하는 베이즈 방법은 여전히 논쟁거리로 남아 있다. 네이만-피어슨 방법과 마찬가지로, 우선 경쟁하는 두 가 설을 정립해야 한다. 즉 '힉스 입자 없음' 또는 '어떤 의학 치료의 효 과 없음'처럼 어떤 것이 부재한다는 영가설 H_0와 중요한 무언가가 존재한다고 말하는 대립가설 H_1을 정립해야 한다.

앞에서 우리는 영가설이 무죄이고 대립가설이 유죄인 법정 다툼 에서, 어떤 증거가 이 두 가설 각각에 대해 제공하는 상대적 지지를 가능도비로 표현했다. 베이즈 가설 검정에서 이 가능도비와 정확히 동치인 것이 **베이즈 인자**Bayes factor이다. 다만 과학적 가설에서는 일 반적으로 대립가설 아래서의 진정한 영향 같은 미지의 매개변수를 포함한다는 점이 다르다. 베이즈 인자는 미지의 매개변수의 사전 분 포에 대한 평균을 구함으로써 얻어지므로, (베이즈 분석에서 가장 논 쟁거리인) 사전 분포가 매우 중요해진다. 따라서 표준적 유의성 검정 을 베이즈 인자로 대체하려는 시도는 특히 심리학에서 상당한 논쟁 을 불러일으켰다. 비평가들은 베이즈 인자 배후에 영가설과 대립가 설 모두에 있는 미지의 매개변수에 대한 추정된 사전 분포가 숨어 있다고 지적한다.

로버트 카스Robert Kass와 에이드리언 래프터리Adrian Raftery는 베이즈학파에 속한 유명한 통계학자들인데, 베이즈 인자에 대한 등급표를 표 11.3과 같이 제안했다. 과학적 가설에 대한 '매우 강한' 증거가 되려면 베이즈 인자가 150보다 크면 된다. 하지만 법정에서는 '매우 강한'이라는 타이틀을 얻으려면 가능도비가 10,000이 넘어야 하는데(표 11.2 참조), 범죄자에 대한 유죄 판결은 '합리적 의심을 넘어서' 확실해야 하기 때문이다. 이처럼 과학적 주장은 더 약한 증거에 기반하여 만들어지며, 이후 연구에서 많이 뒤집힌다.

앞에서 0.05라는 P값이 약한 증거와 동치라는 주장이 있었는데, 그것은 부분적으로 베이즈 인자에 기반한다. 대립가설 아래 몇몇 타당한 사전 조건들이 주어졌을 때, $P = 0.05$는 2.4와 3.4 사이에 있는 베이즈 인자에 대응하기 때문이다. 표 11.3은 그 베이즈 인자가 약한 증거라는 뜻임을 말해준다. 그래서 발견을 주장하려면 P값이 0.005까지 낮아져야 한다는 제안이 나온다.

영가설 유의성 검정과 달리, 베이즈 인자는 두 가설을 대칭적으로 다루므로 적극적으로 영가설을 지지할 수 있다. 만약 가설들에 사전 확률을 부여할 수 있다면, 어떻게 세상이 작동하는지에 대한 대안적 이론들의 사후 확률도 계산할 수 있다. 오직 이론적 근거에 기반하여, 힉스 입자의 존재성 여부에 대해 50 대 50(사전 승산 = 1)이라고 판단했다고 가정하자. 이전 장에서 얘기한 데이터에서 도출한 P값은 대략 1/3,500,000인데, 이것을 힉스 입자의 존재성을 지지하는 관점에서 베이즈 인자로 전환하면 약 80,000이 나온다. 이 정도

베이즈 인자	증거의 힘
1~3	그냥 한 번 언급하는 것 이상의 가치가 없다
3~20	긍정적
20~150	강한
>150	매우 강한

표 11.3
가설을 지지하는 데 있어서 베이즈 인자의 해석에 대한 카스와 래프터리의 등급.[8]

면 법정 기준으로도 매우 강한 증거다.

사전 승산 1과 결합하면, 힉스 입자의 존재에 대하여 80,000 대 1 이라는 사후 승산 또는 0.99999라는 확률이 나온다. 그러나 이런 종류의 분석은 법조계에서도 과학계에서도 일반적으로 인정되지 않고 있다. 비록 그것이 리처드 3세에 대해 우리가 사용한 것일지라도 말이다.

이데올로기 전쟁

이 책은 데이터를 조사하는 것부터 요약 통계량을 이용해 메시지를 전달하는 것 그리고 확률 모형을 사용하여 신뢰구간, P값 등을 구하는 것까지 다뤘다. 이 통계적 추론 도구들은 오래된 통계학의 표본 추출의 성질에 기반하고 있기 때문에 '고전주의' 또는 '빈도주의' 통계학이라고 불린다.

한편 베이즈 방법은 근본적으로 다른 원칙들에 기반한다. 사전 분포로서 표현된 미지의 양에 대한 외적 증거가, 가능도라고 알려진 데이터에 대한 기저 통계 모형으로부터의 증거와 결합해, 최종 결론을 뒷받침하는 사후 분포를 도출한다.

베이즈주의를 따르게 되면, 표본 추출의 성질은 별 의미가 없어진다. 그래서 95% 신뢰구간은 참값이 그 구간에 놓여 있을 확률이 95%라는 뜻이 아니라고 몇 년 동안 배웠는데,* 베이즈주의에서는 95% 불확실성 구간이 정확하게 그런 의미를 갖는다.

그러나 통계적 추론을 하는 '올바른' 방법에 대한 논쟁은 빈도주의자와 베이즈주의자 사이에 벌어지는 논쟁보다 훨씬 복잡하다. 마치 정치적 운동처럼, 각 학파는 종종 서로 반목해온 여러 분파들로 나뉜다.

삼파 분쟁은 1930년대에 왕립통계학회 포럼에서 시작되었다. 1934년 네이만이 신뢰구간 이론을 발표했을 때, 그 당시 베이즈주의의 강한 지지자였던 아서 볼리Arthur Bowley가 "나는 신뢰confidence가 사기confidence trick가 아니라는 걸 전혀 확신할 수가 없다"라고 말하면서 베이즈 방법의 필요성을 역설했다. 신뢰구간과 사기를 연관 지어 조롱하는 것은 이후 수십 년간 계속되었다

이듬해인 1935년에는 피셔 쪽과 네이만-피어슨 쪽 사이에서 전쟁이 발발했다. 피셔의 통계적 추정은 매개변수 값들에 대한 데이터의 상대적 지지를 표현하는 '가능도' 함수에 기반했고, 가설 검정은 P값을 사용했다. 반대로 네이만-피어슨 접근법은 '귀납적 행위 이론'이라는 이름에 걸맞게, 결정하기에 초점을 두고 있었다. 참인 정답이 95% 신뢰구간 안에 있다고 결정했다면, 당신은 그 시간 중 95% 동안 맞을 것이다. 그리고 가설 검정을 할 때는 1종 오류와 2종 오류를 통제해야 한다. 그들은 영가설이 95% 신뢰구간 안에 포함된다면 그것을 받아들여야 한다고 제안하기까지 했는데, 그것은 피셔가 절대 반대했던 개념이었다(나중에 통계학계에 의해서도 거부되었

---

* 장기적으로 볼 때, 그런 구간 중 95%가 참값을 포함할 것이라는 뜻임을 기억하라. 그러나 우리는 임의의 특정 구간에 대해서는 아무 말도 할 수 없다.

다).

피셔는 처음에 네이만이 "그의 논문이 밝혔던 일련의 오해들에 빠졌다"라고 비난했다. 그러자 피어슨이 네이만을 방어하고 나섰고, "그가 피셔 교수님의 무오류성에 대한 널리 퍼진 믿음이 있긴 했지만, 그는 논거를 완전히 익혔음을 보여주지 않은 채 동료 연구자의 무능부터 비난하는 지혜에 의문을 제기하는 걸 허락해달라고 사정해야만 했다"라고 말했다.

피셔와 네이만 사이의 험악한 분쟁은 2차 세계대전 이후에도 계속되었지만, 시간이 지나면서 더 표준적인 비베이즈주의자들은 점차 실용주의적인 혼합체로 바뀌었다. 실험은 일반적으로 네이만-피어슨 방법을 사용해 1종 오류와 2종 오류가 통제되게끔 설계되지만, 증거의 척도로는 피셔의 P값이 사용되기 시작했다. 그리고 이 이상한 융합은 상당히 잘 작동했다. 저명한 베이즈학파 통계학자인 제롬 콘필드Jerome Cornfield는 다음과 같이 말했다. "논리적 토대가 부족함에도 영원한 가치를 지니는 견고한 구조가 드러났다는 점이 참으로 역설적이다."[9]

베이즈주의에 비해 고전주의 통계학이 갖는 이점으로는, 데이터에 있는 증거와 주관적인 요인의 명백히 분리, 계산의 용이함, 통계적 유의성에 대한 넓은 수용성과 분명한 판별 기준, 소프트웨어의 이용 가능성, 분포의 모양에 대해 가정의 불필요 등이 있다. 반면 베이즈주의는 외부적이고도 명시적으로 주관적인 요소들을 사용할 수 있는 능력 덕분에 더 강력한 추론과 예측이 가능하다는 게 강점으로 꼽힌다.

지금은 피셔, 네이만-피어슨, 베이즈로부터 나온 이론들의 이데올로기적 자격을 운운하기보다 오히려 실제 문제에 적합한 방법들을 선택해 사용하는 것이 보편적이다. 통계학자가 아닌 사람들은 다소 이해하기 힘든 논쟁에 있어 실용주의적인 타협이 이뤄진 것이다. 개인적으로는 그들이 기본 원칙들에 대해 서로 의견을 달리하는 것은 당연해도, 합리적인 통계학자라면 일반적으로 비슷한 결론에 도달할 거라고 생각한다. 오히려 통계학의 문제들은 철학적 방법론이 아니라 부적당한 설계, 편향된 데이터, 합당치 않은 가정, 형편없는 과학적 실행에 기인한 듯하다. 통계학의 이 어두운 면에 대해서는 다음 장에서 살펴보기로 하자. (그럼에도 나는 여전히 베이즈 방법을 선호한다.)

요약

- 베이즈 방법은 (가능도에 의해 요약된) 데이터로부터의 증거를 (사전 분포라고 알려진) 초기 믿음과 결합하여 미지의 양에 대한 사후 확률분포를 만들어낸다.
- 두 경쟁하는 가설들에 대한 베이즈 정리는 다음과 같이 표현된다.
  사후 승산=가능도비×사전 승산
- 가능도비는 두 가설에 대한 한 증거 항목의 상대적 지지를 나타내며, 형사재판에서 과학수사 증거의 힘을 표현하는 데 사용된다.
- 사전 분포가 어떤 물리적 표본 추출 과정에서 나오는 경우 베이즈 방법은 논쟁거리가 아니다. 그러나 일반적으로 어느 정도의 판단은 필요하다.
- 계층적 모형에서 증거는 공통의 매개변수를 가진다고 가정되는 여러 분석들을 거쳐 수집된다.
- 베이즈 인자는 과학적 가설에 대한 가능도비와 같으며, 영가설 유의성 검정을 대체할 수 있다.
- 통계적 추론의 여러 이론들은 오랫동안 논쟁해왔지만, 데이터의 질과 과학적 신뢰성이라는 쟁점들이 더 중요하다.

12장

일들은 어떻게 잘못되는가?

오류와 속임수

2011년 저명한 미국의 사회심리학자 대릴 벰Daryl Bem은 세계적인 심리학 저널에 한 실험 논문을 발표했다. 먼저 100명의 학생들이 두 개의 커튼을 보여주는 컴퓨터 스크린 앞에 앉아서, 왼쪽이나 오른쪽 커튼 중 어디에 이미지가 숨어 있을지 골랐다. 그런 다음 커튼이 열리면 그들이 정답을 맞혔는지 아닌지 드러났다. 이 실험은 36개의 이미지에 대해 반복되었다. 참가자들은 몰랐지만, 사실 그 이미지의 위치는 피실험자가 선택을 한 후에 무작위로 결정되었다. 따라서 우연보다 더 많이 맞추었다면, 그것은 이미지가 나타날 곳을 '예지한' 결과로 간주되었다.

예지가 없다는 영가설이 참일 때 기대되는 성공률은 50%다. 하지만 벰의 논문에서 피실험자들은 성적인 이미지가 보일 때 53%의 적중률을 보였다(P = 0.01). 그 논문은 1000명 이상의 참가자들을 대상으로 10년 이상에 걸쳐 진행된 8개의 추가 실험도 수록하고 있었다. 그는 9개 연구 중 8개에서 통계적으로 유의미한 예지 능력의 존재를 관찰했다. 그의 연구는 초감각적 인지 능력이 존재한다는 확실한 증거가 될까?

이 책은 그 한계와 잠재적 위험을 유념하고 기술적으로 주의 깊게 수행되었을 때 통계학이 현실에 존재하는 문제들을 얼마나 잘 해결하는지 보여주었다. 그러나 실제 세상이 항상 그렇게 감탄스럽지 않다. 이제는 통계학이 그리 잘 수행되지 않을 때 무슨 일이 일어나는지 살펴볼 시간이다. 과연 뱀의 논문은 어떻게 받아들여졌을까?

요즘 저질 통계에 많은 관심이 쏠리는 이유는 과학에서 **재현성 위기**reproducibility crisis라고 알려진 것 때문이다.

재현성 위기

대부분의 발표된 연구 결과들이 거짓이라는 존 이오아니디스의 주장(10장)이 기억나는가? 이후 많은 연구자들이 발표된 과학 논문에 신뢰성이 부족하다고 비판했다. 실제로 과학자들은 동료가 수행한 연구를 재현해내는 데 빈번히 실패했고, 이것은 원래 연구가 그렇게 믿을 만하지 않음을 시사했다. 이런 비난은 처음에 의학과 생물학에서 시작해 심리학 같은 사회과학으로도 퍼졌다. 단 과장되었거나 틀린 주장들의 실제 비율에 대해서는 논란의 여지가 있기는 하다.

이오아니디스의 주장은 이론적 모형에 기반했다. 하지만 과거의 연구에서 실시한 것과 비슷한 실험을 수행한 뒤 비슷한 결과가 관측되는지, 즉 그 연구가 재현되는지 살펴보는 방법도 있다. 재현성 프로젝트Reproducibility Project는 100개의 심리학 연구를 더 많은 표본을 가지고 반복한 공동 연구였다. 따라서 진정 효과가 존재한다면 그것을 감지하는 더 큰 검정력을 가졌다. 그 프로젝트는 원래 연구에서는 97%가 통계적으로 유의미한 결과를 가졌지만, 재현 연구에서는 36%만 그러했다고 밝혔다.[1]

불행히도, 이 발표는 '유의미한' 연구들 중 64%가 틀린 주장이었다는 식으로 보도되었다. 그러나 이것은 유의미한 연구가 아니면 유의미하지 않은 연구라는 함정에 빠지게 한다. 저명한 미국 통계학자이자 블로거 앤드루 겔먼Andrew Gelman은 "유의미함과 유의미하지 않음 사이의 차이는 그 자체가 통계적으로 유의미하지 않다"라고 지적했다.[2] 사실 원래 연구와 재현 연구 중 23%만이 유의미하게 서로 다른 결과를 가졌다. 원래 연구 중 과장되거나 틀린 비율로는 이 수가 더 적절한 추정일 것이다.

유의성 여부뿐 아니라 추정 효과의 크기도 주목해야 할 문제다. 재현성 프로젝트에서 재현 결과들은 평균적으로 원래 연구 결과와 같은 방향을 향했으나, 그 효과의 크기는 절반 정도였다. 이것은 과학 문헌에 만연한 주요 편향 한 가지를 지적한다. 운 좋게 '큰' 효과를 발견한 연구가 눈에 띄는 발표로 이어졌던 것이다. 평균으로의 회귀와 비슷하게 이것은 '영가설로의 회귀'라고 말할 수 있는데, 여기서 효과의 과장된 초기 추정값은 이후에 그 크기가 감소하면서 영가설 쪽을 향한다.

재현성 위기는 복잡한 문제다. 특히 그것은 통계적으로 유의미한 결과들을 새롭게 발견해서 과학 저널에 발표해야 하는 연구자들의 실적 압박에 뿌리를 둔다. 따라서 하나의 연구기관이나 한 명의 교수가 비난받을 일이 아니다. 또한 통계적 실행이 완벽했을지라도 '유의미하다'고 주장되는 결과들 중 상당수가 거짓양성일 수 있다 (그림 10.5 참조). 게다가 통계적 실행은 종종 완벽한 것과 거리가 멀다.

통계학은 PPDAC의 각 단계마다 잘못 될 수 있다. 먼저 이용 가능한 정보만 가지고는 도저히 대답할 수 없는 '문제'를 공략하려고 할 때가 있다. 예를 들어 '지난 10년 동안 영국에서 10대의 임신율이 왜 그토록 낮아졌는가?'에 대해 관측된 데이터는 어떤 설명도 제공하지 못한다.*

'계획' 단계에서는 다음과 같은 이유로 일이 잘못될 수 있다.

- 대표성이 부족한, 편리하고 값싼 표본을 선택한 경우. 예를 들면 선거 전에 전화 여론조사.
- 설문조사에서 특정 선택을 유도하거나 오해를 불러일으키는 문구를 사용한 경우. '온라인 구매를 통해 얼마나 절약할 수 있는가?' 같은 질문.
- 공정하게 비교하지 못한 경우. 치료법에 대하여 자원자들만 관측해 평가하는 것.
- 크기가 너무 작아서 검정력이 낮은 연구를 설계한 경우. 참인 대립가설들을 감지할 가능성이 낮아진다.
- 잠재적 혼동요인에 관한 데이터 수집에 실패한 경우, 무작위 실험에서 눈가림이 부족한 경우 등

---

* 그 하락은 페이스북 출현 직후 시작되었지만, 데이터는 이것이 상관관계인지 인과관계인지 말해줄 수 없다.

이와 관련해 피셔는 "어떤 실험이 끝난 후에 통계학자와 상의하는 것은 종종 그에게 사후 부검을 해달라고 부탁하는 것과 같다. 그는 실험이 무엇 때문에 죽었는지 말해줄 것이다"라는 유명한 말을 남겼다.[3]

'데이터' 수집 단계에서 응답 누락, 연구 도중 그만둔 사람들, 실험 참가자 모집 부진, 모든 것을 효율적으로 코드화하는 문제 등이 발생할 수 있다. 연구자들은 이런 상황들을 미리 예상하고 적절하게 피해야 한다.

'분석'이 잘못되기 가장 쉬운 경우는 코드화 또는 스프레드시트에 입력하는 과정에서 단순한 실수를 하는 경우다. 완벽한 사람은 없겠지만, 다음의 예를 보고 경각심을 갖기 바란다.

- 저명한 경제학자 카르멘 라인하트Carmen Reinhart와 케네스 로고프Kenneth Rogoff는 2010년 긴축재정 관련 논문을 하나 발표했는데, 나중에 한 박사과정 학생이 단순한 스프레드시트 실수로 다섯 나라가 주요 분석에서 빠졌음을 발견했다.*[4]
- 세계적인 주식 투자 회사인 악사 로젠버그AXA Rosenberg에서 일하는 프로그래머가 통계 모형을 잘못 설계하는 바람에 위험 요소 중 일부가 1만분의 1의 비율로 너무 작아져서 고객들에게 2억 1700만 달러의 손실을 가져왔다. 2011년 미

---

* 이 실수가 그 연구의 결론을 바꾸었다는 비판이 제기되었으나, 원래 저자들은 이에 대해 강하게 반발했다.

국증권거래위원회는 여기에 벌금 2500만 달러를 추가해, 고객들에게 모형의 오류를 보고하지 않은 과실에 대해 총 2억 4200만 달러의 벌금을 부과했다.[5]

계산은 다 맞아도, 통계적 방법이 옳지 못한 경우도 있다. 부적절한 통계 분석의 예시는 다음과 같다.

- '일반 진료 중인 환자 그룹'처럼 그룹을 특정 개입에 무작위로 할당하는 군집 무작위 통제 시험cluster randomized trial을 수행했으면서, 데이터를 분석할 때는 마치 개별적 사람들이 무작위로 추출된 것처럼 간주하기.
- 두 그룹을 개입 전 그리고 개입 후에 각각 측정해서, 한 그룹에서 유의미한 변화가 나타났고 다른 그룹에서는 그렇지 않다면 두 그룹이 서로 다르다고 말하기. 올바른 절차는 두 그룹이 서로 다른지에 관해 통계적 검정(상호작용 검정)을 수행하는 것이다.
- '유의미하지 않음'을 '영향 없음'으로 해석하기. 예를 들어 10장에 언급한 술과 사망률 연구에서 일주일에 알코올 150~200밀리리터를 마시는 50~64세 남성들은 사망위험률이 유의미하게 줄어든 반면, 그보다 덜 또는 더 술을 마시는 남성들에 있어서 감소는 0과 유의미하게 다르지 않았다. 그 논문은 이 차이가 중요하다고 주장했으나, 신뢰구간은 이 그룹 간 차이가 무시할 만함을 드러냈다. 다시 한번 말하

지만, 유의미함과 유의미하지 않음 사이의 차이가 반드시
유의미하지는 않다.

'결론'을 이끌어내는 단계에서 가장 좋지 못한 실행은 통계적 검정
을 여러 개 수행한 뒤 가장 유의미한 결과들만 발표하고 그것들을
곧이곧대로 해석하는 경우다. 우리는 앞에서 이것이 유의미한 P값
을 발견할 가능성을 매우 증가시킨다는 걸, 심지어 죽은 물고기도
되살려낼 수 있음을 보았다. 마치 어떤 축구팀이 골 넣는 장면만 TV
로 중계하고 그 팀이 골을 먹는 장면은 중계하지 않는 것처럼, 그런
선별적인 발표는 올바른 인상을 주지 못한다.

　선별적인 발표는 단순한 무능과 과학적 위법 행위 사이를 넘나들
고 있으며, 이제는 드물지도 않다. 미국에서는 부분집합 분석에서
의 유의한 결과들을 선별적으로 발표한 CEO에게 유죄 판결이 선고
되었다. 스콧 하코넨Scott Harkonen은 특발성 폐섬유증 치료제를 개
발하는 바이오 회사 인터뮨InterMune의 CEO였다. 임상 시험은 신약
의 전반적인 효능을 보여주지 못했지만, 경증부터 중증까지의 환자
들로 이루어진 소규모 그룹에서는 사망률이 유의미하게 감소함을
보였다. 하코넨은 투자자들에게 이 결과를 발표하는 보도자료를 배
포하면서, 판매에 대한 자신감을 내비쳤다. 그가 명시적으로 거짓을
말한 건 아니었지만, 2009년 배심원단은 이 행위가 투자자들을 속
이려는 의도를 가졌다고 보고, 그에게 온라인 사기로 유죄 판결을
내렸다. (검사측은 10년 징역형과 2만 달러 벌금을 구형했지만, 그는 6개
월 가택연금과 3년의 집행유예를 선고받았다.) 후속 임상 시험은 경증부

터 중증까지의 환자들에서조차 신약의 효능을 발견하지 못했다.[6]

통계적 부정행위는 의식적인 결정일 수도, 아닐 수도 있다. 심지어 그것은 과학 저널의 동료 심사와 출판 과정이 얼마나 허술한지를 보여주는 데 의도적으로 사용되기도 했다. 독일식품건강연구소의 요하네스 보하논은 사람들을 임의로 세 그룹으로 나누어 표준 식단, 저탄수화물 식단, 초콜릿이 추가된 저탄수화물 식단의 효과를 비교하는 실험을 수행했다. 3주에 걸친 실험 결과, 보하논은 초콜릿이 추가된 저탄수화물 식단이 저탄수화물 식단보다 10% 더 체중 감량 효과를 가진다고(P=0.04) 결론 내렸다. 그가 이 '유의미한' 결과를 어떤 저널에 제출했더니, 편집진은 이것이 뛰어난 연구라고 생각하고, 600유로에 그것을 출간해주겠다고 제안했다. 그 논문이 출간되자 언론은 "초콜릿이 체중 감소를 가속한다" 같은 자극적인 제목의 기사를 보도했다.

그러나 이것은 모두 의도된 거짓말이었다. '요하네스 보하논'은 존 보하논John Bohannon이라는 기자였고, 식품건강연구소는 존재하지 않았다. 유일하게 진실인 것은 실험뿐이었지만, 그조차도 각 그룹당 피실험자가 5명에 불과했으며, 수많은 결과들 중 유의미한 차이만 선별적으로 발표되었다.

이 겉보기만 그럴싸한 논문의 저자들은 즉각 자신들의 거짓을 밝히면서, 과학 저널의 동료심사 절차가 이런 속임수를 막지 못한다는 걸 적나라하게 보여줬다. 하지만 통계에서의 모든 사기 행각이 이런 의도로 행해지는 건 아니다.

의도된 사기

데이터를 의도적으로 조작하는 일은 비교적 드물다고 알려져 있다. 한 비평은 과학자들 중 2%가 데이터 조작을 인정할 거라고 추정했다. 또 미국과학재단과 연구진실성관리국에서 처리하는 의도된 부정행위의 수는 꽤 적은 편이다. 하지만 발각되지 않은 실제 부정행위는 훨씬 많을지도 모른다.[7]

통계적 사기가 통계학을 이용하여 감지될 수 있을까? 펜실베이니아대학교의 심리학자 우리 사이먼슨Uri Simonsohn은, 무작위 실험을 전제하였으므로 가정대로라면 무작위적 변동성을 보여주어야 하지만 믿기 어려울 만큼 유사하거나 서로 완전히 다른 통계들을 조사했다. 예를 들어 그는 한 연구에서 15명으로 구성된 그룹들에서 나온 세 개의 표준편차 추정값이 모두 25.11로 똑같음을 알아차렸다. 사이먼슨은 데이터를 가지고서 그런 비슷한 표준편차를 얻을 확률이 거의 없음을 시뮬레이션을 통해 보였다. 그 연구 책임자는 나중에 사임했다.[8]

시릴 버트Cyril Burt는 IQ의 유전 가능성 연구로 유명한 영국 심리학자였는데, 사후에 사기꾼으로 비난받았다. 분리 양육된 쌍둥이들의 IQ에 대해 그가 인용한 상관계수들이 시간이 흘러 쌍둥이들이 꾸준히 증가함에도 거의 변하지 않았던 것이다. 상관계수는 1943년에 0.770, 1955년에 0.771, 1966년에 0.771이었다. 데이터를 꾸며낸 것 아니냐는 의심이 제기되었지만, 연구 기록은 그의 사후 모두 불태워졌다. 이 문제는 여전히 논란거리다. 혹자는 사기라고 하기엔 너무 뻔뻔하므로, 단순 실수였을 거라고 주장하기도 한다.

통계학에서 순전한 무능과 부정직은 심각한 문제이지만, 비교적 쉬운 문제다. 교육하고, 확인하고, 재현하고, 데이터를 공개하는 등을 통해 개선할 수 있기 때문이다. 그러나 재현성 위기의 주된 원인일지도 모르는 더 크고 미묘한 문제는 따로 있다.

연구 부적절 행위

데이터가 꾸며낸 것이 아니고, 최종 분석이 적절하고, 계산이 모두 맞아도, 연구자들이 결론에 도달하기까지의 과정을 우리가 정확하게 알지 못한다면 결과들을 해석하는 데 어려움이 있을 수 있다.

우리는 연구자들이 오직 유의미한 결과들만 발표할 때 초래되는 문제들을 보았다. 하지만 더 중요한 것은 데이터를 어떻게 보는가에 따라서 연구자가 내리는 의식적 또는 무의식적인 소소한 결정들이다. 연구자들은 어떻게 실험 설계를 변화시킬지, 언제 데이터 수집을 멈출지, 어떤 데이터를 제외할지, 어떤 요인을 조정할지, 어떤 그룹을 강조할지, 어떤 결과값에 초점을 둘지, 연속변수를 어떻게 그룹으로 나눌지, 어떻게 누락된 데이터를 다룰지 등을 미세하게 조정한다. 사이먼슨은 이런 결정들이 "연구자의 자유도"에 속한다고 말했다. 한편 앤드루 겔먼은 이를 아르헨티나 문호 보르헤스의 단편 제목을 빌려 "끝없이 두 갈래로 갈라지는 길들이 있는 정원"이라고 표현했다. 이 모든 미세 조정들은 통계적 유의성을 얻을 가능성을 증가시며 연구 부적절 행위Questionable Research Practices, QRP의 범주에 속한다.

그리고 **탐색적 연구**exploratory study와 **확증적 연구**confirmatory study를 구분하는 것도 중요하다. 탐색적 연구는 말 그대로 여러 가능성을 살펴보고 가설을 세우기 위해 실시하는 연구로, 조사의 유연성이 크다. 따라서 탐색적 연구에서는 미세 조정을 많이 해도 괜찮다. 그러나 확증적 연구는 사전에 명시되어 공개된 실험 지침에 따라 수행되어야 한다. 또 연구에 사용한 P값들은 확실하게 구별되고 달리 해석되어야 한다.

통계적으로 유의미한 결과들을 만들려고 작정한 활동은 P해킹 P-hacking이라고 한다. 눈에 뻔히 보이는 P해킹은 다중 검정을 수행하고서 가장 유의미한 결과를 발표하는 것이다. 하지만 연구자들이 은밀하게 자유도를 행사하는 방법은 더 많다.

비틀스의 노래 'When I'm Sixty-Four'를 들으면 더 젊어지는가?

어떻게 이 질문에 대해 사이먼슨과 그의 동료들이 상당히 기만적인 방법을 이용하여 '그렇다'라고 대답할 만한 유의미한 결과를 이끌어 냈는지 알아보자.[9] 연구팀은 펜실베이니아 대학생들에게 비틀스가 부른 'When I'm Sixty-Four', 'Kalimba',* 위글스가 부른 'Hot Potato' 중 하나를 무작위로 들려주었다. 그런 다음 그들에게 언제 태어났는

---

* 윈도우 7에 기본 음악으로 저장되어 있는 일렉트로니카 곡.(옮긴이)

지, 얼마나 나이 들었다고 느끼는지, 그 밖에 문제와 상관없는 질문들을 던졌다.*

연구팀은 설문 데이터를 그들이 생각할 수 있는 모든 방식으로 분석했다. 그리고 어떤 종류의 유의미한 연관성을 발견할 때까지 참가자들을 계속 추가했다. 피실험자가 34명을 넘어서자 유의미한 연관성이 나타났다. 참가자들의 나이와 그들이 들었던 노래 사이에는 없었지만, 'When I'm Sixty-Four'와 'Kalimba'만 비교했을 때 그들은 아버지의 나이에 대해 조정된 회귀 분석에서 $P < 0.05$를 얻어냈다. 당연히 그들은 유의미한 분석만 발표했다. 수많은 변경과 조작, 선택적 보고에 대해서는 논문의 맨 처음이 아닌 마지막에 밝혔다. 이것은 오늘날 '결과를 안 다음 가설 정하기inventing the Hypotheses After the Results are Known, HARKing'의 고전적 사례다.

연구 부적절 행위는 얼마나 자주 발생하는가?

2012년 미국 심리학자 2155명을 대상으로 한 설문조사에서,[10] 단지 2%만 데이터를 조작한 적이 있다고 말했다. 그러나 10가지 연구 부적절 행위 목록에 대하여 물어보았을 때는 훨씬 많은 연구자들이 바람직하지 않은 행동을 한 것으로 드러났다.

* 외식을 얼마나 즐기는지, 100의 제곱근은 얼마인지, '컴퓨터는 복잡한 기계이다'라는 명제에 동의하는지, 아버지의 나이는 얼마고 어머니의 나이는 얼마인지, 조조 특별 서비스를 이용할 용의가 있는지, 정치적 성향은 어떤지, 얼마나 자주 과거를 그리워하는지 등

- 35%는 기대하지 않았던 결과를 처음부터 예측했던 것으로서 발표했다.
- 58%는 결과들이 유의미한지를 따져본 이후에 계속해서 더 많은 데이터를 수집했다.
- 67%는 연구의 모든 결과들을 발표하지 않았다.
- 94%는 연구 부적절 행위 중 적어도 하나를 한 적이 있다고 시인했다.

그들은 자신들의 바람직하지 못한 행동을 변호하려고 했다. "처음에는 예상하지 못했더라도 흥미로운 발견이 이뤄졌다면, 발표하지 않아야 할 이유는 뭔가요?" 이런 문제는 탐색적 연구와 확증적 연구 간 경계가 모호하기 때문에 생긴다. 검증할 문제와 가설을 개발하기 위해 실시되는 탐색적 연구에서는 연구 부적절 행위의 상당수가 용인될 수 있다. 그러나 무언가를 증명하고 발견을 주장하기 위한 확증적 연구에서는 엄격하게 금지되어야 한다.

전달 과정 분해

통계적 작업의 결과물은 좋든 아니든 간에 어느 시점에서 청중에게 전달된다. 청중은 동료 전문가일 수도, 일반 대중일 수도 있다. 그리고 통계적 증거에 기반하여 주장을 발표하는 사람은 비단 과학자만이 아니다. 정부, 정치가, 자선 단체, 그 밖의 비정부 조직이 모두 우리의 주의를 끌려고 경쟁하며, 수와 과학을 사용해 자신들의 주장을 '객관적으로' 만들려고 한다. 기술은 발전하고 있고, 온라인과 소셜 미디어를 통한 의사소통은 점점 더 많이 이뤄지지만, 증거의 신뢰할 만한 사용을 통제하는 장치는 거의 없다.

그림 12.1은 통계적 증거를 듣는 과정을 도식화한 그림이다.[11] 화살표는 데이터를 만든 사람에서 시작해 관계자들을 지나 홍보나 대외소통 부서를 거쳐 글을 쓰는 기자와 제목을 붙이는 편집자에게 가고, 마지막으로 사회의 개별 구성원인 우리에게 도달한다. 오류와 왜곡은 그 과정 중 어디서나 생길 수 있다.

문헌에는 무엇이 실리나?

첫 번째 관문은 통계적 연구의 출판에서 발견된다. 결과가 흥미롭지 않아서 또는 연구 기관의 목적에 부합하지 않아서 같은 이유로 많은 연구들이 아예 출판되지 않는다. 특히 제약 회사들은 그들의 목적에 부합하지 않은 연구를 숨겨온 것 때문에 비난받았다. 그로 인해 가치 있는 데이터는 서류함에 방치되고, 문헌에 나오는 결과들에 대해서는 긍정 편향positive bias이 나타난다. 우리는 우리에게 들려주지 않은 것까지 알지 못한다. 그리고 더 권위 있는 저널에 출판될 가능성이 있는 발견들, 재현 연구를 출판하기 꺼려함, 과장된 통계적 유의성을 가져올 수 있는 모든 연구 부적절 행위들이 이 편향을 더 강화한다.

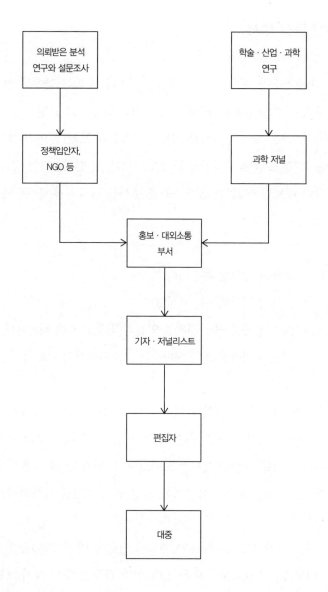

그림 12.1
통계 자료가 대중에게 전달되는 과정을 표현한 다이어그램. 각 단계마다 선별적 발표, 전후 사정의 부재, 중요성 과장 등 의심스러운 연구, 해석, 전달이 발생하는 관문들이 있다.

홍보 담당 부서

또 다른 관문은 홍보 담당 부서에 존재한다. 우리는 앞에서 열정이 차고 넘치는 보도자료가 "왜 대학에 가면 뇌종양에 걸릴 위험이 커지는가?"라는 제목의 기사를 어떻게 낳았는지 보았다. 이런 식의 과장은 그 홍보 담당 부서만의 문제가 아니다. 한 연구는 2011년 영국 대학이 배포한 462개의 보도자료를 조사해 다음과 같은 결과를 발표했다.

- 40%가 충고를 과장했다.
- 33%가 인과관계를 과장했다.
- 36%가 동물 연구 결과를 인간의 경우로 확대 해석했다.
- 언론의 과장된 표현 대다수는 보도자료에서 나왔다.

같은 연구팀이 주요 생의학 저널에서 배포한 보도자료 534개를 조사한 결과는 이보다 조금 낫다. 그중에서는 보도자료의 21%가 인과관계나 충고를 과장한 것으로 드러났다. 다행히 더 많은 관심을 의도한 이런 식의 과장이 실제로 더 많은 언론 기사를 생산하지는 않았다.[12]

우리는 1장에서 '틀 짜기'가 해석에 영향을 미칠 수 있음을 보았다. 예를 들어 '90% 무지방'은 '10% 지방 함유'보다 더 좋아 보인다. 한 연구에서는 10%의 사람들이 고혈압에 대항하여 그들을 보호하는 유전자를 가졌음이 밝혀지자, 홍보 담당 부서가 이 결과를 "10명 중 9명이 고혈압 위험을 증가시키는 유전자를 가지고 있다"라고 재구성했다. 부정적인 틀로 재구성된 메시지는 예상대로 전 세계적으로 언론의 관심을 받았다.[13]

미디어

사람들은 과학적·통계적 이야기를 다루는 기사 내용이 부실하다며 기자들을 비난한다. 하지만 기사는 보도자료와 과학 저널, 편집자의 제목과 틀 짜기에 따라 크게 좌우된다. 특히 독자의 마음을 사로잡기 위한 기사 제목에 대해 기자들은 거의 결정권을 갖지 못한다.

　언론 보도에서 주요 문제는 노골적인 거짓말이 아니라, 부적절하게 사실을 해석함으로써 조작하거나 과장하는 것이다. 이런 의심스러운 해석과 전달 관행은 기술적으로 옳더라도 사실을 왜곡한다.

　다음 목록은 미디어가 통계적 증거를 다루는 보도에 양념을 치는 방법들을 보여준다. 독자나 시청자의 관심을 끌거나 클릭 수를 늘리는 게 직업인 사람들은 이 관행들을 옹호하려 들 것이다.

1. 현재 합의에 반하는 이야기를 고르라.
2. 연구의 질에 구애받지 않고 이야기를 홍보하라.
3. 불확실성을 발표하지 말라.
4. 장기간의 동향 같은 전후 사정이나 비교를 통한 관점을 제공하지 말라.

5. 단지 하나의 연관성이 관측될 때 원인을 제안하라.

6. 결과들의 관련성과 중요성을 과장하라.

7. 증거가 특정 정책을 뒷받침한다고 주장하라.

8. 목표가 안심시키는 것인가 아니면 겁주는 것인가에 따라 긍정적 또는 부정적 틀 짜기를 사용하라.

9. 상충되는 관심이나 다른 시각은 무시하라.

10. 생생하지만 정보는 주지 않는 그림을 사용하라.

11. 상대위험도만 제공하고 절대위험도는 제공하지 말라.

특히 마지막 관행은 널리 퍼져 있다. 앞서 1장에서 어떻게 베이컨이 장암의 위험을 증가시키는가에 대한 이야기를 할 때 상대위험도를 인용하는 것이 큰 인상을 남긴다는 사실을 보았다. 기자들은 상대위험도가 이야기를 더욱 흥미진진하게 만든다는 걸 안다. 심지어 상대위험도는 그 변화의 크기와 상관없이 단순히 '증가된 위험'이라고만 언급되기도 한다. 승산비, **비율비**rate ratio, **위험비**hazard ratio의 형태로 나타낸 상대위험도가 생의학 연구에서 나오는 표준적 결과라는 사실은 여기서 별 도움이 되지 않는다.

"넋을 놓고 계속 TV를 보는 것이 당신을 죽일 수 있는가?"라는 제목의 기사는 한 역학 연구로부터 나왔다. 그 연구는 하룻밤에 2시간 30분 이하로 TV를 시청하는 사람과 비교해 5시간 이상 TV를 시청하는 사람들이 폐색전에 걸릴 상대위험도가 2.5라고 추정했다. 그러나 고위험군에서의 절대위험도(매년 15만 8000명 중 13명)를 조사해보면, 이 말은 1만 2000년 동안 매일 밤 TV를 5시간 이상 봤을 때

그 사건을 경험하리라 기대할 수 있다는 뜻이다. 이것은 기사 제목의 극적인 효과를 약화시킨다.[14]

이 제목은 주의를 끌고 클릭 수를 높이는 데 성공했고, 나는 어쩔 수 없는 일이라고 생각한다. 우리 모두는 새로움과 즉각적인 자극을 갈망한다. 그러니 언론에서 연구 결과에 양념을 치고 과장된 주장을 통계적 증거보다 더 선호하는 것이다. 13장에서 이런 상황을 어떻게 개선할 수 있는지 살펴볼 테지만 우선은 예지에 대한 벰의 주장으로 되돌아가보자.

●

대릴 벰은 스스로가 범상치 않은 주장들을 발표하고 있음을 알았다. 대단하게도 그는 활발하게 재현 실험을 권장하며 그렇게 할 수 있는 재료들을 제공했다. 그러나 다른 연구자들이 그의 결과들을 재현하는 데 실패했을 때, 벰의 원래 연구를 출판했던 저널은 실패한 재현 연구의 출판을 거절했다.

그렇다면 벰은 어떻게 자신의 연구 결과에 도달했을까? 그는 데이터에 맞춰 실험 설계를 조정하거나 특정 그룹을 강조하기 위해 수많은 선택들을 할 수 있었다. 예를 들어 성적인 이미지들을 보여줄 때의 초감각적 인지 능력은 보고하고, 보통 그림들을 보여줄 때 나온 부정적 결과는 보고하지 않는 식으로 말이다. 벰 스스로도 이 점을 인정했다. "실험을 시작하고서, 그것이 별다른 결과를 내놓지 않으면, 그 실험을 버린다. 그리고 변화를 준 뒤 다시 시작한다." 이때 실험에 가해진 변화들 중 일부만 논문에 공개되었다.[*15] 앤드루 겔먼은 다음과 같이 말했다.

> 벰의 결론은 데이터가 다르게 나오는 경우 데이터 요약값이 무엇처럼 보일지에 관해 나타내는 P값에 기반한다. 그러나 벰은 데이터가 다르게 나왔더라도, 그의 분석들이 똑같았을 거라는 어떤 증거도 제공하지 않는다. 실제로 그의 논문에 실린 9개 연구는 온갖 종류의 서로 다른 데이터 분석을 포함한다.**

그의 사례는 연구자의 자유도를 과도하게 허용한 경우에 해당한다. 그러나 결과적으로 벰은 심리학과 과학에 크게 기여했다. 그의 2011년 논문은 과학 문헌의 신뢰성이 부족하게 된 이유에 대해 과학자들이 집단적으로 성찰하는 계기가 되었기 때문이다. 심지어 심리학 연구의 취약점을 드러내기 위해서 벰이 의도적으로 그런 것 아니냐는 말까지 나돌았다.

---

* 한 온라인 기사는 벰이 다음과 같이 말한 것으로 인용한다. "나는 엄밀함에 대찬성한다. …… 그러나 나는 다른 사람들이 그렇게 하는 걸 선호한다. 나 또한 그 중요성을 알고 있으며, 어떤 사람에게 그 문제는 재미있을 것이다. 그러나 나는 그것에 대해 인내심이 없다. …… 나의 모든 과거 실험들을 되돌아보면, 실험은 항상 수사적 도구였다. 나는 내 요점을 말하기 위해 데이터를 모았다. 나는 데이터를 설득의 방편으로 사용했고, 나는 '이것이 재현될까 아니면 재현되지 않을까?'에 대해서는 진심으로 걱정하지 않았다."
** 겔먼은 간결하게 함축적으로 요약했다. "벰의 연구는 쓰레기였다."

요약

- 형편없는 통계 실행은 과학의 재현성 위기에 대해 어느 정도 책임이 있다.
- 의도적인 데이터 조작은 상당히 드물게 나타난다. 하지만 통계적 방법을 사용함에 있어 오류는 빈번하다.
- 훨씬 더 큰 문제는 통계적 유의성을 과장하는 연구 부적절 행위들이다.
- 통계적 증거가 대중에게 도달하는 과정에서 홍보 부서, 기자, 편집자는 의심스러운 해석과 전달 관행을 사용함으로써 타당하지 않은 통계적 주장을 전달한다.

13장

더 나은 통계학을 위하여

신뢰성과 윤리 문제

2015년 영국에서 난소암 검사에 관한 임상 시험 결과가 발표되었다. 그 시작은 2001년으로 거슬러 올라간다. 면밀히 검정력을 계산하여, 당시 20만 명 이상의 여성이 난소암 검사군 또는 대조군 중 하나에 무작위로 배정되었다. 사전에 명시된 실험 지침에 따르면, 1차 분석은 난소암으로 인한 사망률 감소 여부를 확인하는 것이었다. 연구자들은 추적 조사의 전 기간 동안 위험이 비례적으로 감소할 것이라고 가정하고서 통계적 방법을 사용해 사망률 감소를 평가했다.[1]

11년 동안의 추적 조사 후 데이터를 분석해 보니, 1차 분석은 통계적으로 유의미한 효과가 있음을 보여주지 못했다. 그리고 저자들은 당연히 그들의 주요 결론으로서 효과가 유의미하지 않다고 발표했다. 그런데 왜《인디펜던트》는 "난소암 혈액 검사: 새로운 검사 방법의 큰 성공이 영국의 국가 암 검진 사업으로 이어질 것이다"라는 제목의 기사를 냈을까?[2] 답을 알아내기 위해, 우리는 이 고비용의 대규모 연구 결과가 적절하게 해석되었는지 살펴봐야 한다.

●

12장에서 통계 자료가 대중에게 전달되는 과정 내내 어떻게 형편없는 실행이 일어날 수 있는지 보았다. 통계학의 이용 행태를 개선하려면 다음의 세 그룹에서 변화가 필요하다.

- 통계 생산자: 과학자, 통계학자, 설문조사 회사, 산업체 등. 그들을 통계를 더 잘할 수 있다.
- 전달자: 과학 저널, 자선 단체, 정부 기관, 홍보 부처, 기자, 편집자 등. 그들은 통계를 더 잘 전달할 수 있다.
- 독자: 대중, 정책입안자, 전문가 등. 그들은 통계를 더 잘 확인할 수 있다.

차례대로 각 그룹이 할 일들을 살펴보자.

통계 생산을 향상시키기

과학 연구가 신뢰성을 얻으려면 어떻게 해야 할까? 이런 고민을 가진 권위 있는 연구자들이 협업 끝에 「재현 가능한 과학 연구를 위한 성명서」를 만들었다. 그 성명서는 향상된 연구 방법과 훈련, 연구 설계와 분석의 사전 등록, 실제로 수행된 것에 대한 더 좋은 보고, 재현연구 권장, 동료 비평의 다양화, 공개성과 투명성에 대한 보상 등 다양한 제안을 포함한다.[3] 이 아이디어 다수는 데이터의 공유와 연구의 사전 등록을 장려하는 기관인 '열린 과학을 위한 프레임워크Open Science Framework'에 반영되었다.[4]

성명서에 있는 많은 제안들이 통계 실행에 관한 것이다. 그리고 연구의 사전 등록은 연구의 설계, 가설, 분석이 관측된 데이터에 맞춰 조정되었을 때 발생하는 문제들을 예방하려는 의도이다. 그러나 완전한 사전 연구 설명서는 현실적이지 않을뿐더러 연구자의 상상력을 제한하며, 연구에는 새로운 데이터를 받아들이는 유연성이 필요하다고 주장할 수도 있다. 다시 한번, 탐색적 연구와 확증적 연구를 명확하게 구분하자. 그리고 항상 연구자가 했던 선택들의 순서를 분명하게 보고하자.

분석의 사전 명시가 전혀 문제가 없는 건 아니다. 데이터를 받았을 때 부적절하다고 깨달은 분석을 연구자들에게 억지로 강요할 수 있기 때문이다. 예를 들어 난소암 검사 실험을 수행한 팀은 처음에 모든 환자를 분석에 포함시키기로 계획했다. 하지만 유병 환자들(그 실험이 시작되기 전에 난소암을 가진 환자들)을 분석에서 제외하니 검사군에서 난소암 사망률이 20% 감소했다(P = 0.02). 게다가 실험을 시작할 때 난소암을 가지고 있었는지 아닌지에 상관없이 모든 사례들을 다 포함한 경우, 무작위 배정 이후 7~14년 동안 검사군에서의 사망률이 23% 감소했다. 실험 참가자가 이미 난소암을 가진 경우도 있고, 검진이 효과를 발휘하려면 시간이 좀 걸릴 수 있다는 건 미리 예견하지 못한 문제들이었다. 이 때문에 사전에 계획한 1차 분석은 유의미한 결론을 도출하지 못했다.

저자들은 매우 신중하게 그들의 1차 분석이 유의미한 결과를 보여주지 않는다고 발표했고, "이 실험의 주된 한계는 통계적 설계에서 검사의 지연 효과를 예상하지 못한 점이다"라고 말하며 유감스러워했다. 몇몇 언론은 유의미하지 않은 결과를 영가설이 참이라는 뜻으로 잘못 해석해, 난소암 검사는 전혀 효과가 없다고 발표했다. 오히려 난소암 검사가 수천 명의 생명을 구할 수 있다고 주장한《인디펜던트》의 기사 제목은 다소 대담했을지라도, 그 연구의 결론을 더 잘 반영했다.

전달 향상시키기

앞에서 통계를 잘못 전달하는 끔찍한 언론 보도 몇 가지를 소개했다. 저널리즘과 언론의 관행을 간단하게 바꿀 방법은 없다. 특히나 요즘같이 전통적인 언론 산업이 소셜미디어와 온라인뉴스에 밀려 광고 수입이 줄어들고 있을 때에는 더욱 그렇다. 그러나 통계학자들이 언론 기관을 위한 보도 지침이나 기자와 홍보 담당자들을 위한 훈련 프로그램에 참여하고 있으며, 다행히도 데이터 저널리즘이 꽃피고 있다. 통계학자와 기자가 올바르게 협업을 하면, 적절하고 매력적인 해설과 시각화를 포함하며 데이터에 충실한 좋은 기사가 나올 수 있다.

그러나 숫자를 이야기로 바꾸는 데는 위험이 따른다. 전통적인 이야기 구조는 감정에 호소하는 언어, 명확한 기승전결, 잘 다듬어진 결론을 필요로 한다. 하지만 과학이 이 모두를 제공하는 일은 드물다. 따라서 지나치게 단순화된 또는 과장된 주장의 유혹에 빠지기 쉽다.

이야기는 증거에 충실해야 하며, 증거의 힘과 약점, 불확실성을 모두 드러내야 한다. 이야기는 어떤 약이나 치료법이 좋지도 나쁘지도 않다고 말할지 모른다. 그것의 효과와 부작용을 모두 안 사람들은 다른 가중치를 갖고 나름대로 합리적인 판단을 한 뒤 다른 결론에 도달한다. 기자들은 그런 미묘한 차이를 주는 설명을 피하는 듯하다. 하지만 좋은 전달자라면 이런 이야기들이 독자의 마음을 사로잡게 만들 수 있어야 한다. 예를 들어 파이브서티에이트의 크리스티 애시완든Christie Aschwanden은 유방 검사 관련 통계를 보고서 자신은 그 검사를 안 받기로 결정했지만, 그녀의 친구는 정확히 같은 통계를 보고 정반대의 결론을 내렸다고 말했다.[5] 이처럼 통계적 증거에 대한 존중뿐 아니라 개인의 가치관과 관심사도 중요하다.

통계 전달을 향상시키려면 무엇이 최선의 방법인지 연구하는 것도 필요하다. 예를 들어 어떻게 믿음과 신뢰를 저버리지 않으면서 사실과 미래에 대한 불확실성을 가장 잘 전달할 수 있을까? 어떻게 다른 태도와 지식을 지닌 청중에 맞춰 전달할 수 있을까? 이 질문들은 중요하고 연구할 만하다. 영국 브렉시트 국민투표 캠페인에서 보여준, 통계 관련 논쟁의 형편없는 수준을 보고 나니 정책 결정이 사회에 미치는 영향을 전달하는 방법들에 대한 연구도 필요해 보인다.

질 낮은 통계 실행을 소리쳐 알리기

논문 심사자, 비평가, 기자, 팩트체커, 일반 대중 등 많은 개인과 집단이 질 낮은 통계 실행을 인지한다. 사이먼슨에 따르면, 논문 심사자들은 저자들이 저널에서 요구하는 조건들을 잘 따랐으며 연구 결과가 확실하며 임의적 결정에 따라 분석이 이뤄지지 않았음을 보여줄 수 있는지를 엄격하게 확인해야 한다. 또 그들은 일말의 의구심이라도 든다면 재현을 요구해야 한다. 한편, 그들은 결과의 불완전성에 대해 좀 더 관대해야 한다. 이것은 정직한 발표에 용기를 북돋기 위함이다.[6]

그러나 수백 편의 과학 논문을 심사했던 사람으로서, 나는 문제를 인식하는 것이 항상 쉬운 건 아니라고 본다. 체크리스트는 유용할 수 있지만, 저자들은 논문이 그럴듯해 보이도록 과감하게 도박을 할 수 있다. 다행히 나는 그간의 경험을 토대로 오직 흥미로운 것들만 보고하는 낌새를 감지해내는 '코'를 발전시켰다.

내 코는 어떤 결과가 참이라고 하기엔 너무 좋아 보일 때, 예를 들어 큰 효과가 작은 표본에서 관측되었을 때, 작동하기 시작한다. 한 예로 매력적인 사람일수록 딸이 더 많다고 주장한 2007년 연구를 보자. 미국의 한 설문조사에서 청소년들은 자신의 신체적 매력에 최고 5점까지 등급을 매겼다. 15년 뒤, '매우 매력적인'이라고 등급 매긴 사람들 중 44%는 첫아이가 아들이었다. 대조적으로 그 아래 등급에 있는 평범한 사람들 중 52%는 첫아이가 아들이었다. 이 결과는 통계적으로 유의미했다. 하지만 겔먼이 확인했듯이, 그 효과는 너무 커서 그럴듯하지 않으며, '가장 매력적인' 그룹에서만 나타난다. 그 논문에는 이 결과가 미심쩍다고 의심할 만한 것이 아무것도 안 나온다. 이때는 외적인 지식이 요구된다.[7]

출판 편향

기존 문헌들과 현 지식 정보를 종합하기 위해 체계적 문헌 고찰을 수행할 때, 이미 출판된 수많은 논문들도 조사된다. 이때 출판된 논문들에는 편향이 존재할 수 있다. 부정적인 결과들이 출판을 위해 제출되지 않았거나, 연구 부적절 행위들이 너무 많은 유의미한 결과들을 가져왔을 수 있기 때문이다. 만약 그렇다면 체계적 문헌 고찰에는 결함이 있을 수밖에 없다.

그런 출판 편향의 존재 유무를 어떻게 알아낼 수 있을까? 어떤 개입이 효과가 없다는 똑같은 영가설을 검정하기 위해 착수된 연구들이 있다고 가정하자. 수행된 실제 실험과 상관없이 개입이 정말로 전혀 효과가 없다면, P값은 0과 1사이의 어떤 값을 똑같은 확률로 가질 것이다. 따라서 그 효과를 검사하는 많은 연구들의 P값들은 균등하게 흩어져 있는 경향을 보여야 한다. 반면 정말로 효과가 있다면, P값들은 작은 값을 향해 치우치는 경향을 보일 것이다.

P곡선P-curve의 아이디어는 유의성 검정 결과로 보고된 실제 P값들, 즉 P<0.05인 값들을 살펴보는 것이다. 이때 두 가지 특징은 의심을 살 만하다. 첫째, 가까스로 0.05 아래에 있는 P값들이 몰려나온다면, 이 임계값을 넘기기 위해 실험을 조작했을지도 모른다. 둘째, 이 유의미한 P값이 0쪽으로 치우쳐 있는 게 아니라, 0과 0.05 사이에 상당히 고르게 흩어져 있다면, 이것은 영가설이 참인 경우에 발생하는 패턴으로, 유의미한 것으로서 보고되고 있는 결과들은 순전히 우연히 P<0.05를 넘어선 20분의 1에 속한 것들이라고 볼 수 있다.

출판 편향을 확인하는 이런 통계적 기법은 꽤나 유용하다. 한 예로, 사이먼슨과 다른 연구자들이 "선택지가 너무 많을 때 부정적인 결과들을 가져온다"라고 주장하는 심리학 문헌을 살펴본 적이 있었다. P곡선은 그 문헌에는 상당한 출판 편향이 존재하며, 그런 효과에 대한 타당한 증거는 없음을 시사했다.[8]

통계적 주장 평가하기

기자, 팩트체커, 학자, 전문가가 아니더라도 우리는 통계적 증거에 기반한 주장들을 종종 듣는다. 그만큼 통계적 주장의 신뢰성 평가는 현대 사회를 사는 사람들에게 필수적인 기술이다.

통계의 수집, 분석, 사용에 관여하는 모든 이들이 신뢰를 가장 중요하게 생각한다고 가정해보자. 저명한 철학자이자 신뢰 전문가인 오노라 오닐Onora O'Neill은 다른 사람이 신뢰하기를 바랄 게 아니라, 스스로 신뢰성을 보여줘야 한다고 강조했다. 그의 짧은 체크리스트에 따르면, 신뢰성은 정직, 능력, 신빙성을 요구한다. 또한 신뢰성의 증거로 투명성이 강조된다. 이것은 그저 데이터 뭉텅이를 던지는 게 아니라, 지적으로 투명해야 한다는 말이다.[9] 따라서 데이터에 기반한 주장은 다음의 조건을 충족해야 한다.

- 접근 가능: 독자는 정보에 도달할 수 있어야 한다.
- 이해 가능: 독자는 정보를 이해할 수 있어야 한다.

- 평가 가능: 독자가 원한다면, 주장의 신빙성을 확인할 수 있어야 한다.
- 사용 가능: 독자는 스스로의 필요를 위해서 정보를 활용할 수 있어야 한다.

신뢰성 평가는 쉬운 일이 아니다. 실제로 통계학자들을 비롯해 많은 사람들이 주장을 저울질하고 결점을 알아낼 질문들을 생각하는 법을 배우는 데 수십 년을 보낸다. 신뢰성 평가는 단순한 체크리스트로 얻어지는 게 아니며, 경험과 회의적인 태도를 요구한다.

따라서 이 책의 지혜를 담은 질문 목록을 준비했다. 각각이 사용하는 용어나 문제 상황은 앞에서 이미 다뤘다. 이 목록이 당신에게 유용하길 바란다.

통계적 주장에 맞닥뜨렸을 때 점검해야 하는 10가지 질문

그 수는 얼마나 믿을 만한가?

1. 그 연구는 얼마나 엄밀하게 수행되었는가? 내적타당성, 적절한 설계, 질문의 단어 선택, 실험 지침의 사전 등록, 표본의 대표성, 무작위 배정, 비교의 공정성 등을 점검하자.
2. 결과에서 통계적 불확실성/신뢰성은 무엇인가? 오차범위,

신뢰구간, 통계적 유의성, 표본 크기, 다중 비교, 구조적 편향을 점검하자.

3. 요약은 적절한가? 평균, 변동성, 상대위험도, 절대위험도 등의 통계량이 적절히 사용되었는지 점검하자.

출처는 얼마나 믿을 만한가?

4. 이야기의 출처는 얼마나 믿을 만한가? 서로 충돌하는 편향된 출처일 가능성을 고려해야 한다. 그리고 발표가 독립적으로 동료들에게 평가받았는지 점검하자. 또 '왜 이 출처는 나에게 이 이야기를 들려주고 싶어 하는가?'라고 자문하자.

5. 이야기를 장황하게 늘어놓고 있는가? 틀 짜기를 사용하거나, 극단적 사례들에 대한 일화를 인용함으로써 감정에 호소하거나, 오해를 낳는 그래프·과장된 헤드라인·어마어마한 수를 사용했는지 확인하자.

6. 들려주지 않은 것은 무엇인가? 어쩌면 이것이 가장 중요한 질문일지도 모른다. 선별된 결과, 그 이야기와 상충되어 사라진 정보, 독립적인 논평의 부족 등에 대해 생각해보자.

해석은 얼마나 믿을 만한가?

7. 그 주장이 알려진 것들과 얼마나 잘 들어맞는가? 과거 데이터를 포함해, 전후사정, 적절한 비교, 다른 연구 결과들을 종

합적으로 고려하자.

8. 보인 것에 대한 설명으로 무엇이 주장되는가? 결정적으로 상관관계 대 인과관계, 평균으로의 회귀, 유의미하지 않은 결과를 '효과 없음'으로 잘못 해석, 반박하기, 탓하기, 검사의 오류 같은 것들이 문제다.

9. 그 이야기는 청중과 얼마나 연관 있는가? 일반화에 관해 생각해보자. 쥐에서 도출한 결과를 가지고 사람에 대한 결과를 추정했을 때, 피실험자들이 특별한 경우에 속하지는 않는가?

10. 주장된 영향은 중요한가? 영향의 크기가 실질적으로 유의미한지 점검해야 하는데, 특히 '증가된 위험'이라는 주장을 조심하자.

데이터 윤리

소셜미디어가 활성화되면서 개인 데이터의 오용 가능성에 대한 우려가 점점 증가함에 따라, 데이터과학과 통계학의 윤리적 측면이 전보다 훨씬 중요해졌다. 정부에 종사하는 통계학자라면 공무원 복무 규정을 따르면 되지만, 더 많은 사람들이 쓸 일반적인 데이터 윤리 원칙은 아직 개발 중이다.

앞서 보았듯 사람들에게 영향을 미치는 알고리즘은 공정하고 투명해야 하며, 과학 연구는 정직하고 재현 가능해야 하고, 통계 자료의 전달은 신뢰할 수 있어야 한다. 이 모든 것이 데이터 윤리에 속한다. 이 책은 이해의 충돌 또는 과잉 열정이 윤리적 실행을 왜곡할 수 있음을 보여줬다. 그 밖에 사생활 보호와 데이터 소유권, 데이터의 사용에 관한 고지와 동의, 알고리즘 설명의 법적 의무 같은 주제들이 추가로 다뤄질 수 있다.

통계학은 기술적인 주제처럼 보이지만, 그렇다고 사회적 책임과 동떨어져 있다고 오해해서는 안 된다. 가까운 미래에 데이터 윤리는 통계 교육의 중요한 부분을 차지할 것이다.

좋은 통계과학의 예

2017년 6월 8일 영국 총선 전에 대부분의 여론조사는 보수당이 다수당이 될 거라고 전망했다. 밤 10시에 투표가 끝나자, 통계학자들로 구성된 한 연구팀은 보수당이 많은 의석을 잃었으며 절대다수당이 없는 의회가 나올 것이라고 예측했다. 당시에 사람들은 이 주장을 믿지 않았다. 어떻게 그 팀은 이런 대담한 예측을 할 수 있었을까? 과연 그 예측은 맞았을까?

선거가 끝나자마자 누가 이겼는지를 묻는 질문은 다소 기이해 보인다. 그저 밤을 새워 기다리면 결국 결과는 나오기 마련이니까 말이다. 하지만 투표가 끝나자마자 전문가들이 결과를 예상하는 건 오늘날 선거라는 무대의 일부다. 그것은 결과가 이미 결정되어 있지만 알려지지 않은 상태로, 인식론적 불확실성의 한 예다.

PPDAC 모형을 떠올려보자. '문제'는 투표가 끝난 후 몇 분 내에 선거 결과를 빠르게 예측하는 것이다. 통계학자 데이비드 퍼스David Firth와 요니 쿠하Jouni Kuha와 심리학자 존 커티스John Curtice로 이루어진 팀은 대략 4만여 개의 투표소 중 144개에 대해 각각 그곳을 떠나는 200명가량의 투표자들과 인터뷰를 하는 '계획'을 생각해냈다. 이 144개의 투표소는 지난번에도 출구 조사가 이뤄졌던 곳이었다. 사람들은 이번 선거뿐 아니라 지난 선거에 대한 질문도 받았는데, 그 응답 결과가 '데이터'가 되었다. 그다음 3장에서 소개한 귀납적 추론 과정에 따라 '분석'이 이뤄졌다.

- 데이터에서 표본으로: 출구 조사는 앞으로 하려는 것이 아니라 이미 한 일에 관해 질문하므로, 이번 선거와 지난번 선거에서 실제로 어떻게 투표했는지에 대한 응답은 상당히 정확한 측정값일 것이다.

- 표본에서 연구 모집단으로: 각 투표소에서 실제로 투표를 했던 사람들 중 대표성을 가진 표본을 뽑는다. 따라서 표본으로부터 결과는 그 작은 지역에서의 '의견 변경'을 추정하는 데 사용될 수 있다.

- 연구 모집단에서 목표 모집단으로: 각 투표소별 인구통계를 이용해, 두 선거 사이에 투표 행태를 바꾼 사람들의 비율이 그 지역 투표자들의 특성에 따르는지를 설명하는 회귀 모형을 만들었다. 이런 식으로 의견 변경이 전국적으로 같다고 가정하지 않고, 농촌과 도시 등 지역별로 다름을 허용했다. 그

런 다음 회귀 모형·600여 개 선거구별 인구통계·이전 선거 투표 결과 등을 이용해, 이번 선거 결과를 각 선거구별로 예측했다(심지어 대다수의 선거구에서는 출구 조사가 이뤄지지 않았지만 말이다). 이것은 11장에서 설명한 다수준 회귀와 사후층화 과정이다.

제한된 표본은 회귀 모형의 계수가 불확실하다는 뜻이다. 여기서 회귀 모형은 표본에서 전체 유권자로 확장될 때 투표 행태에 대한 확률분포를 통해 각 후보자가 최대 투표수를 가질 확률을 준다. 그리고 선거구별 결과를 종합해, 정당별 예상 의석수를 도출한다. 물론 선거 당일 밤에 오차범위가 발표되는 건 아니지만, 이는 불확실성을 동반한다.[10]

표 13.1은 2017년 6월 선거에서 예측과 최종 결과를 보여준다. 예상 의석수는 실제 결과와 놀라울 정도로 가까웠다. 차이는 많아야 네 석이었다. 표 13.1은 지난 세 번의 영국 선거에서도 이런 통계적 예측이 꽤 정확했음을 보여준다. 2015년 통계학자들이 자유민주당이 크게 패배해 의석수는 57석에서 10석까지 떨어질 거라고 예측하자, 한 저명한 자유민주당 정치인이 TV 생방송 인터뷰에서 그들이 맞으면 "모자를 먹겠다"라고 말했다. 실제로 그 당은 단 8석을 얻었다.

언론은 예상 의석수만 제공했지만, 사실 오차범위를 대략 20석으로 추정했다. 통계학자들의 정확도는 이보다 더 좋았다. 운이 좋았던 거라고도 할 수 있지만, 그들은 그런 행운을 가질 만한 자격이 있

년도	의석	보수당	노동당	자유민주당	스코틀랜드 국민당	기타
2010	예측	307	255	59		29
	실제	307	258	57		28
2015	예측	316	239	10	58	27
	실제	331	232	8	56	23
2017	예측	314	266	14	34	21
	실제	318	262	12	35	22

표 13.1
최근 세 번의 영국 총선에서 투표 종료 직후 각 당이 얻은 의석수에 대한 출구 조사 예측값과
실제 결과를 비교한 표. 예측값은 추정값으로 오차범위를 가진다.

다. 그들은 어떻게 통계학이 일반 대중 그리고 전문가들에게 인상적인 결론을 이끌어낼 수 있는지 우아하게 보여주었다. 독자들이 그 저변에 깔린 통계적 분석의 복잡성을 다 이해할 수는 없겠지만, 이 비상한 성과는 문제 해결 모형의 처음부터 끝까지 세심한 주의를 기울인 덕분이라는 걸 알기 바란다.

요약

- 생산자, 전달자, 독자 모두 통계학을 잘 이용하기 위해 각자 맡은 역할이 있다.
- 생산자들은 과학이 재현 가능함을 확실하게 할 필요가 있다. 신뢰성을 보여주기 위해, 정보는 접근 가능해야 하고, 이해 가능해야 하고, 평가 가능해야 하며, 사용 가능해야 한다.
- 전달자들은 통계적 이야기를 표준적인 설명에 적합하게 변화시키려고 노력해야 한다.
- 독자들은 숫자, 출처, 해석이 믿을 만한 것인지 질문하면서 질 낮은 통계 실행을 경계해야 한다.
- 통계에 근거한 어떤 주장에 맞닥뜨렸을 때, 우선 그것이 타당해 보이는지 살펴보자.

14장

결론

통계학을 잘하는 10가지 방법

솔직히 말해, 통계학은 어렵다. 이 책이 기술적인 세부 사항 대신 근본적인 문제들을 공략하려고 애썼을지라도, 설명 중에 몇몇 어려운 개념이 나올 수밖에 없었다. 이 힘든 과정을 모두 견디고 마지막 장에 도달한 당신에게 축하를 건넨다.

마지막으로, 효과적인 통계학 실행을 위한 10가지 단순한 규칙을 여러분께 소개하고자 한다. 이 규칙들은 선배 통계학자들이 만든 것에[1] 내 의견을 더한 것으로 이 책에서 주목했던 문제들을 아주 깔끔하게 요약한다.

1. 통계적 방법은 데이터가 과학적 질문에 답하게 해야 한다. 특정 기법에 초점을 두기보다 왜 이것을 하는지를 질문하자.

2. 신호는 항상 잡음과 함께 나타난다. 그 두 가지를 구분하려는 노력이 통계학을 흥미롭게 만든다. 변동성은 피할 수 없고, 확률 모형은 추상적 개념으로 유용하다.

3. 미리, 정말로 미리 계획하라. 확증적 연구에선 연구자의 자유도를 피하기 위해 사전 설명서를 사용하자.

4. 데이터의 질에 신경 써라. 모든 것은 데이터에 달려 있다.

5. 통계 분석은 계산 그 이상이다. 이유를 알지 못한 채, 그저 데이터를 공식에 집어넣거나 소프트웨어를 실행하는 건 바람직하지 않다.

6. 단순함을 유지하라. 중요한 전달은 가능한 기초적이어야 한다. 괜히 복잡한 모형화로 기량을 뽐내지 말자.

7. 변동성 평가를 제공하라. 오차범위가 일반적으로 주장되는 것

보다 크다는 경고도 함께.

8. 가정을 점검하라. 그리고 이것이 언제 가능하지 않았는지 밝히자.

9. 가능하다면, 재현하라! 또는 다른 사람들이 그렇게 하도록 권장하자.

10. 분석이 재생산될 수 있게 만들어라. 다른 사람들이 당신의 데이터와 코드를 얻을 수 있어야 한다.

통계학은 우리 삶 전반에서 중요한 역할을 하고 있으며, 오늘날 더 많은 데이터를 이용할 수 있게 됨에 따라 꾸준히 변화하고 있다. 그것은 사회에 영향을 미칠 뿐만 아니라 개인에게도 영향을 미친다. 이 책을 준비하면서 통계학이 내 삶을 얼마나 풍요롭게 만들었는지 깨닫게 된 것처럼 당신도 그러길 바란다. 당장 지금이 아니더라도 언젠가 미래에.

감사의 말

통계학 분야에서 오래 종사하며 얻은 통찰은 훌륭한 동료들의 이야기에서 나왔다. 이들은 너무 많아서 통계학자인 나조차 정확히 세기 어렵다. 그중 내가 가장 많은 이야기를 차용한 이들을 몇 명 꼽자면, 니키 베스트, 실라 버드, 데이비드 콕스, 필립 다비드, 스티븐 에번스, 앤드루 겔먼, 팀 하포드, 케빈 맥콘웨이, 웨인 올드퍼드, 실비아 리처드슨, 헤탄 샤, 에이드리언 스미스, 크리스 와일드가 있다. 그 밖에 아주 많은 이들에게 격려와 지지를 받았다. 모두에게 감사드린다.

이 책이 나오기까지 오랜 시간이 걸렸는데, 이는 전적으로 나의 게으름 탓이다. 집필을 제안한 뒤에 몇 년이나 원고를 기다려주었으며 심지어 책 제목에 대해 서로 합의할 수 없었음에도 침착함을 유지한 펭귄 출판사의 로라 스틱니에게 정말 감사드린다. 그리고 좋은 계약을 성사시킨 조너선 페그와 편집할 때 엄청난 인내심을 보여준 제인 버드셀, 그리고 세심한 작업을 해준 펭귄의 제작진 모두에게 모든 공을 돌린다.

도해들을 가져다 바꾸어 쓸 수 있도록 허락해준 분들, 특히 크리스 와일드(그림 0.3), 제임스 그라임(그림 2.1), Natsal의 캐스 머서(그림 2.4, 2.10), 영국 통계청(그림 2.9, 8.5, 9.4), 영국 공중보건국(그림 6.7), 폴 바든(그림 9.2), 그리고 BBC(그림 9.3)에 감사드린다. 또한 영국 공공 정보는 '열린 정부 라이선스' 아래 재이용되었다.

나는 R 프로그램을 잘 쓰지 못한다. 이런 내게 매슈 피어스와 마리아 스코울라리두는 데이터를 분석하고 그림을 그리는 데 큰 도움이 되었다. 참고로 이 책에 소개된 대부분의 분석과 그림을 다시 만들어내기 위한 R코드와 데이터는 https://github.com/dspiegel29/ArtofStatistics에서 찾아볼 수 있다. 이 자료들을 준비하는 데 받은 도움에 감사드린다.

또한 글을 읽고 조언을 해준 조지 파머, 알렉스 프리먼, 캐머런 브릭, 마이클 포즈너, 산데르 반 더 린덴, 시몬 워에게 신세를 졌다. 특히 줄리언 길비는 매의 눈으로 오류와 애매한 표현들을 고쳐주었다.

무엇보다 케이트 불에게 감사의 말을 전한다. 그는 중요한 조언을 주었을 뿐 아니라 고아의 바닷가 오두막에서 글을 썼던 황홀했던 시절과 너무 많은 일을 처리하느라 힘들었던 축축한 2월의 암울한 시절 내내 나를 격려하고 응원해 주었다.

또한 데이비드 하딩과 클로디아 하딩의 경제적 지원과 끊임없는 격려에 대해 깊이 감사드린다. 덕분에 지난 10년 동안 재미난 일들을 할 수 있었다.

　마지막으로 이 책에 미진함이 남아 있다면, 그것은 전적으로 내 탓이다.

용어집

- **가능도/우도(likelihood):** 특정 매개변수 값에 대하여 데이터가 제공하는 증거의 지지 척도. 어떤 확률변수에 대한 확률분포가 이를테면 θ라는 매개변수에 의존할 때, 데이터 x를 관측한 후 θ에 대한 가능도는 $p(x \mid \theta)$와 비례한다.
- **가능도비(likelihood ratio):** 어떤 데이터가 두 경쟁하는 가설에 대하여 제공하는 상대적 지지의 척도. 가설 H_0와 H_1에 대하여 데이터 x에 의해 제공되는 가능도비는 $p(x \mid H_0)/p(x \mid H_1)$에 의해 주어진다.
- **가설 검정(hypothesis testing):** 데이터를 바탕으로 가설에 대한 지지를 평가하는 공식 절차. 일반적인 가설 검정은 P값을 이용하는 고전적인 피셔의 영가설 검정과 영가설과 대립가설 그리고 1종 오류와 2종 오류를 이용하는 네이만-피어슨 검정의 융합이다.
- **객관적 사전 조건(objective prior):** 베이즈 분석에서 주관적인 요소를 제거하려는 시도. 보통 매개변수들에 대한 무지를 표현하고 따라서 데이터 스스로 말하게 할 목적으로 유도된 사전 분포를 미리 명시한다. 다만 그런 사전 분포를 결정하는 정립된 절차는 아직 없다.

- **거짓 발견율(false discovery rate)**: 여러 가설들을 검정할 때, 거짓양성으로 드러난 양성 주장의 비율.
- **거짓양성(false-positive)**: 음성인 사례를 양성인 사례로서 잘못 분류.
- **검사의 오류(prosecutor's fallacy)**: 무죄라고 가정할 때 증거의 희박한 가능성을, 증거를 고려할 때 무죄일 가능성으로 잘못 해석하는 것.
- **검정력(power of a test)**: 대립가설이 참인 경우, 제대로 영가설을 기각할 확률. 이것은 통계 검정에서 2종 오류의 확률(β)을 1에서 뺀 값으로, 일반적으로 $1 - \beta$로 나타낸다.
- **검정의 크기(size of a test)**: 통계 검정에서 1종 오류의 확률. 대개 α로 나타낸다.
- **계층적 모형화(hierarchical modelling)**: 영역이나 학교 같은 분석 단위들의 기저를 이루는 매개변수들이 공통의 사전 분포에서 추출되었다고 가정하는 베이즈 분석 모형. 이것은 개별 단위들에 대한 매개변수 추정값들을 하나의 전체 평균으로 축소하는 결과를 가져온다.
- **과대적합(over-fitting)**: 훈련 데이터에 과도하게 맞추어져서 통계 모형의 예측 능력이 감소하기 시작.
- **과학수사 역학(forensic epidemiology)**: 개인의 질병 원인에 관해 판단할 때 모집단의 질병 원인에 관한 지식을 이용하는 것.
- **관리한계선(control limits)**: 품질 관리에 사용되는 확률변수에 관해 사전에 명시된 한계선. 깔때기 그림이 보여주듯, 목표로 하는 표준으로부터 편차를 모니터링하는 데 쓰인다.
- **교란변수/혼동요인(confounder)**: 설명변수와 반응변수 모두와 연관되어 있으며, 둘의 명백한 관계 중 일부를 설명할 수 있는 변수. 예를 들어 어린이의 키와 몸무게는 강한 연관성을 갖지만 그 상당 부분은 아이의 나이로 설명할 수 있다.
- **교차검증(cross-validation)**: 사례들을 체계적으로 나눠 각각을 검증 세트로 번갈아 쓰면서 예측이나 분류를 위한 알고리즘의 질을 평가하는 방법.
- **귀납법/귀납적 추론(induction/inductive inference)**: 특정 사례들로부터 일반적인 원칙을 배우는 과정.

- **귀납적 행위(inductive behavior)**: 결정하기에 초점을 둔 가설 검정 방법. 예르지 네이만과 이건 피어슨이 1930년대에 제안했다. 검정의 크기, 검정력, 1종 오류와 2종 오류 같은 아이디어가 오늘날까지 사용된다.
- **기계학습(machine learning)**: 복잡한 데이터를 분류, 예측, 군집화하는 알고리즘 추출 과정.
- **기대빈도(expected frequency)**: 가정된 확률 모형에 따라 미래에 일어나리라고 기대되는 사건의 발생 횟수.
- **기댓값(expectation)**: 확률변수의 산술평균. 이산확률변수 X에 대하여 $\sum xp(x)$로 정의되고 연속확률변수에 대해서 $\int xp(x)dx$로 정의된다. 예를 들어 X가 공정한 주사위 던지기의 결과라면, $x = 1, 2, 3, 4, 5, 6$에 대하여 $P(X = x) = 1/6$이므로 $E(X) = (1 + 2 + 3 + 4 + 5 + 6)/6 = 3.5$이다.
- **깔때기 그림(funnel plot)**: 정확성 척도에 대비시켜 기관, 지역, 연구 등 서로 다른 구성체에서 나온 관측값들을 표현한 그래프. 구성체 간 근원적 차이가 없다고 가정할 때, 종종 두 '깔때기'는 우리가 관측값들의 95%와 99.8%가 놓이리라 기대하는 곳을 가리킨다. 관측값들의 분포가 정규분포에 근사할 때, 95%와 99.8% 관리한계선은 본질적으로 '평균±2표준오차'와 '평균±3표준오차'이다.
- **내적타당성(internal validity)**: 연구의 결론을 정말로 연구 모집단에 적용할 때. 이것은 연구의 엄밀성과 관련이 있다.
- **노출(exposure)**: 질병, 사망 또는 다른 관심 있는 의학적 결과에 영향을 미치는 특정 환경이나 행동 같은 요인.
- **눈가림(blinding)**: 임상 시험에 관련된 사람들이 편향을 피하기 위해 어떤 환자가 어떤 치료를 받았는지 알지 못하는 것. 단일 눈가림은 환자들이 그들이 어떤 치료를 받았는지 알지 못하는 경우이고, 이중 눈가림은 환자를 모니터링하는 사람도 어떤 치료인지 알지 못하는 것을 뜻한다. 삼중 눈가림은 치료법에 A와 B로 이름표를 붙인 상태에서 데이터를 분석하는 통계학자들과 그 결과를 모니터링하는 위원회조차 A와 B 중 새로운 치료가 어떤 것인지 알지 못하는 경우이다.
- **다수준 회귀와 사후층화(multi-level regression and post-stratification, MRP)**: 많

은 지역에서 상당히 적은 수의 응답자들을 얻는 설문조사 표집에서, 회귀모형을 이용해 응답 결과와 인구통계학적 요인들을 연관 짓는다. 이때 계층적 모형화를 통해 지역 간 변동성을 허용한다. 그러면 모든 지역의 인구통계 자료에 관한 지식을 가지고 적절한 수준의 불확실성을 감내하면서 지역적, 전국적 예측을 할 수 있다.

- **다중 검정(multiple testing):** 일련의 가설 검정을 수행하는 것. 검정 횟수가 많을수록 적어도 한번은 거짓양성을 주장(1종 오류)할 확률이 커진다.

- **다중선형회귀(multiple linear regression):** 모든 반응변수 y_i에 대하여 p개의 예측 변수들의 집합 $(x_{i1}, x_{i2}, \cdots, x_{ip})$이 있다고 가정하자. 그러면 최소제곱 다중 선형회귀는 $\hat{y}_i = b_0 + b_1(x_{i1} - \bar{x}_1) + b_2(x_{i2} - \bar{x}_2) + \cdots + b_p(x_{ip} - \bar{x}_p)$에 의해 주어진다. 여기서 계수 $b_0, b_1, \cdots, b_p$는 잔차제곱합 $\sum_{i=1}^{n}(y_i - \hat{y}_i)^2$을 최소화하도록 선택된다. 절편 b_0는 단순히 평균 $\bar{y}$이고, 나머지 계수들에 대한 공식은 복잡하지만 쉽게 계산된다. $b_0 = \bar{y}$는 그 예측변수들이 평균 $(\bar{x}_1, \bar{x}_2, \cdots, \bar{x}_p)$인 관측값 y의 예측값이고, 조정된 y_i는 잔차 더하기 절편, 즉 $y_i - \hat{y}_i + \bar{y}$로 주어짐을 유의하라.

- **단면 연구(cross-sectional study):** 분석이 개개인들의 현재 상태에만 기반하고 시간에 따른 추적이 없는 연구.

- **단측검정과 양측검정(one-sided and two-sided tests):** 단측검정은 이를테면 어떤 의학 치료의 효과가 음수인 영가설에 대해 사용된다. 이 영가설은 추정된 치료 효과를 나타내는 검정 통계량이 큰 양수 값일 때 기각될 것이다. 양측검정은 어떤 치료 효과가 정확히 0이라는 영가설에 대해서 적절하다. 따라서 양수 추정값과 음수 추정값 모두 영가설을 기각시킨다.

- **대조군(control group):** 이를테면 무작위 추출에서, 관심사인 노출의 대상이 되지 않은 개개인들의 집합.

- **대중의 지혜(wisdom of crowds):** 집단의 의견을 종합해 도출한 요약값이 개개인의 다수 의견보다 더 참값에 가깝다는 생각.

- **데이터 문해력(data literacy):** 데이터에서 배우기 뒤에 숨은 원칙들을 이해하고 기본적인 데이터 분석을 수행하며 데이터에 기반한 주장들의 질을 비평하는 능력.

- 데이터과학(data science): 예측을 위한 알고리즘 구성을 포함해 데이터에서 어떤 통찰을 이끌어내기 위한 기술들의 연구와 응용. 전통적인 통계과학과 더불어 코딩과 데이터 관리 등을 포함한다.
- 독립사건(independent event): A가 일어난 것이 B의 확률에 영향을 미치지 않는다면, 따라서 $p(B \mid A) = p(B)$ 또는 $p(B, A) = p(B)p(A)$라면, A와 B는 독립이다.
- 독립변수(independent variable): 설계나 관측에 의해 고정되는 변수. 예측변수 predictor라고도 한다. 흔히 연구자들은 독립변수와 결과 간 연관성에 관심을 갖는다.
- 딥 러닝(deep learning): 표준적인 인공 신경망 모형을 서로 다른 수준의 추상화를 나타내는 많은 충돌까지 확장시키는 기계학습 기법. 예를 들어 어떤 이미지의 개별적 픽셀을 분석해 특징들을 추출해서 사물을 인식하는 기술이 있다.
- 로그 스케일(logarithmic scale): 밑을 10으로 하는 양수 x의 로그는 $y = \log_{10}x$로 나타내고, 이것은 $x = 10^y$와 같다. 통계 분석에서 $\log x$는 일반적으로 자연로그 $y = \log_e x$를 나타내며, 이것은 $x = e^y$와 같다. 여기서 e는 자연상수로 약 2.718 이다.
- 로지스틱 회귀(logistic regression): 반응변수가 비율이고, 계수들이 log(승산비)에 대응될 때 다중회귀의 한 형태. 예측변수들 $(x_{i1}, x_{i2}, \cdots, x_{ip})$ 각각이 기저 확률 p_i를 갖는 이항(확률)변수일 때, 일련의 비율들 $y_i = r_i/n_i$을 관측한다고 해보자. 추정 확률 $\hat{p}_i$의 승산들의 로그는 선형 회귀라고 가정한다.

$$\log \frac{\hat{p}_i}{(1-\hat{p}_i)} = b_0 + b_1 x_{i1} + b_2 x_{i2} + \cdots + b_p x_{ip}$$

예측변수 중 하나, 이를테면 x_1이 이진변수라고 가정하자. 즉 잠재적 위험에 노출되지 않았을 때 $x_1 = 0$이고, 노출되었으면 $x_1 = 1$이다. 그러면 계수 b_1은 log(승산비)이다.
- 메타분석(meta-analysis): 여러 연구 결과들을 결합하는 통계적 방법.

- **모수/매개변수(parameter)**: 통계 모형에서 미지의 양. 일반적으로 그리스 문자로 표기한다.
- **모집단(population)**: 표본 데이터가 추출되었다고 가정하는 집단으로, 관측에 대한 확률분포를 제공한다. 설문조사에서 모집단은 말 그대로 인구population일 수 있다. 측정을 할 때나 모든 가능한 데이터를 가질 때, 모집단은 수학 세계에서 존재하는 이상적인 집단이다.
- **모집단 분포(population distribution)**: 말 그대로의 모집단이 존재할 때, 전체 모집단에서 잠재적 관측값들의 패턴. 확률변수의 확률분포를 지칭하기도 한다.
- **무작위 일치 확률(random match probability)**: 과학수사 DNA 검사에서, 관련 모집단에서 무작위로 추출된 한 사람이 용의자의 DNA 프로파일과 일치할 확률.
- **무작위 통제 시험(randomized controlled trial, RCT)**: 사람 등 분석 단위들을 서로 다른 개입에 무작위로 할당하는 실험 설계. 그룹 간 알려진 그리고 알려지지 않은 배경요인들이 균형을 이루게 된다. 따라서 그룹 간 결과가 상당히 차이 난다면, 그 결과는 개입에 의한 것이 틀림없거나 아니면 아주 놀라운 사건(P값으로 표현된다)이 일어난 것이다.
- **민감도(sensitivity)**: 분류기나 테스트가 제대로 찾아낸 양성 사례의 비율. 종종 참양성률이라 불린다. '1 − 민감도'는 관측된 2종 오류 또는 거짓음성률로 알려져 있다.
- **반사실적 조건문(counterfactual)**: 사건들의 다른 전개를 고려하는 '만약 ……라면 어땠을까' 식의 시나리오.
- **백분위수, 모집단의(percentile of a population)**: 예를 들어 임의의 관측 결과가 70번째 백분위수 아래 있을 가능성은 70%다.
- **백분위수, 표본의(percentile of a sample)**: 예를 들어 어떤 표본의 70번째 백분위수는 작은 값부터 순서 매긴 데이터 집합에서 70%인 값이다. 그러므로 중앙값은 50번째 백분위수다. 점들 사이의 보간법이 필요할지 모른다.
- **범위, 표본의(range of a sample)**: 표본 데이터 중 최댓값 빼기 최솟값. $x_{(n)} - x_{(1)}$으로 나타낸다.
- **범주형변수(categorical variable)**: 둘 이상의 이산적 값을 취할 수 있는 변수.

순서를 매길 수도 있다.

- **베르누이 분포(Bernoulli distribution)**: 만약 X가 1을 그 값으로 취할 확률이 p 이고, 0을 그 값으로 취할 확률이 $1 - p$인 확률변수라면, X는 평균 p와 분산 $p(1-p)$를 가진다. 이를 베르누이 분포를 가지는 베르누이 시행이라고 한다.
- **베이즈 방법(Bayesian approach)**: 통계적 추론 방법으로, 거기서 확률은 우연 적 불확실성에 대해서 뿐만 아니라 미지의 사실에 대한 인식론적 불확실성을 위해서도 사용된다. 그런 다음 새로운 증거에 비추어 이 믿음들을 수정하는 데 베이즈 정리가 사용된다.
- **베이즈 인자(Bayes factor)**: 두 개의 다른 가설에 대해 데이터 집합에 의해 주 어진 상대적 지지. 가설 H_0과 H_1, 데이터 x에 대해 베이즈 인자는 $p(x \mid H_0)/p(x \mid H_1)$이다.
- **베이즈 정리(Bayes' theorem)**: 어떻게 증거 A가 명제 B의 사전 믿음을 업데이 트하여 사후 믿음 $p(B \mid A)$를 생성하는지 보여주는 확률의 법칙. 공식은 다음 과 같다.

$$p(B \mid A) = \frac{p(A \mid B)p(B)}{p(A)}$$

증명은 쉽다. $p(B$ 그리고 $A) = p(A$ 그리고 $B)$기 때문에, 확률의 곱셈 법칙을 적용하면 이 식은 $p(B \mid A)p(A) = p(A \mid B)p(B)$가 된다. 여기서 양변을 $p(A)$로 나누면 베이즈 정리를 얻는다.

- **변동성(variability)**: 측정값과 관측값 사이에 발생하는 피할 수 없는 차이. 그중 일부는 알려진 요인에 의해 설명될 수 있고, 나머지는 무작위 잡음 탓으로 돌 린다.
- **보정(calibration)**: 사건들의 관측된 빈도수가 확률적 예측에 의해 기대되는 빈 도수와 맞아떨어질 조건. 예를 들어 확률이 0.7인 사건이 일어날 수 있는 경 우들 중 대략 70%에서 실제로 사건이 발생해야 한다.
- **본페로니 교정(Bonferroni correction)**: 검정의 크기(1종 오류, α)나 신뢰구간 을 조정하기 위한 수단 중 하나. 특히 n개의 가설을 동시에 검정하는 다중 검 정을 시행할 때, 각 가설을 검정의 크기 α/n과 신뢰구간 $100(1 - \alpha/n)\%$를 가 지고 검증한다. 예를 들어 5%의 α를 가지고 10개의 가정을 검정할 때, P값은

0.05/10 = 0.005을, 신뢰구간은 99.5%를 사용한다.

- **부트스트랩(bootstrap)**: 확률 모형을 가정하는 대신 관측 데이터의 재표본 추출을 통해 검정 통계량의 신뢰구간과 분포를 생성하는 방법. 데이터 $x_1, x_2, \cdots, x_n$로 구성된 부트스트랩 표본은 크기가 n인 복원 추출 표본이다. 여기서 부트스트랩 표본을 구성하는 서로 다른 값들의 비율은 원래 데이터 집합의 구성비와 같지 않을 것이다.

- **분류 나무(classification tree)**: 특징들을 순서대로 검사하는 분류 알고리즘의 한 형태. 어느 하나로 분류될 때까지, 대답에 따라 검사할 다음 특징이 달라진다.

- **분산(variance)**: 평균이 $\bar{x}$인 표본 $x_1, x_2, x_3, \cdots, x_n$에 대하여, 일반적으로 $s^2 = \frac{1}{(n-1)} \sum_{i=1}^{n} (x_i - \bar{x})^2$로 정의된다(분모가 $n-1$이 아니라 n일 수도 있다). 평균이 μ인 확률변수 X에 대하여, 분산은 $V(X) = E(X - \mu)^2$이다. 표준편차는 분산의 제곱근이고, 따라서 $SD(X) = \sqrt{V(X)}$이다.

- **브라이어 지수(Brier score)**: 확률적 예측의 정확도를 평가하는 척도 중 하나. 평균제곱오차에 기반한다. 0과 1을 그 값으로 취하는 n개의 이진 관측값 $x_1, x_2, \cdots, x_n$에 확률 $p_1, p_2, \cdots, p_n$이 주어진다면, 브라이어 지수는 $\frac{1}{n} \sum_{i}^{n} (x_i - p_i)^2$이다. 본질적으로 이진데이터에 적용된 평균제곱오차 판정 기준이다.

- **비율비(rate ratio)**: 일정 기간 내 어떤 노출로 인한 사건의 기대 발생 횟수의 상대적 증가. 반응변수가 관측된 비율일 때, 푸아송 회귀는 다중회귀의 한 형태로, 그 계수들은 $\log$(비율비)에 대응된다.

- **비지도학습(unsupervised learning)**: 확정된 범주가 없는 사례들을 군집화 과정을 사용해 종류별로 식별하는 것.

- **빅데이터(big data)**: 흔히 다음의 4V로 정의된다. ①데이터의 거대한 크기 Volume. ②사진, SNS, 전자상거래 같은 출처 및 형태의 다양성Variety. ③빠른 생성 및 입수 속도Velocity. ④일상적 수집으로 인한 데이터의 모호성과 불완전성 등을 의미하는 정확성Veracity.

- **사례-대조 연구(case-control study)**: 어떤 질병이나 관심 있는 결과를 지닌 사람들(사례들)이 그 병을 가지지 않은 사람(대조군) 한 명 이상과 짝지어진 소급 연구 설계. 체계적으로 차이가 나는 노출이 있었는지 알아보기 위해 두 그

룹 간 병력을 비교한다. 이 설계는 오직 노출과 관련된 상대위험도를 추정할 수 있을 뿐이다.

- **사분위범위(inter-quartile range)**: 표본이나 모집단 분포의 퍼짐의 척도로서, 25번째 백분위수와 75번째 백분위수 사이의 거리 또는 1사분위수와 3사분위수 사이의 차이다.

- **사분위수, 모집단의(quartiles of a population)**: 25, 50, 75번째 백분위수.

- **사전 분포(prior distribution)**: 베이즈 분석에서 미지의 매개변수에 대한 초기 확률분포. 데이터를 관측한 뒤에는 베이즈 정리를 통해 사후 분포로 수정된다.

- **사후 분포(posterior distribution)**: 베이즈 분석에서 베이즈 정리를 통해 관측된 데이터를 고려하여 계산한 미지의 매개변수의 확률분포.

- **상대위험도(relative risk)**: 관심이 있는 어떤 것에 노출된 사람의 절대위험도가 p이고, 노출되지 않은 사람의 절대위험도가 q라면, 상대위험도는 p/q이다.

- **상호작용(interaction)**: 여러 설명변수들이 결합하여 각각의 기대되는 개별적인 기여와는 다른 결과를 낳는 현상.

- **수신자 조작 특성 곡선(Receiver Operating Characteristic curve, ROC 곡선)**: 점수를 생성하는 알고리즘에 대하여, 어떤 단위가 '양성'으로 분류되는 점수에 대한 특정 문턱값을 선택할 수 있다. 이 문턱값 변화에 따른 '민감도(참양성률)'를 y축에, '1 − 특이도(거짓양성률)'를 x축에 그려서 ROC 곡선이 만들어진다.

- **순열 검정(permutation test)**: 영가설하에서 검정 통계량의 분포가, 확률변수에 대한 구체적 통계 모형을 통해서가 아니라 데이터 꼬리표들의 순서를 바꿈으로써 얻어지는 가설 검정의 한 형태. 무작위 검정randomization test이라고도 한다. 이를테면 영가설이 남성이거나 여성이라는 '꼬리표'가 어떤 결과와 연관성이 없다는 것이라고 가정하자. 순열 검정은 개별 데이터 점들에 대한 꼬리표가 재배열될 수 있는 모든 가능한 방법들을 검사하는데, 이 방법들 각각은 영가설에서 똑같은 확률을 가진다. 이 순열들 각각에 대한 검정 통계량이 계산되고, P값은 실제로 관측된 통계량보다 더 극단적인 검정 통계량을 가져오는 비율에 의해 주어진다.

- **순차 검정(sequential testing)**: 누적되는 데이터에 대해서 어떤 통계적 검정이 반복 수행되어 어떤 시점에 1종 오류가 발생할 가능성을 더 부풀릴 때. 검정이 충분히 오래 계속되면 유의미한 결과는 반드시 나오기 때문이다.

- **스피어먼의 순위상관계수(Spearman's rank correlation)**: 어떤 관측값의 순위는 순서 매겨진 집합에서 그 위치이다. 여기서 '동순위'는 같은 순위를 가진다고 간주된다. 예를 들어 데이터 (3, 2, 1, 0, 1)에 대해 순위는 (5, 4, 2.5, 1, 2.5)이다. 스피어먼의 순위상관계수는 x와 y가 각각의 순위로 대체될 때의 피어슨 상관계수이다.

- **승산(odds)/승산비(odds ratio)**: 어떤 사건의 확률이 p라면, 그 사건의 승산은 $p/(1-p)$가 된다. 노출된 그룹에서 어떤 사건의 승산이 $p/(1-p)$이고, 노출되지 않은 그룹에서 승산이 $q/(1-q)$라면, 승산비는 $\frac{p}{(1-p)} / \frac{q}{(1-q)}$ 이다. 만약 p와 q가 작다면, 승산비는 상대위험도 p/q에 근접한다. 하지만 승산비와 상대위험도는 절대위험도가 20%보다 훨씬 더 클 때 차이 나기 시작한다.

- **신뢰구간(confidence interval)**: 미지의 모수가 그 안에 놓여 있다고 추정되는 구간. 데이터 x의 관측된 집합에 대해, μ에 대한 95% 신뢰구간은 그 하한 $L(x)$와 상한 $U(x)$가 다음의 성질을 갖는다. 데이터를 관측하기 전에, 확률 구간 $(L(x), U(x))$가 μ를 포함할 확률이 95%이다. 정규분포의 거의 95%가 '평균±2표준편차' 사이에 놓인다는 지식을 결합하면, 중심극한정리는 95% 신뢰구간에 대한 근사가 '추정값±2표준오차'라는 뜻이다. 두 모수 μ_1과 μ_2의 차이 $\mu_2 - \mu_1$에 대한 신뢰구간을 찾고 싶다고 가정하자. 만약 T_1이 표준오차 SE_1을 가지는 μ_1의 추정값이고, T_2가 표준오차 SE_2를 가지는 μ_2의 추정값이라면, $T_2 - T_1$은 $\mu_2 - \mu_1$의 추정값이다. 두 추정값의 차의 분산은 그 분산들의 합이고, 따라서 $T_2 - T_1$의 표준오차는 $\sqrt{SE_1^2 + SE_2^2}$로 주어진다. 이로부터 $\mu_2 - \mu_1$에 대한 95% 신뢰구간을 구성할 수 있다.

- **신호와 잡음(signal and noise)**: 데이터는 ①우리가 진정 관심 있는 결정론적 신호와 ②잔차오차를 구성하는 무작위적 잡음, 이 두 구성 요소에서 나온다는 생각. 통계적 추론에서 잡음을 실제 신호라고 오해하지 않으면서, 그 둘을 적절하게 찾아내는 것이 어려운 문제다.

- **실질적 유의성(practical significance)**: 결과가 진짜로 중요할 때. 어떤 대규모

연구들은 통계적으로는 유의미할지 몰라도 실질적으로는 유의미하지 않은 결과를 가져올 수 있다.

- **심슨의 역설(Simpson's paradox)**: 명백한 관계가 혼동요인을 고려하면 완전히 뒤집힐 때.
- **역인과관계(reverse causation)**: 두 변수 간 인과관계가 사실은 정반대 방향으로 작용할 때. 예를 들어 술을 마시지 않는 사람이 술을 적당히 마시는 사람보다 건강 상태가 더 나쁜 경향이 있는데, 그중 일부는 건강이 나빠서 술을 포기했기 때문일 수 있다.
- **아이콘 배열(icon array)**: 사람 같은 작은 이미지의 집합을 이용해 빈도를 시각적으로 나타내기.
- **알고리즘(algorithm)**: 입력 변수를 바탕으로 예측, 분류, 확률 등의 출력값을 생산해내는 공식 또는 규칙.
- **역학(epidemiology)**: 질병의 발생의 속도와 그 원인을 연구하는 학문.
- **연속변수(continuous variable)**: 적어도 이론상으로는 특정 범위 내에서 임의의 값을 취할 수 있는 확률변수 X. 그것은 $P(X \leq x) = \int_{-\infty}^{x} f(t)dt$를 만족하는 확률 밀도 함수 f와 기댓값 $E(X) = \int_{-\infty}^{\infty} x f(x)dx$를 가진다. X가 구간 (A, B) 안에 놓일 확률은 $\int_{A}^{B} f(x)\,dx$를 이용해 계산할 수 있다.
- **영가설(null hypothesis)**: 일반적으로 관심이 있는 효과나 결과의 부재를 나타내는 디폴트 과학 이론. 일반적으로 H_0로 나타내며, P값을 이용해 검정하는 대상이다.
- **예측 분석(predictive analytics)**: 예측 알고리즘 만들기 위해 데이터 이용하기.
- **오차범위(margin of error)**: 설문조사 후에 모집단의 진짜 특징이 놓여 있을 수 있는 범위. 일반적으로 95% 신뢰구간으로, 대략 ±2표준오차이지만, 때때로 ±1표준오차를 사용한다.
- **오차 행렬(error matrix)**: 알고리즘의 분류 및 예측 관련 옳고 그름을 나타낸 교차표.
- **외적타당성(external validity)**: 연구의 결론이 연구 모집단보다 더 넓은 목표 모집단까지 일반화될 수 있을 때. 이것은 연구의 실제 적절성과 관련이 있다.
- **우연적 불확실성(aleatory uncertainty)**: 미래에 대한 피할 수 없는 예측 불가능

성. 우연, 무작위성, 운 등으로 알려져 있다.

- **위약(placebo)**: 무작위 배정 임상 시험에서 대조군에게 주어진 엉터리 치료. 예를 들어 설탕약 같은 게 있다.

- **위험비(hazard ratio)**: 생존 시간을 분석할 때, 노출과 연관되어 정해진 기간 동안 어떤 사건을 겪을 상대위험도. 콕스 회귀Cox regression는 반응·변수가 생존 시간이고 계수들이 로그(위험비)에 대응되는 다중회귀의 한 형태이다.

- **이산변수(count variable)**: 0, 1, 2 등의 정수를 취하는 변수.

- **2종 오류(Type II error)**: 대립가설이 참이지만, 가설 검정이 영가설을 기각하지 않고, 따라서 결론이 거짓음성일 때.

- **이진데이터(binary data)**: 오직 두 값만 가질 수 있는 변수. 종종 어떤 질문에 대한 '예/아니요' 응답. 수학적으로는 베르누이 분포로 표현할 수 있다.

- **이항분포(binomial distribution)**: n번의 독립적인 시행에서 각 시행별 사건이 일어날 확률이 p일 때, 사건의 관측된 횟수 X는 이항분포를 가진다. 기술적으로 n번의 독립적인 베르누이 시행 $X_1, X_2, \cdots, X_n$에 대하여, 각 시행에서 사건 발생 확률이 p로 모두 같을 때, 그 합 $R = X_1 + X_2 + \cdots + X_n$은 평균이 np이고 분산이 $np(1-p)$인 이항분포를 가지며, 여기서 $P(R=r) = \binom{n}{r}p^r(1-p)^{n-r}$이다. 따라서 관측 비율 R/n은 평균 p와 분산 $p(1-p)/n$를 갖는다. R/n는 p의 추정량estimator으로 간주되고, 표준오차는 $\sqrt{p(1-p)/n}$이다.

- **인공지능(Artificial Intelligence, AI)**: 보통 인간의 능력으로 해온 일들을 수행하는 컴퓨터 프로그램.

- **인식론적 불확실성(epistemic uncertainty)**: 사실, 수 또는 과학적 가정에 대한 지식의 부족.

- **1종 오류(Type I error)**: 영가설이 참인데 대립가설을 지지하여 영가설을 잘못 기각하고, 따라서 거짓양성 주장을 할 때.

- **잔차(residual)**: 실제 관측값과 통계 모형으로 예측한 값의 차이.

- **잔차오차(residual error)**: 통계 모형에 의해 설명될 수 없고, 따라서 우연적 변동성에 기인한다고 말해지는 데이터의 성분을 일컫는 포괄적인 용어.

- **잠복변수(lurking variable)**: 역학에서 측정되지는 않았지만 혼동요인으로 추정되는 노출. 예를 들어 질병과 식습관의 연관성을 밝히는 연구에서 측정되지

않은 사회경제적 지위.

- **재현성 위기(reproducibility crisis)**: 발표된 많은 과학적 결과들이 불충분한 양의 연구에 기반해서, 같은 결과를 다른 연구자들이 재현하는 데 실패한다는 주장.

- **절대위험도(absolute risk)**: 어떤 그룹에 속한 사람들 중 명시된 기간 내에 해당 사건을 경험한 사람들의 비율.

- **정규분포(normal distribution)**: X가 확률밀도함수

$$f(x) = \frac{1}{\sqrt{2\pi\sigma^2}} e^{\frac{(x-\mu)^2}{2\sigma^2}}, \quad -\infty \leq x \leq \infty$$

를 가진다면 X는 평균이 μ이고 분산이 σ^2인 정규분포(가우스분포)를 가진다. 그러면 $E(X)=\mu$, $V(X)=\sigma^2$, $SD(X)=\sigma$이다. 표준화한 변수 $Z = (X-\mu)/\sigma$는 평균 0, 분산 1을 가지며, 이때 정규분포를 '표준정규분포'라고 한다. 표준정규변수 Z의 누계 확률은 Φ라고 쓴다. 예를 들어 $\Phi(-1)=0.16$은 Z가 -1보다 작을 확률 또는 일반적 정규변수가 '평균 - 표준편차'보다 아래에 있을 확률이다. 표준정규분포의 $100p\%$ 백분위수는 $P(Z \leq z_p) = p$가 성립하는 z_p이다. Φ의 값들은 표준적 소프트웨어나 표에서 이용가능하고, 백분율 점 z_p도 마찬가지다. 예를 들어 표준정규분포의 75번째 백분위수는 $z_{0.75} = 0.67$이다.

- **전향적 코호트 연구(prospective cohort study)**: 연구 대상자들의 배경요인을 측정한 뒤, 그들을 추적해 시간이 흐름에 따라 관련 결과를 조사하는 것. 시간이 오래 걸리고 비용이 많이 들며 드물게 발생하는 사건들을 인지하지 못할 수 있다.

- **조정(adjustment)/층화(stratification)**: 그룹 간 균형 잡힌 비교를 위해 직접적 관심사가 아닌 알려진 혼동요인들을 회귀 모형에 포함시키는 것. 이를 통해 설명변수와 관련된 추정 효과가 인과적 결과에 더 가깝다고 말할 수 있다.

- **종속/반응/결과변수(dependent/response/outcome variable)**: 예측하거나 설명하고 싶은 변수. 우리의 주된 관심 대상이다.

- **종속사건(dependent event)**: 한 사건의 확률이 다른 사건의 결과에 따라 달라질 때.

- **중심극한정리**(Central Limit Theorem): 확률변수의 기저 표집 분포의 모양과 상관없이, 확률변수들의 표본 평균이 정규분포를 가지는 경향(예외는 있다). 만약 n개의 독립적 관측값들 각각이 평균 μ와 분산 σ^2을 가진다면, 광범위한 가정하에서 그것들의 표본 평균이 μ의 추정량이 되고, 평균 μ, 분산 σ^2/n, 표준편차 $\sigma/\sqrt{n}$(추정량의 표준오차라고도 한다)를 가지는 정규분포에 근사한다.
- **중앙값, 표본의**(median of a sample): 데이터 점을 크기 순서대로 놓았을 때 한 가운데 있는 값. 우리는 가장 작은 값을 $x_{(1)}$, 두 번째 작은 값을 $x_{(2)}$로 놓기 시작해 제일 큰 값을 $x_{(n)}$으로 놓는다. 만약 n이 홀수라면 표본 중앙값은 가운데 값 $x_{\left(\frac{n+1}{2}\right)}$이다. 만약 n이 짝수라면, 두 '가운데' 점들의 평균이 중앙값이 된다.
- **지도학습**(supervised learning): 확정된 범주를 가지고서 사례들을 분류하는 알고리즘 학습.
- **Z점수**(Z-score): 측정값 x_i를 표준화하는 방법으로, $z_i = (x_i - m)/s$이다. 여기서 m과 s는 각각 표본의 평균과 표준편차이다. 3이라는 Z점수를 가지는 관측값은 평균에서 표준편차의 세 배만큼 올라간 것에 대응된다. 이것은 상당히 극단적인 값이다. Z값은 모집단 평균 μ와 표준편차 σ를 가지고서 정의될 수도 있는데, 이 경우 $z_i = (x_i - \mu)/\sigma$이다.
- **초기하분포**(hypergeometric distribution): 어떤 특징을 가진 대상이 정확히 K개 포함된 크기가 N인 유한한 모집단에 대해 n번 비복원 추출에서 k번 성공할 확률. 공식적으로 다음과 같이 주어진다.

$$\frac{\binom{K}{k}\binom{N-K}{n-k}}{\binom{N}{n}}$$

- **최빈값, 모집단 분포의**(mode of a population distribution): 발생 확률이 가장 큰 반응변수의 값.
- **최빈값, 표본의**(mode of a sample): 데이터 집합에서 가장 흔한 값.
- **최소제곱**(least-square): n개 순서쌍의 집합 (x_1, y_1), (x_2, y_2), $\cdots$, (x_n, y_n)이 있고 $\bar{x}$와 s_x가 x들의 표본 평균과 표준편차, $\bar{y}$와 s_y가 y들의 표본 평균과 표준편차라고 가정했을 때 최소제곱(회귀)직선은 다음과 같다.

$$\hat{y} = b_0 + b_1(x - \bar{x})$$

- $\hat{y}$는 독립변수 x의 특정 값에 대하여 종속변수 y에 대한 예측값이다.
- 기울기는 $b_1 = \dfrac{\sum_i (y_i - \bar{y})(x_i - \bar{x})}{\sum_i (x_i - \bar{x})^2}$이다.
- y절편은 $b_0 = \bar{y}$이다. 최소제곱직선은 무게 중심 $(\bar{x}, \bar{y})$를 지나간다.
- i번째 잔차는 i번째 관측값과 예측값의 차이, $y_i - \hat{y}_i$이다.
- i번째 관측값의 조정된 값은 잔차 더하기 y절편, 즉 $y_i - \hat{y}_i + \bar{y}$이다. 만약 이것이 '평균적' 경우, 즉 $x = x_i$대신 $x = \bar{x}$였더라면 이것은 우리가 관측했을 값이 나오도록 의도된 것이다.
- 잔차제곱합residual sum of squares, RSS은 $\sum_{i=1}^{n}(y_i - \hat{y}_i)^2$이다. 최소제곱직선은 잔차제곱합을 최소화하는 직선이다.
- 기울기 b_1과 피어슨 상관계수 r는 공식 $b_1 = rs_y/s_x$에 의해 서로 연관된다. 따라서 만약 x들과 y들의 표준편차가 같다면, 그 기울기는 정확히 상관계수와 같다.

- **축소(shrinkage)**: 베이즈 분석에서 사전분포의 영향. 베이즈 분석에서 추정값은 가정했거나 추정했던 사전 평균 쪽으로 당겨지는 경향이 있다. 이것은 '힘 빌리기'로도 알려져 있다. 이를테면 한 지역의 질병 추정 비율은 다른 지역의 비율에 의해 영향을 받는다.

- **치료 의도의 원칙(intention to treat)**: 무작위 실험에서 참가자들을 분석할 때, 실제 그 치료(개입)를 받았는지 여부와 상관없이 그들이 받을 거라 가정한 개입에 따라 분석해야 한다는 원칙.

- **치우친 분포(skewed distribution)**: 표본 분포나 모집단 분포가 매우 비대칭적이고, 긴 오른쪽 또는 왼쪽 꼬리를 가질 때. 소득이나 책 판매량 같은 변수들에 대해 극단적인 불균등이 있을 때 발생한다. 이때는 평균 같은 표준적 척도와 표준편차가 굉장한 오해를 불러일으킬 수 있다.

- **카이제곱 적합도/연관성 검정(chi-squared test of goodness-of-fit/association test)**: 영가설을 가정하는 통계 모형이 데이터와 양립 불가능한 정도를 나타내는 통계 검정. m개의 관측된 수 $o_1, o_2, \cdots, o_m$을 영가설하에서 계산한 기댓값 $e_1, e_2, \cdots, e_m$과 비교한다. 검정 통계량의 가장 단순한 버전은 다음과 같다.

$$X^2 = \sum_{j=1}^{m} \frac{(o_j - e_j)^2}{e_j}$$

영가설하에서 X^2은 근사 카이제곱 표집 분포를 가질 것이고, 관련된 P값을
계산할 수 있게 해준다.

- **큰 수의 법칙(Law of Large Numbers)**: 확률변수의 표본 평균이 모집단 평균에
다가가는 과정.
- **탐색적 연구(exploratory study)**: 확증적 연구에서 검증할 가설을 생성하기 위
해 의도된 초기의 유연한 연구. 유망한 단서를 찾기 위해서 설계와 분석에서
융통성 있는 변화를 허용한다.
- **통계과학(statistical science)**: 데이터를 가지고 세상에 대해 배우는 학문. 전형
적으로 PPDAC 같은 문제 해결 모형을 수반한다.
- **통계량(statistic)**: 데이터 집합에서 유도된 의미 있는 수.
- **통계 모형(statistical model)**: 미지의 매개변수들을 포함해 확률변수들의 확률
분포의 수학적 표현.
- **통계적 유의성(statistical significance)**: 관측된 결과가 통계적으로 유의미하다
고 결론 내리려면, 사전에 명시된 수준(이를테면 0.05나 0.001)보다 P값이 낮
아야 한다. 이것은 영가설과 그 밖의 모형화 가정들이 모두 성립한다면 그런
극단적 결과는 일어날 것 같지 않다는 뜻이다.
- **통계적 추론(statistical inference)**: 표본 데이터를 이용해 통계 모형 저변에 깔
린 미지의 매개변수에 관해 알아내는 과정.
- **특이도(specificity)**: 분류기나 테스트에 의해 올바르게 발견된 음성 사례들의
비율. '1 – 특이도'는 관측된 1종 오류나 거짓양성률로도 알려져 있다.
- **틀 짜기(framing)**: 수를 표현하는 방법을 선택하는 것. 어떻게 표현하느냐에 따
라 인상이 달라질 수 있다.
- **t값/t통계량(t-statistic)**: 어떤 매개변수가 0이라는 영가설을 검사하기 위해 사
용되는 검정 통계량. 추정값과 그 표준오차의 비에 의해 만들어진다. 큰 표본
에 대해서, 2보다 크거나 –2보다 작은 값들은 0.05라는 양측 P값에 대응된다.
정확한 P값은 통계 소프트웨어를 통해 얻을 수 있다.

- **편향/분산 트레이드오프(bias/variance trade-off)**: 모형을 예측에 사용하기 적합하게 만들 때, 모형은 복잡할수록 세부 사항들에 더 잘 들어맞을 것이기 때문에 편향은 적어질 것이다. 그러나 그 모형의 매개변수들에 대한 데이터가 확신하기 충분할 정도로 많지 않으므로, 분산은 더 커진다. 우리는 과대적합을 피하기 위해서 편향과 분산 간 균형을 유지할 필요가 있다.
- **평균(average)**: 수들 집합에 대한 대푯값을 일컫는 일반적인 용어. 산술평균, 중앙값, 최빈값으로 해석될 수 있다.
- **평균, 모집단의(mean of a population)**: 기댓값을 보라.
- **평균, 표본의(mean of a sample)**: $x_1, x_2, \cdots, x_n$으로 구성된 표본에서 평균은 $m = (x_1 + x_2 + \cdots + x_n)/n$ 또는 $m = \frac{1}{n}\sum_{i=1}^{n} x_i = \bar{x}$이다. 예를 들어 어떤 표본에 속한 5명의 사람들의 자녀 수가 각각 3, 2, 1, 0, 1이라면, 표본의 평균은 $(3 + 2 + 1 + 0 + 1)/5 = 7/5 = 1.4$다.
- **평균으로의 회귀(regression to the mean)**: 자연스러운 변동 과정을 통해 높거나 낮은 관측값 다음에 그보다 덜 극단적인 값이 따라 나올 때. 이런 현상은 초기의 극단적 사례 중 일부가 우연에 의한 것이어서, 같은 정도로 반복되지 않기 때문에 발생한다.
- **평균제곱오차(mean-squared-error, MSE)**: 관측값 $x_1, \cdots, x_n$에 대해 $t_1, \cdots, t_n$이라고 예측했을 때, $\frac{1}{n}\sum_{i=1}^{n}(x_i - t_i)^2$으로 정의되는 성과 척도.
- **표본 분포(sample distribution)**: 수치적인 또는 범주적 관측값들의 집합에 의해 만들어진 패턴. 경험적 분포 또는 데이터 분포로도 알려져 있다.
- **표본 평균(sample mean)**: 표본의 평균을 보라.
- **표집 분포(sampling distribution)**: 어떤 통계량의 확률분포.
- **표준편차(standard deviation)**: 표본이나 분포의 분산의 제곱근. 긴 꼬리가 없는 대칭적인 데이터 분포에 대해, 우리는 관측값 대부분이 '평균±2표준편차' 내에 놓이기를 기대한다.
- **표준오차(standard error)**: 표본 평균을 확률변수로 생각할 때 그것의 표준편차. $X_1, X_2, \cdots, X_n$을 평균이 μ이고 표준편차가 σ인 모집단에서 추출된 독립적이고 동일하게 분포된 확률변수들이라고 가정하자. 그러면 그것들의 평균 $Y = (X_1 + X_2 + \cdots + X_n)/n$은 평균이 μ이고 분산이 σ^2/n이다. Y의 표준편차는

$\sigma/\sqrt{n}$로, 표준오차라고 알려져 있으며, $s/\sqrt{n}$로 추정된다. 여기서 s는 관측된 X들의 표본표준편차이다.

- **푸아송분포(Poisson distribution)**: $x = 0, 1, 2, \cdots$ 에 대하여 $P(X = x \mid \mu) = e^{-\mu}\frac{\mu^{x}}{x!}$ 인 이산확률변수 X에 대한 분포. $E(X) = \mu$이고, $V(X) = \mu$이다.

- **P값(P-value)**: 데이터와 영가설 간 불일치에 관한 척도. 영가설 H_0에 대하여, T는 그 값이 크면 H_0와의 불일치를 나타내는 통계량이라고 하자. 우리가 어떤 값 t를 관측했다면 단측 P값은 H_0가 참인 경우 그런 극단적 값을 관측할 가능성이므로, $P(T \geq t \mid H_0)$이다. 만약 큰 T값과 작은 T값이 모두 H_0와의 불일치를 표시한다면, 양측 P값은 어느 방향으로든 그런 큰 값이 관측될 확률이다. 종종 양측 P값은 단순히 단측 P값의 두 배로 주어지는 반면, R 소프트웨어는 실제로 관측된 확률보다 발생 확률이 더 낮은 사건들의 전체 확률을 사용한다.

- **피어슨 상관계수(Pearson correlation coefficient)**: x들의 표본 평균과 표준편차가 각각 $\bar{x}$와 s_x이고, y들의 표본 평균과 표준편차가 각각 $\bar{y}, s_y$인 n개 순서쌍의 집합 $(x_1, y_1), (x_2, y_2), \cdots, (x_n, y_n)$에 대해, 피어슨 상관계수는 다음과 같다.

$$r = \frac{\sum_{i=1}^{n}(x_i - \bar{x})(y_i - \bar{y})}{\sqrt{\sum_{i=1}^{n}(x_i - \bar{x})^2 \sum_{i=1}^{n}(y_i - \bar{y})^2}}$$

x들과 y들이 둘 다 각각 u들과 v들에 의해 주어진 Z점수로 표준화되었다고, 즉 $u_i = (x_i - \bar{x})/s_x$, $v_i = (y_i - \bar{y})/s_y$라고 가정하자. 그러면 피어슨 상관계수는 $\sum_{i=1}^{n} u_i v_i$로 표현될 수 있고, 이는 Z점수의 '내적'이다.

- **PPDAC**: 문제Problem, 계획Plan, 데이터 수집Data collection, (탐색적 또는 확증적) 분석Analysis, 결론과 전달Conclusions and communication로 이루어진 문제 해결 모형.

- **피처 엔지니어링(feature engineering)**: 기계학습에서 전체 데이터의 정보를 압축·요약한 척도를 만들어서 입력 변수의 수를 축소하는 과정.

- **한쪽꼬리 P값과 양쪽꼬리 P값(one-tailed and two-tailed P-values)**: 단측 검정과 양측 검정에 대응되는 P값.

- **확률(probability)**: 불확실성의 수학적 표현. 사건 A가 발생할 확률이 $P(A)$일

때, 확률 법칙은 다음과 같다.

1. 한계: $0 \leq P(A) \leq 1$. A가 불가능하면 $P(A) = 0$이고, A가 확실하면 $P(A) = 1$이다.

2. 여확률: 사건 A가 일어나지 않을 확률은 $1 - P(A)$이다.

3. 덧셈 법칙: A와 B가 배반사건이면(최대 하나만 일어날 수 있다) $P(A$ 또는 $B) = P(A) + P(B)$.

4. 곱셈 법칙: 임의의 두 사건 A와 B에 대하여 $P(A$ 그리고 $B) = P(A \mid B)P(B)$. 여기서 $P(A \mid B)$는 B가 일어났을 때 A가 일어날 확률을 나타낸다. A와 B가 독립일 필요충분조건은 $P(A \mid B) = P(A)$. 즉 B의 발생이 A에 대한 확률에 영향을 미치지 않아야 한다. 따라서 사건 A와 B가 독립일 때 곱셈 법칙은 $P(A$ 그리고 $B) = P(A)P(B)$가 된다.

- **확률예보(probabilistic forecast)**: 미래에 무엇이 일어날 것인지에 관하여 범주적 판단 대신 확률분포의 형태로 주어지는 예측.

- **확률변수(random variable)**: 확률분포를 가진다고 가정된 값. 관측되기 전 확률변수는 X 같은 대문자로, 관측된 값들은 x 같은 소문자로 나타낸다.

- **확률분포(probability distribution)**: 확률변수가 특정 값을 취할 가능성의 수학적 표현. 확률변수 X는 모든 $-\infty < x < \infty$에 대하여 $F(x) = P(X \leq x)$로 정의되는, 즉 X가 x 이하일 확률을 주는 확률분포 함수를 가진다.

- **확인 편향(ascertainment bias)**: 어떤 사람이 표본으로 추출될 확률 또는 어떤 특징이 관측될 확률이 배경요인에 따라 달라지는 것. 예를 들어 한 임상 시험의 치료군이 대조군보다 더 밀착 관리받는 경우에 이런 편향이 생길 수 있다.

- **확증적 연구(confirmatory study)**: 탐색적 연구를 통해 제안된 가정들을 확정하거나 부정하기 위해, 사전에 명시된 지침에 따라 이상적으로 수행된 엄밀한 연구.

- **회귀계수(regression coefficient)**: 회귀분석에서 설명변수와 결과 간 관계의 강력함을 표현하는, 통계 모형에서 추정된 매개변수. 이 계수는 결과변수가 연속 변수인지(다중선형회귀), 비율인지(로지스틱 회귀), 개수인지(푸아송 회귀), 또는 생존 시간인지(콕스 회귀)에 따라 다르게 해석된다.

• **후향적 코호트 연구**(retrospective cohort study): 과거 한 시점에 어떤 개인들의 집단을 특정한 뒤, 이후 결과들을 현재까지 추적하는 연구. 추적 기간은 필요하지 않지만, 과거에 측정된 설명변수들에 의존한다.

미주

들어가며

1. 네이트 실버의 『신호와 소음The Signal and the Noise』(Penguin, 2012. 국내 출간: 이경식 옮김, 더퀘스트, 2014년)은 어떻게 통계과학이 스포츠 및 다른 영역에서 예측을 하는 데 응용될 수 있는지에 관한 훌륭한 입문서이다.

2. 시프먼의 데이터는 D. Spiegelhalter and N. Best, Shipman's Statistical Legacy, *Significance* 1:1 (2004), 10~12에서 더 자세히 논의된다. 공개 조사를 위한 모든 기록물들은 http://webarchive.nationalarchives.gov.uk/20090808155110/http://www.the-shipman-inquiry.org.uk/reports.asp에서 찾아볼 수 있다.

3. T. W. Crowther et al., Mapping Tree Density at a Global Scale, *Nature* 525 (2015), 201~5.

4. E. J. Evans, *Thatcher and Thatcherism* (Routledge, 2013), p.30.

5. *Changes to National Accounts: Inclusion of Illegal Drugs and Prostitution in the UK National Accounts* [Internet] (Office for National Statistics, 2014).

6. 영국 통계청은 https://www.ons.gov.uk/peoplepopulationand community/wellbeing에서 다양한 복지 척도들을 보고한다.

7. N. T. Nikas, D. C. Bordlee and M. Moreira, Determination of Death and the Dead Donor Rule: A Survey of the Current Law on Brain Death, *Journal of*

Medicine and Philosophy 41:3 (2016), 237~56.

8. J. P. Simmons and U.Simonsohn, Power Posing: P-Curving the Evidence, *Psychological Science* 28 (2017), 687~93. 반박을 위해서는 다음을 참조하라. A.J.C.Cuddy, S.J. Schultz and N.E. Fosse, P-Curving a More Comprehensive Body of Research on Postural Feedback Reveals Clear Evidential Value for Power-Posing Effects: Reply to Simmons and Simonsohn (2017), *Psychological Science* 29 (2018), 656~66.

9. 미국통계학회의 권장안은 '문제 해결과 결정하기를 위한 탐색 과정으로서 통계학을 가르치는' 것이다. https://www.amstat.org/asa/education/Guidelines-for-Assessment-and-Instruction-in-Statistics-Education-Reports.aspx를 참조하라. PPDAC 모형은 R. J. MacKay and R. W. Oldford, Scientific Method, Statistical Method and the Speed of Light, *Statistical Science* 15 (2000), 254~78에서 개발되었다. 그것은 굉장히 앞선 통계학 교육을 제공하는 뉴질랜드의 학교에 적극적으로 수용되었다. C. J. Wild and M. Pfannkuch, Statistical Thinking in Empirical Enquiry, *International Statistical Review* 67 (1999), 223~265와 https://www.futurelearn.com/courses/data-to-insight에서 온라인 강좌 'Data to Insight'를 참조하라.

1장

1. 자세한 내용은 다음을 참조하라. "History of Scandal", Daily Telegraph, 18 July 2001; D. J. Spiegelhalter et al., Commissioned Analysis of Surgical Performance Using Routine Data: Lessons from the Bristol Inquiry, *Journal of the Royal Statistical Society: Series A (Statistics in Society)* 165 (2002), 191~221.

2. 영국 어린이 심장 수술 결과에 관한 데이터는 http://childrensheart surgery.info 에서 얻을 수 있다.

3. 알베르토 카이로가 쓴 다음 두 책을 참조하라. *The Truthful Art: Data, Charts, and Maps for Communication* (New Riders, 2016); *The Functional Art: An Introduction to Information Graphics and Visualization* (New Riders, 2012).

4. 세계보건기구(WHO)의 육류와 가공육 소비의 암 유발 가능성에 관한 Q&A 가 http://www.who.int/features/qa/cancer-red-meat/en/에 실려 있다. "Bacon, Ham and Sausages Have the Same Cancer Risk as Cigarettes Warn Experts", Daily Record, 23 October 2015.

5. 이것은 한스 로슬링이 가장 좋아하는 관찰이었다. 다음 장을 보라.

6. E. A. Akl et al., Using Alternative Statistical Formats for Presenting Risks and Risk Reductions, *Cochrane Database of Systematic Reviews* 3 (2011).

7. "Statins Can Weaken Muscles and Joints: Cholesterol Drug Raises Risk of Problems by up to 20 percent", Mail Online, 3 June 2013. 원래 연구는 다음과 같다. I. Mansi et al., Statins and Musculoskeletal Conditions, Arthropathies, and Injuries, *JAMA Internal Medicine* 173 (2013), 1318~26.

2장

1. F. Galton, Vox Populi, *Nature* (1907). 골턴의 ·이 논문은 다음 웹사이트에서 볼 수 있다. https://www.nature.com/articles/075450a0

2. 우리 실험에 관한 영상(https://www.youtube.com/watch?v=n98BhnwWmsc)에서, 나는 오히려 임의로 9,999 이상인 33개의 가장 높은 추측값들을 제거하고, 대칭적인 분포를 주도록 로그를 취하고, 이 전환된 분포의 산술평균을 취하고서, 원래 단위에 맞는 추정값을 얻기 위해 다시 전환했다. 그 결과로 얻은 '가장 좋은 추측값' 1,680은 다른 모든 추정값들을 제치고 참값인 1,616에 가장 가까웠다. 로그 취하기, 산술평균 계산하기, 답의 역로그 취하기로 이루어진 이 과정은 기하평균이라고 알려져 있다. 이것은 모든 값들을 다 곱한 다음, n개의 수가 있다면, n제곱근을 취하는 것과 마찬가지이다. 기하평균은 몇몇 경제 지표들, 특히 비율에 기초한 지표들을 만드는 데 사용된다. 그것은 비율이 어느 쪽으로 올라가든지 상관없다는 이점을 갖는다. 예를 들어 오렌지 가격은 오렌지 하나당 몇 원인지 또는 1원 당 오렌지 몇 개인지로 측정될 수 있는데, 둘은 모두 같은 기하평균을 가진다. 반면 산술평균에서는 이런 임의적 선택이 큰 차이를 만들 수 있다.

3. C. H. Mercer et al., Changes in Sexual Attitudes and Lifestyles in Britain through the Life Course and Over Time: Findings from the National Surveys of Sexual Attitudes and Lifestyles (Natsal), *The Lancet* 382 (2013), 1781~94. 성관계 통계에 관한 생생한 조사 결과가 궁금하다면 다음을 참조하라. D. Spiegelhalter, *Sex by Numbers* (Wellcome Collection, 2015).

4. A. Cairo, "Download the Datasaurus: Never Trust Summary Statistics Alone; Always Visualize Your Data", 29 August 2016. http://www.thefunctionalart.com/2016/08/download-datasaurus-never-trust-summary.html.

5. https://esa.un.org/unpd/wpp/Download/Standard/Population/.

6. 이름의 인기 순위는 다음 영국 통계청 웹사이트를 참조했다. https://www.ons.

gov.uk/peoplepopulationandcommunity/birthsdeathsandmarriages/livebirths/
bulletins/babynamesenglandandwales/2015.

7. I. D. Hill, Statistical Society of London-Royal Statistical Society: The First 100
Years: 1834-1934, *Journal of the Royal Statistical Society: Series A (General)* 147:2
(1984), 130~39.

8. http://www.natsal.ac.uk/ media/2102/natsal-infographic.pdf.

9. H. Rosling, *Unveiling the Beauty of Statistics for a Fact-Based World View*. www.
gapminder.org.

3장

1. 이 4단계 구조는 웨인 올드퍼드(Wayne Oldford)의 것을 차용했다.

2. Ipsos MORI, *What the UK Thinks* (2015). https://whatukthinks.org/eu/poll/
ipsos-mori-141215.

3. 라디오 방송 〈More or Less〉에서 2018년 10월 5일에 발표되었다. https://www.
bbc.co.uk/programmes/p06n2lmp. 그 밖에 고전적 예시는 영국 코메디 시리즈
〈Yes, Prime Minister〉에서 최고위 공무원 험프리 애플비 경이 적절한 유도 신
문이 어떻게 바라는 응답을 가져오는지 보여줄 때 나온다. 이 예는 연구방법
론을 가르치는 데 사용되고 있다. http://researchmethodsdataanalysis.blogspot.
com/2014/01/leading-questions-yes-prime-minister.html.

4. 베트남전 징병 추첨 영상은 다음에서 볼 수 있다. https://www.youtube.com/
watch?v=-p5X1FjyD_g; http://www.historynet.com/whats-your-number.htm.

5. 영국과 웨일즈에 대한 범죄 설문조사와 경찰에 의해 기록된 범죄
의 세부 사항들은 영국 통계청에서 얻었다. https://www.ons.gov.uk/
peoplepopulationandcommunity/crimeandjustice.

6. 미국 출생체중 자료는 다음과 같다. http://www.cdc.gov/nchs/data/nvsr/nvsr64/
nvsr64_01.pdf.

4장

1. "Why Going to University Increases Risk of Getting a Brain Tumour", Mirror
Online, 20 June 2016. 원래 논문은 다음과 같다. A. R. Khanolkar et al.,
Socioeconomic Position and the Risk of Brain Tumour: A Swedish National
Population-Based Cohort Study, *Journal of Epidemiology and Community Health*
70 (2016), 1222~8.

2. T. Vigen, http://www.tylervigen.com/spurious-correlations.

3. MRC/BHF Heart Protection Study of Cholesterol Lowering with Simvastatin in 20,536 High-Risk Individuals: A Randomised Placebo-Controlled Trial, *The Lancet* 360 (2002), 7~22.

4. Cholesterol Treatment Trialists' (CTT) Collaborators, The Effects of Lowering LDL Cholesterol with Statin Therapy in People at Low Risk of Vascular Disease: Meta-Analysis of Individual Data from 27 Randomised Trials, *The Lancet* 380 (2012), 581~90.

5. 영국의 행동연구팀 실험에 관한 자세한 내용은 다음 웹사이트를 참조하라. https://www.bi.team/blogs/helping-everyone-reach-their-potential-new-education-results/; https://www.bi.team/blogs/measuring-the-impact-of-body-worn-video-cameras-on-police-behaviour-and-criminal-justice-outcomes/6. H. Benson et al., Study of the Therapeutic Effects of Intercessory Prayer (STEP) in Cardiac Bypass Patients: A Multicenter Randomized Trial of Uncertainty and Certainty of Receiving Intercessory Prayer, *American Heart Journal* 151 (2006), 934~42.

7. J. Heathcote, Why Do Old Men Have Big Ears?, *British Medical Journal* 311 (1995), https://www.bmj.com/content/311/7021/1668; "Big Ears: They Really Do Grow as We Age", The Guardian, 17 July 2013.

8. "Waitrose Adds £36,000 to House Price", Daily Mail, 29 May 2017.

9. "Fizzy Drinks Make Teenagers Violent", Daily Telegraph, 11 October 2011.

10. S. Coren and D. F. Halpern, Left-Handedness: A Marker for Decreased Survival Fitness, *Psychological Bulletin* 109 (1991), 90~106. 반대 의견은 다음을 보라. Left-Handedness and Life Expectancy, *New England Journal of Medicine* 325 (1991), 1041~3.

11. J. A. Hanley, M. P. Carrieri and D. Serraino, Statistical Fallibility and the Longevity of Popes: William Farr Meets Wilhelm Lexis, *International Journal of Epidemiology* 35 (2006), 802~5.

12. J. Howick, P. Glasziou and J. K. Aronson, The Evolution of Evidence Hierarchies: What Can Bradford Hill's 'Guidelines for Causation' Contribute?, *Journal of the Royal Society of Medicine* 102 (2009), 186~94.

13. 예를 들어 '적당한 음주가 건강에 도움을 주는가?'라는 논쟁적 문제를 조사하는 데 멘델리안 무작위 분석법이 사용되었다. 조사 결과 술을 절대 마시지 않는 사

람들이 술을 조금 마시는 사람보다 더 높은 사망률을 가지는 경향이 있었다. 하지만 이것이 알코올 때문인지 아니면 술을 입에도 대지 않는 사람들이 다른 이유로 덜 건강하기 때문인지를 두고 이견이 있다.

알코올에 대한 저항력 감소와 연관된 유전자를 가진 사람은 술을 덜 마시는 경향이 있다. 그 유전자를 가진 사람과 가지지 않은 사람이 다른 모든 인자에 관한 조건이 같다면, 마치 무작위 실험에서처럼 두 사람의 건강상 차이는 그 유전자 탓일 수 있다. 연구자들은 알코올 저항력을 감소시키는 그 유전자를 가진 사람들이 더 건강한 경향이 있음을 알아냈고, 이것이 알코올이 당신 건강에 좋지 않다는 뜻이라고 결론지었다. 그러나 이 결론을 이끌어내는 데는 추가적 가정이 필요하고, 논쟁은 아직 해결되지 않았다. 자세한 내용은 다음 논문을 참조하라. Y. Cho et al., Alcohol Intake and Cardiovascular Risk Factors: A Mendelian Randomisation Study, *Scientific Reports* 5 (2015).

5장

1. M. Friendly et al., HistData: Data Sets from the History of Statistics and Data Visualization (2018), https://CRAN.R-project.org/package=HistData.
2. J. Pearl and D. Mackenzie, *The Book of Why: The New Science of Cause and Effect* (Basic Books, 2018), p.471.
3. 모형화의 위험에 관한 흥미진진한 논의는 다음을 참조하라. A. Aggarwal et al., Model Risk-Daring to Open Up the Black Box, *British Actuarial Journal* 21:2 (2016), 229~96.
4. 본질적으로 우리는 사실 근본적 과정에서 진정한 변화가 없을지라도 변화들이 기저 측정값과 연관되어 있다고 말하고 있다. 이것을 수학적으로 표현해보자. 모집단 분포에서 무작위로 어떤 관측값을 선택했고, 그것을 X라고 하자. 또 같은 분포에서 다른 관측값 하나를 더 선택하고, 그것을 Y라고 부르자. 그 차이인 $Y-X$를 살펴보면, 기저 모집단의 분포 형태와 상관없이 $Y-X$와 처음 측정값 X 사이에 상관계수는 $-1/\sqrt{2} = -0.71$이라는 상당히 주목할 만한 결과가 나온다. 예를 들어 어떤 여성이 아이를 한 명 갖고, 그다음 그녀 친구가 아이를 한 명 가졌다고 하자. '두 번째 아기 몸무게 - 첫 번째 아기 몸무게'를 가지고서 그 친구의 아기가 얼마나 더 무거운지 살펴본다면, 이 차이는 첫 번째 아기 몸무게와 상관계수 -0.71을 가진다. 이는 만약 첫 번째 아기가 가볍다면, 우리는 오직 우연에 의해 두 번째 아기가 더 무거울 거라고 기대하고, 따라서 그 차이는 양수일 것이기 때문이다. 반대로 첫 번째 아기가 무겁다면, 우리는 두 몸무게 사이 차이

가 음수이기를 기대한다.

5. L. Mountain, Safety Cameras: Stealth Tax or Life-Savers?, *Significance* 3 (2006), 111~13.

6. 아래 표는 다른 유형의 종속변수들에 대하여 사용되는 다중회귀의 형태들을 보여준다. 각각은 그 결과 각 설명변수에 대하여 추정되는 회귀계수를 가져온다.

종속변수의 유형	회귀의 유형	계수의 해석
연속변수	다중선형	기울기
사건이나 비율	로지스틱	log(승산비)
개수	푸아송	log(비율비)
생존 기간	콕스	log(위험비)

6장

1. 타이태닉 데이터는 다음 웹사이트에서 다운받을 수 있다. http://biostat. mc.vanderbilt.edu/wiki/pub/Main/DataSets/titanic3.xls.

2. 강수 확률은 다음 웹사이트에서 확인 가능하다. http://www.cawcr.gov.au/projects/verification/POP3/POP3.html.

3. "Electoral Precedent", xkcd, https://xkcd.com/1122/.

4. http://innovation.uci.edu/2017/08/husky-or-wolf-using-a-black-box-learning-model-to-avoid-adoption-errors/.

5. 노스포인트 사와 MHR 사의 알고리즘의 사용은 캐시 오닐(C. O'Neil)의 책 『대량살상 수학무기*Weapons of Math Destruction*』(Penguin, 2016. 국내 출간: 김정혜 옮김, 흐름출판, 2017년)에서 비판받았다.

6. NHS, Predict: Breast Cancer (2.1): http://www.predict.nhs.uk/predict_v2.1/.

7장

1. UK labour market statistics, January 2018: https://www.ons.gov.uk/releases/uklabourmarketstatisticsjan2018; Bureau of Labor Statistics, "Employment Situation Technical Note 2018", https://www.bls.gov/news.release/empsit.tn.htm.

8장

1. 시뮬레이션에 기반해 통계학을 가르치는 방법들에 관한 논의와 도구는 다음 자료를 참조하라. M. Pfannkuch et al., Bootstrapping Students' Understanding of Statistical Inference, TLRI (2013); K Lock Morgan et al., STATKEY: Online Tools for Bootstrap Intervals and Randomization Tests, *ICOTS* 9 (2014).

2. 게임 1을 생각해보자. 이기는 방법은 많지만, 지는 방법은 단 한 가지, 바로 네 번 연달아 6이 나오지 않는 것이다. 그러므로 질 확률을 찾는 것이 더 쉽다(이것이 일반적 요령이다). 6이 나오지 않을 확률은 $1 - 1/6 = 5/6$ 이고(여사건 법칙), 네 번 연속으로 6이 나오지 않을 확률은 $\frac{5}{6} \times \frac{5}{6} \times \frac{5}{6} \times \frac{5}{6} = \left(\frac{5}{6}\right)^4 = \frac{625}{1296} = 0.48$ 이다 (곱셈 법칙). 따라서 이길 확률은 $1 - 0.48 = 0.52$ 이다(다시 한번 여사건 법칙). 비슷한 추론 과정을 거치면 게임 2에서는 이길 확률이 $1 - \left(\frac{35}{36}\right)^{24} = 0.49$ 임을 알 수 있다. 따라서 게임 1이 약간 더 좋다. 이 법칙들은 슈발리에의 추론이 잘못되었음을 보여준다. 알고 보니 그는 서로 배반적이지 않은 사건들의 확률을 더하고 있었다! 그의 추론에 따르면 주사위를 열두 번 던져서 6이 한 번 나올 확률은 $12/6 = 2$ 가 되어야 하는데, 이것은 말이 되지 않는다.

3. https://www.ons.gov.uk/peoplepopulationandcommunity/crimeandjustice/compendium/focusonviolentcrimeandsexualoffences/yearendingmarch2016/homicide#statistical-interpretation-of-trends-in-homicides.

9장

1. 폴의 원래 블로그 주소는 다음과 같다. https://pb204.blogspot.com/2011/10/funnel-plot-of-uk-bowel-cancer.html. 데이터는 다음 사이트에서 받을 수 있다. http://pb204.blogspot.co.uk/2011/10/uploads.html.

2. 오차범위는 $\pm 2\sqrt{p(1-p)/n}$ 이고, 그것의 최댓값 $\pm 1/\sqrt{n}$ 은 $p = 0.5$ 일 때 나온다. 따라서 진짜 기저 비율 p 의 값이 무엇이든 간에 오차범위는 최대 $\pm 1/\sqrt{n}$ 이다.

3. BBC의 선거 여론 조사 그래프는 다음 사이트를 참조했다. http://www.bbc.co.uk/news/election-2017-39856354.

4. 살인 사건 통계에 관한 오차범위는 다음 자료를 참조했다. https://www.ons.gov.uk/peoplepopulationandcommunity/crimeandjustice/compendium/focusonviolentcrimeandsexualoffences/yearendingmarch2016/homicide#statistical-interpretation-of-trends-in-homicides.

10장

1. J. Arbuthnot, An Argument for Divine Providence..., *Philosophical Transactions* 27

(1710), 186~90.

2. R. A. Fisher, *The Design of Experiments* (Oliver and Boyd, 1935), p.19.

3. 54×53×52×…×2×1개의 순열이 존재한다. 이것은 54!이라고 나타내고 54 팩토리얼이라 부른다. 이것은 대략 2로 시작해 0이 71개 따라 나오는 수이다. 52개의 카드 한 세트를 섞을 수 있는 가능한 방법의 수가 52!이다. 그러므로 우리가 1초에 10조 번 카드를 나누어 줄 수 있다 하더라도, 모든 가능한 순열들을 따라가며 일하는 데 몇 년이 걸리는지 써보면 그 뒤에 0이 48개 나오는 반면, 우주의 나이는 고작 140억 년이다. 카드 게임 역사를 통틀어 두 개의 카드 세트를 각각 섞었을 때 정확히 같은 순서대로 되어 있을 수 없다고 상당히 확신할 수 있는 이유가 여기에 있다.

4. 죽은 물고기 연구는 이 포스터에 묘사되어 있다. http://prefrontal.org/files/posters/Bennett-Salmon-2009.jpg.

5. CERN의 힉스 입자에 관한 발표는 다음에 나온다. http://cms.web.cern.ch/news/observation-new-particle-mass-125-gev.

6. D. Spiegelhalter, O. Grigg, R. Kinsman and T. Treasure, Risk-Adjusted Sequential Probability Ratio Tests: Applications to Bristol, Shipman and Adult Cardiac Surgery, *International Journal for Quality in Health Care* 15 (2003), 7~13.

7. 검정 통계량은 다음과 같은 단순한 형태를 띈다. SPRT = 0.69×관측된 사망자 누계 - 기대 사망자 누계. 문턱값은 $\log((1 - \beta)/\alpha)$로 주어진다.

8. D. Szucs and J. P. A. Ioannidis, Empirical Assessment of Published Effect Sizes and Power in the Recent Cognitive Neuroscience and Psychology Literature, *PLOS Biology* 15:3 (2 March 2017), e2000797.

9. J. P. A. Ioannidis, Why Most Published Research Findings Are False, *PLOS Medicine* 2:8 (August 2005), e124.

10. C. S. Knott et al., All Cause Mortality and the Case for Age Specific Alcohol Consumption Guidelines: Pooled Analyses of up to 10 Population Based Cohorts, *British Medical Journal* 350 (10 February 2015), h384. 이 논문은 다음과 같은 기사로 발표되었다. "Alcohol Has No Health Benefits After All", The Times, 11 February 2015.

11. D. J. Benjamin et al., Redefine Statistical Significance, *Nature Human Behaviour* 2 (2018), 6~10.

11장

1. T.E. King et al., Identification of the Remains of King Richard III, *Nature Communications* 5 (2014) 5631.

2. 가능도비를 의사 전달에 사용할 때 지침은 다음 웹사이트에 실려 있다. http://enfsi.eu/wp-content/uploads/2016/09/m1_guideline.pdf.

3. 법정에서 베이즈 방법 사용하기에 관한 기사는 다음을 보라. "A Formula for Justice", The Guardian, 2 October 2011.

4. 이 분포를 위한 공식은 $60p^2(1-p)^3$이고, 이는 기술적으로 Beta(3, 4) 분포라고 알려져 있다. 균등한 사전 분포를 가지고서, n개의 빨간 공을 던질 때 r개가 하얀 공의 왼쪽에 떨어졌다면, 하얀 공의 위치에 대한 사후 분포는 다음과 같다.

$$\frac{(n+1)!}{r!(n-r)!} p^r (1-p)^{n-r}$$

이것은 Beta$(r+1, n-r+1)$ 분포이다.

5. D. K. Park, A. Gelman and J. Bafumi, Bayesian Multilevel Estimation with Poststratification: State-Level Estimates from National Polls, *Political Analysis* 12 (2004), 375~85; YouGov 결과는 다음에 나온다. https://yougov.co.uk/news/2017/06/14/how-we-correctly-called-hung-parliament/.

6. K. Friston, The History of the Future of the Bayesian Brain, *Neuroimage* 62:2 (2012), 1230~33.

7. N. Polson and J. Scott, *AIQ: How Artificial Intelligence Works and How We Can Harness Its Power for a Better World* (Penguin, 2018).

8. R. E. Kass and A. E. Raftery, Bayes Factors, *Journal of the American Statistical Association* 90 (1995), 773~95.

9. J. Cornfield, Sequential Trials, Sequential Analysis and the Likelihood Principle, *American Statistician* 20 (1966), 18~23.

12장

1. Open Science Collaboration, Estimating the Reproducibility of Psychological Science, *Science* 349:6251 (28 August 2015), aac4716.

2. A. Gelman and H. Stern, The Difference Between 'Significant' and 'Not Significant' Is Not Itself Statistically Significant, *American Statistician* 60:4 (November 2006), 328~31.

3. Ronald Fisher, Presidential Address to the first Indian Statistical Congress, 1938,

Sankhya 4(1938), 14~17.

4. "The Reinhart and Rogoff Controversy: A Summing Up", New Yorker, 26 April 2013.

5. "AXA Rosenberg Finds Coding Error in Risk Program", Reuters, 24 April 2010.

6. 다음 하코넨 관련 기사를 참조하라. "The Press-Release Conviction of a Biotech CEO and its Impact on Scientific Research", Washington Post, 13 September 2013.

7. D. Fanelli, How Many Scientists Fabricate and Falsify Research? A Systematic Review and Meta-Analysis of Survey Data, *PLOS ONE* 4:5 (29 May 2009), e5738.

8. U. Simonsohn, Just Post It: The Lesson from Two Cases of Fabricated Data Detected by Statistics Alone, *Psychological Science* 24:10 (October 2013), 1875~88.

9. J. P. Simmons, L.D. Nelson and U. Simonsohn, False-Positive Psychology: Undisclosed Flexibility in Data Collection and Analysis Allows Presenting Anything as Significant, *Psychological Science* 22:11 (November 2011), 1359~66.

10. L. K. John, G. Loewenstein and D. Prelec, Measuring the Prevalence of Questionable Research Practices with Incentives for Truth Telling, *Psychological Science* 23:5 (May 2012), 524~32.

11. D. Spiegelhalter, Trust in Numbers, *Journal of the Royal Statistical Society: Series A (Statistics in Society)* 180:4 (2017), 948~65.

12. P. Sumner et al., The Association Between Exaggeration in Health Related Science News and Academic Press Releases: Retrospective Observational Study, *British Medical Journal* 349 (10 December 2014), g7015.

13. "Nine in 10 People Carry Gene Which Increases Chance of High Blood Pressure", Daily Telegraph, 15 February 2010.

14. "Why Binge Watching Your TV Box-Sets Could Kill You", Daily Telegraph, 25 July 2016.

15. 벰의 인용구는 다음에서 가져왔다. "Daryl Bem Proved ESP Is Real: Which Means Science Is Broken", Slate, 17 May 2017

13장

1. I. J. Jacobs et al., Ovarian Cancer Screening and Mortality in the UK

Collaborative Trial of Ovarian Cancer Screening (UKCTOCS): A Randomised Controlled Trial, *The Lancet* 387:10022 (5 March 2016), 945~56.

2. "Ovarian Cancer Blood Tests Breakthrough: Huge Success of New Testing Method Could Lead to National Screening in Britain", Independent, 5 May 2015.

3. M. R. Munafo et al., A Manifesto for Reproducible Science, *Nature Human Behaviour* 1 (2017), a0021.

4. Open Science Framework: https://osf.io/.

5. 애시완든 이야기는 다음에서 왔다. "Science Won't Settle the Mammogram Debate", FiveThirtyEight, 20 October 2015

6. J. P. Simmons, L.D. Nelson and U. Simonsohn, False-Positive Psychology: Undisclosed Flexibility in Data Collection and Analysis Allows Presenting Anything as Significant, *Psychological Science* 22:11 (November 2011), 1359~66.

7. A. Gelman and D. Weakliem, Of Beauty, Sex and Power, *American Scientist* 97:4 (2009), 310~16.

8. U. Simonsohn, L.D. Nelson and J. P. Simmons, P-Curve and Effect Size: Correcting for Publication Bias Using Only Signifi cant Results, *Perspectives on Psychological Science* 9:6 (November 2014), 666~81.

9. 좀 더 자세히 알고 싶다면 다음 문헌을 참조하라. Royal Society, *Science as an Open Enterprise* (2012). 오노라 오닐의 신뢰할 수 있음에 관한 견해는 그녀의 TedX 토크 'What We Don't Understand About Trust' (June 2013)에 잘 설명되어 있다.

10. 데이비드 퍼스의 출구 조사 방법론은 다음에서 자세히 설명되었다. https://warwick.ac.uk/fac/sci/statistics/staff/academic-research/firth/exit-poll-explainer/

14장

1. R. E. Kass et al., Ten Simple Rules for Effective Statistical Practice, *PLOS Computational Biology* 12:6 (9 June 2016), e1004961.

찾아보기

숫자에 약한 사람들을 위한
통계학 수업

초판 1쇄 발행 2020년 8월 12일
초판 8쇄 발행 2024년 12월 2일

지은이 데이비드 스피겔할터 **옮긴이** 권혜승 김영훈

발행인 이봉주 **단행본사업본부장** 신동해 **편집장** 김경림
책임편집 이민경 **표지디자인** 김은정 **본문디자인** 이은경
마케팅 최혜진 이은미 **홍보** 반여진 허지호 송임선
국제업무 김은정 김지민 **제작** 정석훈

브랜드 웅진지식하우스
주소 경기도 파주시 회동길 20
문의전화 031-956-7430(편집) 02-3670-1123(마케팅)
홈페이지 www.wjbooks.co.kr
인스타그램 www.instagram.com/woongjin_readers
페이스북 https://www.facebook.com/woongjinreaders
블로그 blog.naver.com/wj_booking

발행처 ㈜웅진씽크빅
출판신고 1980년 3월 29일 제406-2007-000046호

한국어판출판권ⓒ ㈜웅진씽크빅 2020
ISBN 978-89-01-24448-8 03410

웅진지식하우스는 ㈜웅진씽크빅 단행본사업본부의 브랜드입니다.
이 책 내용의 전부 또는 일부를 이용하려면 반드시 저작권자와 ㈜웅진씽크빅의 서면 동의를 받아야 합니다.

※ 책값은 뒤표지에 있습니다.
※ 잘못된 책은 구입하신 곳에서 바꾸어드립니다.